数值计算方法

主　编　谢　进

副主编　闫晓辉　李　旭　孙梅兰

合肥工業大學出版社

内 容 简 介

本书是以培养应用型人才为目标，以培养具备算法设计能力、算法分析能力和算法实现能力为导向，以解决基本应用问题的实际需求为基本出发点，在吸收国内外教材的知识体系结构的基础上，结合作者多年讲授"数值计算方法"课程的经验编写的。本书主要内容包括：(1)科学计算模块，主要涉及科学计算理论和误差理论；(2)数值代数模块，主要内容有矩阵分析基础、线性方程组的直接解法及线性方程组的迭代解法；(3)数值逼近模块，主要包括插值法、数据拟合、最佳平方逼近、数值微分和数值积分；(4)方程求根模块，包括非线性代数方程(组)求解、常微分方程的数值解法。

本书可作为高等学校理工科专业本科生和研究生的专业计算方法教材，也可以作为报考硕士研究生的人员和科技工作者的参考资料。

图书在版编目(CIP)数据

数值计算方法/谢进主编．—合肥：合肥工业大学出版社，2022.6
ISBN 978-7-5650-5941-4

Ⅰ.①数…　Ⅱ.①谢…　Ⅲ.①数值计算—计算方法　Ⅳ.①O241

中国版本图书馆 CIP 数据核字(2022)第 103506 号

数值计算方法

谢　进　主编　　策划编辑　张择瑞　　责任编辑　汪　钵

出　版	合肥工业大学出版社	版　次	2022 年 6 月第 1 版
地　址	合肥市屯溪路 193 号	印　次	2022 年 6 月第 1 次印刷
邮　编	230009	开　本	787 毫米×1092 毫米　1/16
电　话	理工图书出版中心：0551-62903204	印　张	13.75
	营销与储运管理中心：0551-62903198	字　数	326 千字
网　址	www.hfutpress.com.cn	印　刷	安徽昶颉包装印务有限责任公司
E-mail	hfutpress@163.com	发　行	全国新华书店

ISBN 978-7-5650-5941-4　　定价：38.00 元

前　言

随着互联网、物联网、智能手机及新型媒体的普及，每一天，人类社会都会产生大量的数据。有证据表明，人类的数据量每隔20个月就会翻一倍，人类已经进入大数据时代。数据不但在规模上而且在领域上也都产生了较大的变化。如何从海量数据的处理中获取有效的信息变得日益紧迫，因此，必将对计算方法提出更高的要求。计算方法将从以应用为核心的计算转变为以数据为核心的计算。与此同时，人类的算力也在成倍地增加，截至目前，计算速度最快的计算机已经能够超过每秒10亿亿次。数学理论的发展、科学的计算方法和高速的计算工具的结合，使得人类可以从容地应对大数据时代。然而，如何适应大数据时代计算方法的学习，目前还没有一本适合的教材。虽然国内外已出版了较多的面向理工科专业本科生和研究生的专业计算方法教材，但这些教材一般都偏重于理论分析和简单的算法实践，对算法的编程实现及如何进行数值实验则强调相对较少，不适合以培养应用型人才为目标的普通本科院校学生。基于以上原因，同时为满足模块化教学改革的需求，我们打破传统教材体系的完整性和严密性，以大局观视野整合知识体系，优化培养方案，在吸收国内外教材的知识体系结构的基础上，结合多年的教学经验编写了本书。

本书是基于Mathematica 8.0的现代数值理论与计算方法的教材，按教学内容进行划分成4个模块，共8章。第一模块为科学计算，包括第1章，阐述科学计算方法在现代数学、科学研究及工程计算中的地位与作用，介绍科学计算的一般过程和数值计算方法的概念。第二模块为数值代数，包括第2章和第3章，旨在让学生了解多元变量的线性表示的思想和代数问题的离散处理的数值计算思想，培养学生科学计算的思维方式，掌握一定的算法描述能力和算法实现能力，具备一定的创新意识。第三模块为数值逼近，包括第4章～第6章，主要阐述数值逼近的应用背景、思想方法，并针对不同数值问题介绍不同的算法。对于离散的数据可以采用插值法或拟合法，对于复杂的连续函数可以采用简单连续函数来逼近。第四模块为方程求根，包括第7章和第8章，主要阐述方程(非线性方程和常微分方程)的求解思路及求解方法，对这类问题产生的背景做介绍，并提出数值求解思想，同时围绕这种数值求解思路，介绍了几种经典的数值计算方法，并对不同算法的优劣进行了比较。

本书强调数值算法的设计和编程实现技能，力图做到简单、易教和易学，注重培养学生运用所学知识分析问题和解决问题的能力。本书具有如下特色：

(1)教学内容编排新。各章节都采用背景案例引入、理论分析、算法设计、例题讲解、程序实现及课后习题的方式进行编排，力求让学生了解学习内容的重要性，引起学生的学习兴趣。

(2)每章例题少而精。书中各章的例题少,但可用于不同的算法环境,每个例题都附有程序实现,主要是帮助学生方便比较方法的优劣,强化对基本概念、基本原理的理解,力图使读者全面学会如何分析问题、如何动手编程计算及如何对获得的计算结果进行分析,以提高学生的上机实验动手能力和科学计算创新能力。

(3)教学内容模块化。我们用模块化的要求对传统的教材内容精心取舍和组合,构建人才培养的新模式,并力求用现代风格的语言加以演绎。对于数值分析理论部分着重阐明构造算法的基本思想与原理,既注重理论的严谨性,又注重方法的实用性。这种写法对学生的能力培养和知识体系的构建是有帮助的,对教师的教学是方便的。

(4)实验方式灵活。由于在教学内容中给出了相应的算法程序,所以在每一章的数值实验部分,大多数实验都设计为开放型实验,即只给出实验目的和要求,学生自己可以设计实验内容。

本书由合肥学院谢进担任主编,由合肥学院闫晓辉、李旭、孙梅兰担任副主编。具体编写分工如下:谢进编写第1章;李旭编写第2章和第3章;闫晓辉编写第4章～第6章,并补充了案例和部分实验题,孙梅兰编写第7章。东南大学许守俊同学也为本书的录入做了一些工作。另外,本书得到合肥学院模块化课程建设项目基金的资助,在此一并致谢!

由于编者的知识和写作水平有限,书中难免有不妥之处,恳请同行专家和广大读者批评指正,以使本书不断改进和完善。联系电子信箱:xiejin@hfuu.edu.cn。

编　者

2022年4月

目　录

第一模块　科学计算

科学计算的兴起是20世纪最重要的科学进步之一。计算机运算速度的迅速提高和大量高效计算方法的涌现使得科学计算与理论、实验并列成为当今科学研究的3种基本手段之一。科学计算在国防、工程、经济、金融、管理等许多领域发挥越来越重要的作用。许多其他科学领域的问题最终也可归结于科学计算的问题或者可以利用科学计算的方法予以解决。与人们生活密切相关的天气预报，对社会经济起重要影响的石油勘探，在国防中起重要作用的密码破译、核爆炸模拟等都离不开科学计算。

21世纪，科学计算将得到更大的发展，它将发挥更大的威力，在更大的范围起到更大的作用。构造求解科学和工程问题的高效计算方法永远是科学计算的核心。学习科学计算的基础方法和近年来出现的新的计算方法对于新时代的大学生和研究生是十分重要的。

本模块主要阐述科学计算方法在现代数学、科学研究及工程计算领域的地位与作用，介绍科学计算的一般过程和数值计算方法的概念；重点讲述影响科学计算的误差来源、分类及误差分析理论，并对引起误差的本质——机器数与浮点运算进行介绍；最后介绍算法设计的几个原则。

本模块旨在培养学生的科学思辨思想，使学生掌握科学严谨的算法设计方法、具备科学的程序设计能力和创新意识。

第1章 科学计算引论

1.1 科学计算及其相关概念

1.1.1 科学计算

随着人们的生产活动和计算需要，数学中逐渐发展了一种新的分支——计算数学。随着计算工具的应用，特别是计算机的出现和发展，计算数学（Computational Mathematics）逐渐发展成为现代意义下的计算科学，或称科学计算（Scientific Computing），成为继传统的理论研究和科学实验之后获得科学发现的第三大支柱。现在，科学计算在科学研究与工程实际中的作用越来越重要，甚至用科学计算来取代部分实验和理论研究。例如，通过科学计算让计算机模拟核爆炸，通过历史数据利用科学计算进行气候周期预测，等等。这种由科学实验向科学计算的转变，也促使一些边缘学科的相继出现，如计算物理、计算力学、计算化学、计算生物学及计算经济学等学科都应运而生。有些理论证明往往也是通过科学计算去解决，如四色问题、吴文俊院士开创的机器证明等。也就是说，科学计算可以全部或部分地代替理论证明。

1.1.2 数值计算方法

数值计算方法(Numerical Computation Methods) 是计算数学的一门主要课程，又称数值分析(Numerical Analysis) 或计算方法(Computation Method)，主要研究如何利用计算机求解各种数学问题(数学模型) 的数值方法、理论及软件实现。它不同于纯数学那样研究数学本身的理论，而是一门把数学理论与计算机紧密结合起来进行研究的实用性很强的基础学科。

担负科学计算主要任务的学科是数值计算方法，那么数值计算方法在科学计算过程中又处于一种什么地位呢？由图1-1可知，数值计算方法处于承上启下的地位，它在科学计算中是重要的不可或缺的一环。

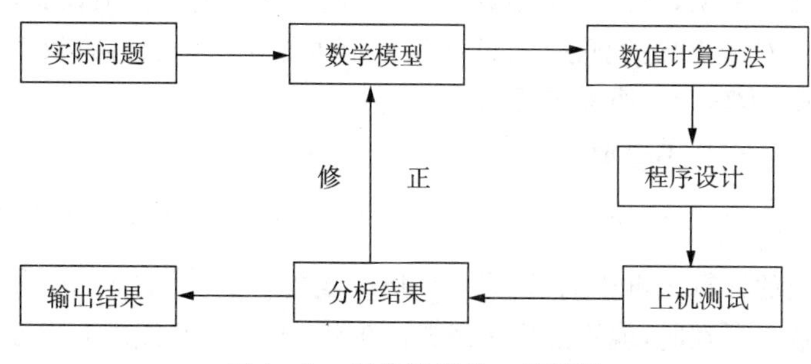

图1-1 科学计算的一般过程

由实际问题建立数学模型一般要涉及多门学科的知识，本课程不做讨论。由数学模型提出数值计算方法，直到编程上机计算求出结果，这一过程是本课程的主要任务。

1.1.3 算法

近几十年来，人们越来越认识到数值计算方法的学习与研究离不开计算机，数值计算方法正在日益变成数学与计算机科学的交叉学科。单纯依靠数学理论的演绎和推导不能完整地解决实际问题中的数学问题，只有与计算机科学相结合，才能研制出实用的好算法(Algorithm)，而且好的算法必须变成数学软件后才有可能为社会创造更大的财富。数值计算方法的一个重要研究对象就是研究算法及其相关性质。

所谓算法，就是由运算规则构成的问题解决方案。算法要经过由一系列指令构成的程序才能上机运行。

一个可行、有效的数值算法必须具备方法简单、精度高(误差小)、运算速度快(时间复杂度小)、占用的存储单元少(空间复杂度小)、易于计算机实现等特征。

下面以求解 n 阶线性方程组 $\boldsymbol{Ax}=\boldsymbol{b}$ 的计算量来说明一个好的算法的重要性。

若 $\det\boldsymbol{A}\neq 0$，用克莱姆(Cramer)法则来解方程组。我们知道，计算一个 n 阶行列式需要的乘法运算量为 $(n-1)\times n!$，共需计算 $n+1$ 个 n 阶行列式，则解 n 阶线性方程组总的乘除法运算量为 $(n+1)n(n-1)n!$。

若 $\boldsymbol{A}$ 为 20 阶矩阵，总的运算量约为 1.94146×10^{22}。若用当今运行速度最快的"神威·太湖之光" 计算机来运算，其运行速度为 12.54 亿亿次 / 秒，则 1h 可完成的运算量为 $1.254\times 10^{17}\times 3600$ 次。解 20 阶的方程组所需的时间约为 4.30058h。

显然，这个运算时间在实际中是不可接受的。而在实际问题中，如大型水利工程、天气预报等，需要解的大型方程组的阶数一般都远远大于 20，若用上述方法显然无法解决。这个例子说明，解线性方程组的 Cramer 法则在理论上虽然可行，但在实际应用中却不可行。

在后面的章节中，我们会介绍一个高斯(Gauss)消元法，可以把线性方程组 $\boldsymbol{Ax}=\boldsymbol{b}$ 化为上三角形方程组，那么对一个 20 阶线性方程组，其求解的运算量为 2509 次，用最古老的计算机，也只需不到 1s 时间就可以解出来。由此可见，解决同一个数学问题，使用的算法不同，所需的计算量就可能有很大的区别。

有人可能说，随着计算机的发展，运算速度提高、内存增大及新结构计算机的涌现，以前认为过于复杂而不能求解的问题将会得到解决。但是，不论计算机如何发展，使用计算机的代价，即计算的复杂性，都是要考虑的。

对于给定的数学模型，可能有多种算法，应通过计算机进行数值试验，从而进行分析、比较来选定算法。对新提出的算法，有的在理论上虽然还未证明其收敛性，但可以从具体试验中发现其规律，为理论证明提供线索。

构造数值算法的基本思想是近似代替。

例如，为了计算 $e^1=1+1+\frac{1}{2!}+\frac{1}{3!}+\frac{1}{4!}+\frac{1}{5!}+\cdots$，通常取后面的级数的前几项来近似代替整个级数的计算。再比如，计算一个连续函数 $f(x)$ 在区间 $[a,b]$ 上的定积分，当这个函数的原函数不存在时，就不能应用经典的牛顿-莱布尼茨公式求积分了，我们可以用函数 $f(x)$ 在区间 $[a,b]$ 上的若干点的函数值的线性组合来近似表示定积分的大小。

1.1.4　主要内容

本模块的研究内容大多与科学研究和工程技术中的大量计算问题有关，主要涉及求解线性方程组、非线性方程的数值解法、插值和函数逼近、数值微分和数值积分、常微分方程数值解法及代数特征值问题等。

1.2　计算机的机器数与浮点运算

1.2.1　十进制数与二进制数的转换

1. 十进制数转换成二进制数

一个十进制数通常的浮点形式为

$$\pm a_1 a_2 \cdots a_t a_{t+1} a_{t+2} \cdots \tag{1-1}$$

十进制数转换成二进制数，以浮点(小数点)为界，将浮点数拆分为两个部分，即整数部分和小数部分。整数部分采用“除 2 取余，逆序排列”法，结果写在浮点的左边。具体做法是：用 2 去除十进制整数，可以得到一个商和余数；再用 2 去除商，又会得到一个商和余数，如此进行，直到商为零时为止。然后，把先得到的余数作为二进制数的高位有效位，后得到的余数作为二进制数的低位有效位，依次排列起来。例如，把十进制的 21 转换成二进制数，用除法可表示如下，

$$21 \div 2 = 10 \cdots\cdots 1$$

$$10 \div 2 = 5 \cdots\cdots 0$$

$$5 \div 2 = 2 \cdots\cdots 1$$

$$2 \div 2 = 1 \cdots\cdots 0$$

$$1 \div 2 = 0 \cdots\cdots 1$$

把余数倒过来写，就有 $21_{10} = 10101_2$。

用 Mathematica 内置命令 BaseForm[x,2]，有

```
In[1]: = BaseForm[21,2]
Out[1]: = 10101₂
```

小数部分按照“乘 2 取整，顺序排列”的原则将其转换为二进制，并写在浮点的右边。具体做法是：用 2 乘十进制小数，可以得到积，将积的整数部分取出，再用 2 乘余下的小数部分，又得到一个积，再将积的整数部分取出，如此进行，直到积中的小数部分为零，或者达到所要求的精度为止。然后把取出的整数部分按顺序排列起来，先取的整数作为二进制小数的高位有效位，后取的整数作为低位有效位。例如，把十进制的 0.8125 转换成二进制小数，则 $0.8125 \times 2 = 1.625$，取整是 1；$0.625 \times 2 = 1.25$，取整是 1；$0.25 \times 2 = 0.5$，取整是 0；$0.5 \times 2 = 1.0$，取整是 1。即 $0.8125_{10} = 0.1101_2$(第一次得到的为最高位，最后一次得到的

为最低位)。因此,十进制的 21.8125 转换成二进制数为 $21.8125_{10}=10101.1101_2$。

2. 二进制数转换成十进制数

二进制数转换成十进制数是指二进制的整数和小数转换成相应的十进制的整数和小数。总的原则是按位权展开相加,该位的数字乘位权,然后相加。整数部分位权从最低位开始分别是 2 的 0 次幂,2 的 1 次幂…… 小数部分分别是 2 的 −1 次幂,2 的 −1 次幂……

$$11011011.11_2=1\times 2^7+1\times 2^6+0\times 2^5+1\times 2^4+1\times 2^3+0\times 2^2+1\times 2^1+1\times 2^0+1\times 2^{-1}+1\times 2^{-2}=219.75_{10}$$

对于循环形式的二进制小数,通常可采用以下两种方法:直接法与间接法。直接法就是利用无穷等比级数的和来表示。例如,二进制的无限循环小数 $0.\overline{01}_2$,按权展开可以写成 $2^{-2}+2^{-4}+2^{-6}+\cdots$,这是一个首项为 2^{-2},公比等于 2^{-2} 的无穷等比级数,其和等于 $\frac{1}{3}$,即 $0.\overline{01}_2=2^{-2}+2^{-4}+2^{-6}+\cdots=\frac{2^{-2}}{1-2^{-2}}=\frac{1}{3}_{10}$。而对于有些循环小数,按权展开后,并不是无穷等比级数,因此,不能利用直接法转换,可采用另一种方法,称为移位法。我们以二进制小数 $0.1\overline{0110}_2$ 为例,令 $s=0.1\overline{0110}_2$,则 $2s=1.\overline{0110}_2$,$2^5s=10110.\overline{0110}_2$,所以 $(2^5-2)s=(10110-1)_2=10101_2=21_{10}$,即 $0.1\overline{0110}_2=0.7_{10}$。

1.2.2 浮点数与机器数

在计算机中,一个非零的实数通常表示为如下二进制浮点形式:

$$\pm b_1b_2\cdots b_tb_{t+1}b_{t+2}\cdots \tag{1-2}$$

其中,$b_j(j=2,3,\cdots)$ 为 1 或 0,$b_1=1$。为了统一起见,式(1-2)通常又表示成

$$\pm 0.b_1b_2\cdots\times 2^m \tag{1-3}$$

其中,$0.b_1b_2\cdots$ 称为尾数,用 M 表示。

由于计算机的存储字长的限制,必须对尾数有所"取舍"。如果字长为 t,若 $b_{t+1}=0$,则 $\pm 0.b_1b_2\cdots\times 2^m=\pm 0.b_1b_2\cdots b_t\times 2^m$,若 $b_{t+1}=1$,则 $\pm 0.b_1b_2\cdots\times 2^m=\pm(0.b_1b_2\cdots b_t+2^{-t})\times 2^m$,这种方法称为舍入法。

另一种方法称为截断法,即不管 b_{t+1} 取何值,直接取 $\pm 0.b_1b_2\cdots\times 2^m=\pm 0.b_1b_2\cdots b_t\times 2^m$。

通常称 $\pm b_1b_2\cdots b_t\times 2^m$ 为规格化的二进制浮点数,也称为机器数。阶码 m 有固定的上下限,即 $L\leqslant m\leqslant U$(L 和 U 为整数)。由于机器数的字长与阶码有限,故计算机中的机器数是有限的。事实上,计算机中共有 $2^t(U-L+1)+1$ 个机器数。把计算机中的全体机器数组成的集合记为 F 或 $F(2,t,L,U)$,称为机器数系。显然,机器数系 $F(2,t,L,U)$ 是一个有限的、离散的、分布不均匀的集合。不难验证,$F(2,t,L,U)$ 中任意非零数 x 满足 $2^{L-1}\leqslant|x|\leqslant 2^U(1-2^{-t})$。

浮点数在计算机中表示较为复杂,首先需要把浮点数据化为规格化数,借助规格化数来对浮点数据进行储存表示。

在 IEEE 754 标准中，一个规格化的 32 位浮点数 x 的真值表示为

$$x=(-1)^S\times(1.M)\times 2^m$$

其中，$m=E-127$；S 表示浮点数的符号位，占 1 位；M 是尾数，放在低位部分，占用 23 位，小数点位置放在尾数域最左(最高)有效位的右边；E 是阶码，占用 8 位。它的尾数域所表示的值是 $1.M$。m 为实际指数。因为规格化浮点数的尾数域最左位(最高有效位)总是 1，故这一位经常不予存储，而认为隐藏在小数点的左边。

64 位的浮点数中符号位占 1 位，阶码域占 11 位，尾数域占 52 位，指数偏移值是 1023。因此规格化的 64 位浮点数 x 的真值为

$$x=(-1)^S\times(1.M)\times 2^m, m=E-1023$$

例 1-1 将十进制数 11.375 表示为 IEEE 754 标准存储格式。

解 由 $11.375=+1011.011=+(1.011011)\times 2^3=(-1)S\times(1.M)\times 2m$，可知 $S=0$，包括隐藏位 1 的尾数 $1.M=1.011011=1.01101100000000000000000$，$m=3$，$E=m+127=130=011+01111111=10000010$，则二进制数格式为

$$0\ 10000010001101100000000000000000$$

例 1-2 列出机器数系 $F(2,4,-3,4)$ 中的全体机器数。

解 $F(2,4,-3,4)$ 中正的机器数为 $0.b_1b_2\cdots b_j\times 2^m$，其中 $b_j(j=2,3,4)$ 为 1 或 0，$b_1=1$，而 $m\in\{-3,-2,-1,0,1,2,3,4\}$，尾数和阶码各有 8 种选择，可以产生 64 个数的集合，这 64 个数在数轴上的分布如图 1-2 所示。这 64 个数的十进制形式见表 1-1 所列，则全体机器数有 $2^4\times(4-(-3)+1)+1$ 个，即 129 个。

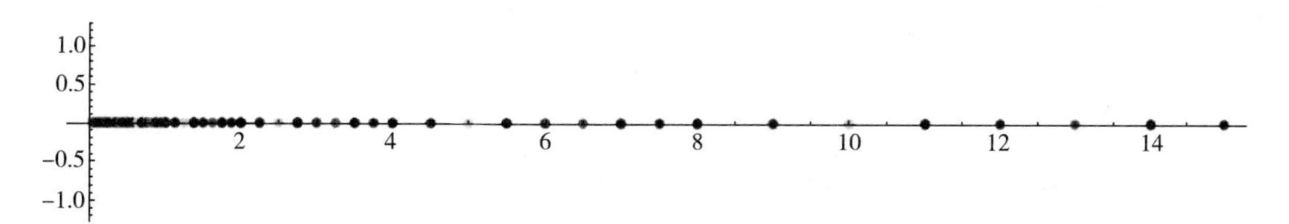

图 1-2 64 个机器数在数轴上的分布

表 1-1 $F(2,4,-3,4)$ 中全体正的机器数

尾数	阶码							
	$m=-3$	$m=-2$	$m=-1$	$m=0$	$m=1$	$m=2$	$m=3$	$m=4$
0.1000_2	0.0625	0.125	0.25	0.5	1	2	4	8
0.1010_2	0.078125	0.15625	0.3125	0.625	1.15	2.5	5	10
0.1011_2	0.0859375	0.171875	0.34375	0.6875	1.375	2.75	5.5	11
0.1100_2	0.09375	0.1875	0.375	0.75	1.5	3	6	12
0.1101_2	0.1015625	0.203125	0.40625	0.8125	1.625	3.25	6.5	13
0.1110_2	0.109375	0.21875	0.4375	0.875	1.75	3.5	7	14
0.1111_2	0.1171875	0.234375	0.46875	0.9375	1.875	3.75	7.5	15

例 1-3 把十进制数 $x_1=1563$ 及 $x_2=\frac{1}{3}$ 分别表示成 $F(2,8,-19,19)$ 中的机器数。

解 (1) 因为 $x_1=1563_{10}=11000011011_2=0.11000011011\times 2^{11}\notin F$，而 $2^{-19-1}\leqslant |x_1|\leqslant 2^{19}(1-2^{-4})$，所以 $x_1=0.11000011\times 2^{11}$。

而 0.11000011×2^{11} 转换成十进制后为 1560，即在 $F(2,4,-19,19)$ 中的用 1560 来近似表示 1563。

(2) 因为 $x_2=\frac{1}{3}_{10}=0.\overline{01}_2=0.1010\cdots\times 2^{-1}\notin F$，而 $2^{-19-1}\leqslant |x_2|\leqslant 2^{19}(1-2^{-4})$，所以按舍入法，$x_2=0.10101011\times 2^{-1}$，转换成十进制为 0.333984。按截断法，$x_2=0.10101010\times 2^{-1}$，转换成十进制为 0.332031。它们都是 $\frac{1}{3}$ 的近似表示。

1.2.3 浮点运算

两个二进制浮点数进行加减运算，遵循“先对阶，后运算，再取舍”的原则，即首先要对阶，把阶小的数的尾数右移，每移一位其阶加“1”，直到两数的阶相等，然后，将对阶后的两数的尾数相加(或相减)，最后对结果再进行取舍。

例 1-4 在双精度计算机上，使用 52 位比特的尾数，计算 $0.1_{10}+0.1_{10}+0.1_{10}$。

解

$$0.1_{10}=0.\overbrace{11001100\cdots\cdots\cdots\cdots 1101}^{52\text{位}}\times 2^{-3}$$

$$0.1_{10}+0.1_{10}=1.\overbrace{1011001100\cdots\cdots\cdots\cdots 0011010}^{52\text{位}}\times 2^{-3}$$

$$=0.\overbrace{11011001100\cdots\cdots\cdots\cdots 001101}^{52\text{位}}\times 2^{-2}$$

$$0.1_{10}+0.1_{10}+0.1_{10}=0.\overbrace{11011001100\cdots\cdots\cdots\cdots 001101}^{52\text{位}}\times 2^{-2}+$$

$$\overbrace{0.1101100\cdots\cdots\cdots\cdots 1100}^{52\text{位}}\times 2^{-3}$$

$$=0.\overbrace{11011001100\cdots\cdots\cdots\cdots 001101}^{52\text{位}}\times 2^{-2}+$$

$$\overbrace{0.01101100\cdots\cdots\cdots\cdots 110}^{52\text{位}}\times 2^{-2}$$

$$=1.\overbrace{001101100\cdots\cdots\cdots\cdots 00110010}^{52\text{位}}\times 2^{-2}$$

$$=0.01001100\cdots\cdots\cdots\cdots 001101$$

$$=2^{-2}+2^{-5}+2^{-6}+\cdots\cdots\cdots\cdots 2^{-52}$$

$$\approx 0.30000000000000004$$

两个二进制浮点数进行乘除运算，遵循“先运算，再取舍”的原则，即尾数与尾相乘除，阶码与阶码相乘除，最后进行取舍。

例 1-5 已知 $x=0.11\times 2^{-3}$，$y=0.101\times 2^{2}$，计算 xy。

解

$$
\begin{aligned}
xy &= 0.11\times 2^{-3}\times 0.101\times 2^{2}\\
&= (0.11\times 0.101)\times(2^{-3}\times 2^{2})\\
&= 0.01111\times 2^{-1}\\
&= 0.1111\times 2^{-2}
\end{aligned}
$$

1.3 误差及有效数字

1.3.1 误差来源

数值计算中的解都是近似解，误差是不可避免的，关键是如何确定误差的来源和控制误差的方法。一般说来，误差(Error)的来源主要有以下几种：

(1) 模型误差：数学模型与实际问题之间的误差称为模型误差(Model Error)。

一般来说，生产和科研中遇到的实际问题是比较复杂的，要用数学模型来描述，需要进行必要的简化，忽略一些次要的因素，保留主要因素。这样建立起来的数学模型与实际问题之间一定有误差。它们之间的误差就是模型误差。

(2) 观测误差：实验或观测得到的数据与实际数据之间的误差称为观测误差(Observation Error)或数据误差(Data Error)。

数学模型(Mathematical Model)中通常包含一些由观测(实验)得到的数据。例如，用 $s(t)=\frac{1}{2}gt^{2}$ 来描述初始速度为0的自由落体下落时距离和时间的关系，其中重力加速度 $g\approx 9.8\text{m/s}^{2}$ 是由实验得到的，地球上各地测得的重力加速度都不一样，它和当地的实际重力加速度之间是有出入的。其间的误差就是观测误差。

(3) 截断误差：数学模型的精确解与用数值方法得到的数值解之间的误差称为方法误差或截断误差(Truncation Error)。

例如，由 Taylor 公式，得

$$
e^{x}=1+x+\frac{x^{2}}{2!}+\cdots+\frac{x^{n}}{n!}+R_{n}(x)
$$

用 $p_{n}(x)=1+x+\frac{x^{2}}{2!}+\cdots+\frac{x^{n}}{n!}$ 近似代替 e^{x}，这时的截断误差为

$$
R_{n}(x)=\frac{e^{\xi}}{(n+1)!}x^{n+1}，\xi \text{ 介于 } 0 \text{ 与 } x \text{ 之间}
$$

(4) 舍入误差：由于计算机字长的限制，输入数据进行舍入后产生的误差称为舍入误差(Round-off Error)。

在本课程中所涉及的误差，一般是指截断误差和舍入误差。

1.3.2 误差度量

1. 绝对误差、绝对误差限、相对误差和相对误差限

定义 1-1 设 x^* 为准确值，x 是 x^* 的近似值，称

$$e(x)=x^*-x \tag{1-4}$$

为近似值 x 的绝对误差（Absolute Error），简称误差（Error）。

显然误差 $e(x)$ 既可为正，也可为负。一般来说，准确值 x^* 是不知道的，因此误差 $e(x)$ 的准确值无法求出。不过在实际工作中，可根据相关领域的知识、经验及测量工具的精度，事先估计出误差绝对值不超过某个正数 ε，即

$$|e|=|x^*-x|\leqslant\varepsilon \tag{1-5}$$

则称 ε 为近似值 x 的绝对误差限（Absolute Error Bound），简称误差限或精度（Precision）。

由式（1-5），得

$$x-\varepsilon\leqslant x^*\leqslant x+\varepsilon$$

这表示准确值 x^* 在区间 $[x-\varepsilon,x+\varepsilon]$ 上。有时将准确值 x^* 写成

$$x^*=x\pm\varepsilon$$

例 1-6 用一把有毫米刻度的米尺来测量桌子的长度，读出的长度 $x=1234\text{mm}$，由卡尺的精度可知，这个近似值的误差不会超过半个毫米，则有

$$|x^*-x|=|1234-x|\leqslant 0.5\ \text{mm}$$

于是该桌子的长度为

$$x^*=(1234\pm 0.5)\text{mm}$$

用 $x^*=x\pm\varepsilon$ 表示准确值可以反映它的准确程度，但不能说明近似值的好坏。例如，测量一根 10cm 长的圆钢时发生了 0.5cm 的误差，和测量一根 10m 长的圆钢时发生了 0.5cm 的误差，其绝对误差都是 0.5cm，但是，后者的测量结果显然比前者要准确得多。这说明决定一个量的近似值的好坏，除了要考虑绝对误差的大小，还要考虑准确值本身的大小，这就需要引入相对误差的概念。

定义 1-2 设 x^* 为准确值，x 是 x^* 的近似值，称

$$e_r=\frac{e}{x^*}=\frac{x^*-x}{x^*} \tag{1-6}$$

为近似值 x 的相对误差（Relative Error）。

在实际计算中，由于准确值 x^* 总是未知的，因此也把

$$e_r=\frac{e}{x}=\frac{x^*-x}{x} \tag{1-7}$$

称为近似值 x 的相对误差。

在上面的例子中，前者的相对误差是 0.5/10 = 0.05，而后者的相对误差是 0.5/1000 = 0.0005。一般来说，相对误差越小，表明近似程度越好。与绝对误差一样，近似值 x 的相对误差的准确值也无法求出。仿绝对误差限，称相对误差绝对值的上界 ε_r 为近似值 x 的相对误差限(Relative Error Bound)，即

$$|e_r| = \left|\frac{x^* - x}{x}\right| \leqslant \varepsilon_r \tag{1-8}$$

注 绝对误差和绝对误差限有量纲，而相对误差和相对误差限没有量纲，通常用百分数来表示。

2. 有效数字

用 $x^* = x \pm \varepsilon$ 来进行计算，在计算中很不方便。为了进一步刻画一个近似数的好坏，引进有效数字的概念。

定义 1-3 设 x 是 x^* 的近似值，写成 $x = \pm 0.a_1a_2\cdots a_i\cdots \times 10^m$，其中 $a_1 \neq 0$，$a_i(i=2,3,\cdots)$ 是 0 到 9 之间的自然数，m 为整数。若 x 的误差限

$$|x^* - x| \leqslant \frac{1}{2} \times 10^{m-n} \tag{1-9}$$

那么称近似值 x 具有 n 位有效数字(Significant Digit)。

例 1-7 设 $x^* = \pi$，确定它的近似值 $x_1 = 3.14$，$x_2 = 3.141$，$x_3 = 3.142$ 分别具有几位有效数字。

解 (1) 因为 $x_1 = 3.14 = 0.314 \times 10^1$，$m = 1$，所以

$$|x^* - x_1| = 0.15926\cdots \times 10^{-2} \leqslant 0.5 \times 10^{-2}$$

又 $m = 1$，$m - n = -2$，所以 $n = 3$，即 x_1 有 3 位有效数字。

(2) 因为 $x_2 = 3.141 = 0.3141 \times 10^1$，$m = 1$，所以

$$|x^* - x_2| = 0.05926\cdots \times 10^{-2} \leqslant 0.5 \times 10^{-2}$$

又 $m = 1$，$m - n = -2$，所以 $n = 3$，即 x_2 也有 3 位有效数字。

(3) 因为 $x_3 = 3.142 = 0.3142 \times 10^1$，$m = 1$，所以

$$|x^* - x_3| = 0.407346\cdots \times 10^{-3} \leqslant 0.5 \times 10^{-3}$$

又 $m = 1$，$m - n = -3$，所以 $n = 4$，即 x_1 有 4 位有效数字。

例 1-8 已知近似值 $x = 2345.67$ 具有 6 位有效数字，则它的误差限是多少？

解 因为 $x = 2345.67 = 0.234567 \times 10^4$，$m = 4$ 且 $n = 6$，所以

$$|x^* - x| \leqslant \frac{1}{2} \times 10^{m-n} = \frac{1}{2} \times 10^{-2}$$

即它的误差限是 $\frac{1}{2} \times 10^{-2}$。

3. 有效数字与相对误差限的联系

定理 1-1 设 x 是 x^* 的近似值，写成 $x = \pm 0.a_1a_2\cdots a_i\cdots \times 10^m$，其中 $a_1 \neq 0$，$a_i(i=2,$

3,…)是0到9之间的自然数,m为整数。如果x具有n位有效数字,那么x的相对误差限为$\frac{1}{2a_1}\times 10^{1-n}$。

证明 因为x具有n位有效数字,所以由定义1-3,知

$$|x^*-x|\leqslant\frac{1}{2}\times 10^{m-n}$$

又因为$|x|\geqslant a_1\times 10^{m-1}$,所以

$$\frac{|x^*-x|}{|x|}\leqslant\frac{\frac{1}{2}\times 10^{m-n}}{a_1\times 10^{m-1}}=\frac{1}{2a_1}\times 10^{1-n}$$

定理1-2 设x是x^*的近似值,写成$x=\pm 0.a_1a_2\cdots a_i\cdots\times 10^m$,其中$a_1\neq 0$,$a_i(i=2,3,\cdots)$是0到9之间的自然数,$m$为整数。如果$x$的相对误差限为$\frac{1}{2(a_1+1)}\times 10^{1-n}$,那么$x$至少具有$n$位有效数字。

请同学们自己证明这个结论。

例1-9 用$x=2.72$表示无理数e的具有3位有效数字的近似值,则它的相对误限是多少?

解 因为$x=2.72=0.272\times 10^1$,$m=1$,$a_1=2$且$n=3$,所以

$$\left|\frac{x^*-x}{x}\right|\leqslant\frac{1}{2\times 2}\times 10^{1-3}=\frac{1}{4}\times 10^{-2}$$

即它的相对误限是$\varepsilon_r(x)=\frac{1}{4}\times 10^{-2}$。

例1-10 设$\sqrt{50}$的近似值x的相对误差不超过0.01%,则x至少具有几位有效数字?

解 设x至少具有n位有效数字,因为$\sqrt{50}$的第一个非零数字是7,即x的第一位有效数字$a_1=7$,根据题意及定理1-1知

$$\frac{|\sqrt{50}-x|}{|x|}\leqslant\frac{1}{2a_1}\times 10^{1-n}=\frac{1}{2\times 7}\times 10^{1-n}\leqslant 10^{-4}$$

得$n\geqslant 3.85$,故取$n=4$,即x至少具有4位有效数字,其相对误差才不超过0.01%。

1.4 数值计算的误差估计

1.4.1 求函数值的误差

以二元函数$z=f(x,y)$为例,我们知道$z=f(x,y)$在(x,y)处的全增量为

$$\Delta z=f(x+\Delta x,y+\Delta y)-f(x,y)=\mathrm{d}z+o(\rho)$$

其中$\rho=\sqrt{(\Delta x)^2+(\Delta y)^2}$,令$x^*=x+\Delta x$,$y^*=y+\Delta y$,则

$$\Delta z = f(x^*, y^*) - f(x, y) \approx \frac{\partial f(x, y)}{\partial x^*} dx^* + \frac{\partial f(x, y)}{\partial y^*} dy^*$$

$$\approx \frac{\partial f(x, y)}{\partial x^*}(x^* - x) + \frac{\partial f(x, y)}{\partial y^*}(y^* - y)$$

所以

$$e(z) = f(x^*, y^*) - f(x, y)$$

$$\approx \frac{\partial f(x, y)}{\partial x^*} e(x) + \frac{\partial f(x, y)}{\partial y^*} e(y) \quad (1-10)$$

$$e_r(z) \approx \frac{\partial f(x, y)}{\partial x^*} \frac{1}{f(x, y)} e(x) + \frac{\partial f(x, y)}{\partial y^*} \frac{1}{f(x, y)} e(y)$$

$$= \frac{\partial f(x, y)}{\partial x^*} \frac{x}{f(x, y)} e_r(x) + \frac{\partial f(x, y)}{\partial y^*} \frac{y}{f(x, y)} e_r(y) \quad (1-11)$$

一元函数是二元函数的特例，则对一元函数 $y = f(x)$，可以得到一元函数的绝对误差和相对误差：

$$e(y) = f(x^*) - f(x) \approx f'(x) e(x) \quad (1-12)$$

$$e_r(y) \approx f'(x) \frac{1}{f(x)} e(x) = \frac{f'(x) x}{f(x)} e_r(x) \quad (1-13)$$

1.4.2 两个近似数 x, y 的四则运算的误差估计

设 $z = x + y$，应用式(1-10)和式(1-11)，可得

(1) 绝对误差的四则运算：

$$\begin{cases} e(x \pm y) = e(x) \pm e(y) \\ e(xy) \approx y e(x) + x e(y) \\ e\left(\dfrac{x}{y}\right) \approx \dfrac{1}{y} e(x) - \dfrac{x}{y^2} e(y), y \neq 0 \end{cases} \quad (1-14)$$

(2) 相对误差的四则运算：

$$\begin{cases} e_r(x \pm y) = \dfrac{x e(x) \pm y e(y)}{x \pm y} \\ e_r(xy) \approx e_r(x) + e_r(y) \\ e_r\left(\dfrac{x}{y}\right) \approx e_r(x) - e_r(y), y \neq 0 \end{cases} \quad (1-15)$$

(3) 绝对误差限的四则运算：

$$\begin{cases} |e(x \pm y)| \leqslant |e(x)| + |e(y)| \leqslant \varepsilon(x) + \varepsilon(y) \\ |e(xy)| \leqslant |y| \varepsilon(x) + |x| \varepsilon(y) \\ \left| e\left(\dfrac{x}{y}\right) \right| \leqslant \left| \dfrac{1}{y} \right| \varepsilon(x) + \left| \dfrac{x}{y^2} \right| \varepsilon(y), y \neq 0 \end{cases} \quad (1-16)$$

(4) 相对误差限的四则运算：

$$\begin{cases} |e_r(x \pm y)| \leqslant |e_r(x)| + |e_r(y)| \leqslant \varepsilon_r(x) + \varepsilon_r(y) \\ |e_r(xy)| \leqslant \varepsilon_r(x) + \varepsilon_r(y) \\ \left| e_r\left(\dfrac{x}{y}\right) \right| \leqslant \varepsilon_r(x) + \varepsilon_r(y), y \neq 0 \end{cases} \tag{1-17}$$

例 1-11 设有长 $x^* = (120 \pm 0.2)$ m，宽 $y^* = (90 \pm 0.2)$ m 的矩形场地，求该场地面积的误差限和相对误差限。

解 设 $s^* = x^* y^*$，$s = xy$。由题意，知 $\varepsilon(x) = 0.2$，$\varepsilon(y) = 0.1$，则

$$|e(s)| \leqslant |y|\varepsilon(x) + |x|\varepsilon(y) = 90 \times 0.2 + 120 \times 0.1 = 30(\mathrm{m}^2)$$

$$|e_r(s)| \leqslant |e_r(x)| + |e_r(y)| \leqslant \frac{\varepsilon(x)}{|x|} + \frac{\varepsilon(y)}{|y|}$$

$$= \frac{0.2}{120} + \frac{0.1}{90} \approx 0.28\%$$

所以该场地面积的误差限为 $30\mathrm{m}^2$，相对误差限为 0.28%。

例 1-12 设 $x > 0$，x 的相对误差限为 δ，求 x^n 和 $\ln x$ 的相对误差限。

解 由题意，知 $\varepsilon_r(x) = \delta$，因为

$$e_r(x^n) = \frac{x \cdot n \cdot x^{n-1}}{x^n} e_r(x)$$

所以

$$|e_r(x^n)| \leqslant n e_r(x) \leqslant n \varepsilon_r(x) = n\delta$$

即 $\varepsilon_r(x^n) = n\delta$。

同理，因为

$$e_r(\ln x) = \frac{x \cdot \dfrac{1}{x}}{\ln x} e_r(x)$$

所以

$$|e_r(\ln x)| \leqslant \frac{|\varepsilon_r(x)|}{|\ln x|} = \frac{\delta}{|\ln x|}$$

即 $\varepsilon_r(\ln x) = \dfrac{\delta}{|\ln x|}$。

1.5 算法设计中的几个值得注意的问题

在用计算机实现算法时，我们输入计算机的数据一般是有误差的(如观测误差等)，计算机运算过程的每一步又会产生舍入误差，由十进制转化为机器数也会产生舍入误差，这

些误差在迭代过程中还会逐步传播和积累。因此，我们必须研究这些误差对计算结果的影响。但一个实际问题往往需要亿万次以上的计算，且每一步都可能产生误差。因此，我们不可能对每一步误差进行分析和研究，只能根据具体问题的特点进行研究，提出相应的误差估计。特别地，如果我们在构造算法的过程中注意到以下几个方面，那么将有效地减少和避免误差的危害，控制误差的传播和积累。

1.5.1 病态问题

病态问题是由数学问题本身的性质决定的。对于一个数学问题，如果输入的数据有微小扰动，就会引起输出数据(数学问题）的相对误差很大，称这样的问题为病态问题。相反的情况称为良态问题。

记 $C_p=\left|\frac{f'(x)x}{f(x)}\right|$，由式(1-13)可知，若 $C_p\gg 1$，将引起函数值的相对误差变大，此时称 C_p 为坏条件。一般地，当 $C_p\leqslant 10$ 时，称 C_p 为好条件。

其他计算问题也要分析是否病态，如解线性方程组。如果输入数据有微小扰动引起解的巨大误差，就认为是病态方程组，我们将在后面用矩阵的条件数来分析这种现象。

1.5.2 算法的稳定性

为了避免误差在运算过程中的累积增大，我们在构造算法时，还要考虑算法的稳定性。首先介绍数值稳定性的概念。

定义 1-4 一个算法如果输入数据有误差，而在计算过程中舍入误差不增长，那么称此算法是数值稳定的（Numerical Stable)，否则称此算法为数值不稳定的(Numerical Unstable）。

下面的例子说明了算法稳定性的重要性。

例 1-13 当 $n=0,1,2,\cdots,11$ 时，计算积分 $I_n=\int_0^1\frac{x^n}{x+9}\mathrm{d}x$ 的近似值。

解 由

$$I_n+9I_{n-1}=\int_0^1\frac{x^n+9x^{n-1}}{x+9}\mathrm{d}x=\int_0^1 x^{n-1}\mathrm{d}x=\frac{1}{n}$$

得递推关系

$$I_n=\frac{1}{n}-9\times I_{n-1} \tag{1-18}$$

因为

$$I_0=\int_0^1\frac{1}{x+9}\mathrm{d}x=\ln10-\ln9\approx 0.105361=\bar{I}_0$$

利用递推关系式(1-18)，得

$$\begin{cases}\bar{I}_0=0.105361\\ \bar{I}_n=\dfrac{1}{n}-9\times\bar{I}_{n-1},n=1,2,\cdots,11\end{cases} \tag{1-19}$$

由式(1-19),得 $\bar{I}_1=0.051751$,$\bar{I}_2=0.034241$,$\bar{I}_3=0.025164$,$\bar{I}_4=0.023521$,$\bar{I}_5=-0.011689$,…。由 I_n 的表达式知,对所有正整数 n,$I_n>0$,而上面得出的 $\bar{I}_5=-0.011689<0$,显然是错误的。

下面分析产生错误的原因。设初始误差为 ε_0,则 $\varepsilon_0=I_0-\bar{I}_0\approx 4.84342\times 10^{-7}$,这时

$$\varepsilon_1=I_1-\bar{I}_1=\left(\frac{1}{2}-9\times I_0\right)-\left(\frac{1}{2}-9\times \bar{I}_0\right)=-9\times\varepsilon_0\approx 4.35908\times 10^{-6}$$

$$\varepsilon_2=I_2-\bar{I}_2=\left(\frac{1}{2}-9\times I_1\right)-\left(\frac{1}{2}-9\times \bar{I}_1\right)=-9\times\varepsilon_1=(-1)^2\times 9^2\varepsilon_0^2\approx 3.92317\times 10^{-5}$$

$$\varepsilon_3=I_3-\bar{I}_3=\left(\frac{1}{2}-9\times I_2\right)-\left(\frac{1}{2}-9\times \bar{I}_2\right)=-9\times\varepsilon_2=(-1)^3\times 9^3\varepsilon_0^3\approx 3.53085\times 10^{-4}$$

$$\varepsilon_4=I_4-\bar{I}_4=\left(\frac{1}{2}-9\times I_3\right)-\left(\frac{1}{2}-9\times \bar{I}_3\right)=-9\times\varepsilon_3=(-1)^4\times 9^4\varepsilon_0^4\approx -3.17777\times 10^{-3}$$

$$\varepsilon_5=I_5-\bar{I}_5=\left(\frac{1}{2}-9\times I_4\right)-\left(\frac{1}{2}-9\times \bar{I}_4\right)=-9\times\varepsilon_4=(-1)^5\times 9^5\varepsilon_0^5\approx 0.028\,600$$

而 I_5 的准确值是 0.01691092101…,显然误差的传播和积累淹没了问题的真解。我们看到,虽然初始误差 ε_0 很小,但是上述算法误差的传播是逐步扩大的,也就是说它是不稳定的,因此计算结果不可靠。

Mathematica 程序如下:

```
M1 = Table[N[Integrate[x^k/(x + 9),{x,0,1}],6],{k,0,12}];
(* 表示建一个一维数表,表中有 13 个数,每个数是 k 取对应值的定积分,并取有 6 位有效数字 *)
M = Table[0,{k,0,11}];(* 表示建一个一维数表,表中有 12 个 0 *)
M[[0]] = 0.105361;(* k = 0 的积分近似值 *)
eps = Table[0,{k,0,11}];
(* 表示建一个一维数表,表中有 12 个 0 *)
eps[[1]] = M[[0]] - M1[[1]];(* 初始误差 *)
Print["迭代次数","      近似值     ","     精确值   ","     误差     "];
For[k = 0,k < 12,k ++,M[[k + 1]] = 1/(k + 1) - 9M[[k]];
eps[[k]] = M[[k]] - M1[[k + 1]];
Print["  ",k,"  ",SetPrecision[M[[k]],6],"  ",M1[[k + 1]],"  ",eps[[k]]//N]]
```

运行结果如下:

迭代次数	近似值	精确值	误差
0	0.1053610	0.1053610	4.84342 * 10^ - 7
1	0.0517510	0.0517554	- 4.35908 * 10^ - 6
2	0.0342410	0.0342018	0.0000392317
3	0.0251643	0.0255174	- 0.000353085
4	0.0235210	0.0203432	0.00317777
5	- 0.0116890	0.0169109	- 0.0285999
6	0.271868	0.0144684	0.257399
7	- 2.30395	0.0126417	- 2.31659

8	20.8606	0.0112243	20.8493
9	- 187.634	0.0100925	- 187.644
10	1688.81	0.00916786	1688.8
11	- 15199.2	0.00839837	- 15199.2

我们换一种算法，由式(1－18)，得

$$I_{n-1}=\frac{1}{9}\times\left(\frac{1}{n}-I_n\right) \tag{1-20}$$

首先估计初值 I_{12} 的近似值。因为

$$\frac{1}{10(n+1)}=\frac{1}{10}\int_0^1 x^n\,\mathrm{d}x\leqslant I_n\leqslant\frac{1}{9}\int_0^1 x^n\,\mathrm{d}x=\frac{1}{9(n+1)}$$

所以$\frac{1}{130}\leqslant I_{12}\leqslant\frac{1}{117}$。

因为$\frac{1}{2}\times\left(\frac{1}{130}+\frac{1}{117}\right)\approx 0.00811966$，所以可取 $\bar{I}_{12}=0.00811966$，建立递推关系

$$\begin{cases}\bar{I}_{12}=0.00811966\\ \bar{I}_{n-1}=\dfrac{1}{9}\times\left(\dfrac{1}{n}-\bar{I}_n\right),n=12,11,\cdots,2,1\end{cases} \tag{1-21}$$

读者只要把上面程序稍加修改，就可以得到如下结果：

迭代次数	近似值	精确值	误差
11	0.00835708	0.00839837	- 0.000278712
10	0.00917245	0.00916786	- 0.0000412954
9	0.0100920	0.0100925	4.58838 * 10^ - 6
8	0.0112244	0.0112243	- 5.0982 * 10^ - 7
7	0.0126417	0.0126417	5.66467 * 10^ - 8
6	0.0144684	0.0144684	- 6.29407 * 10^ - 9
5	0.0169109	0.0169109	6.99341 * 10^ - 10
4	0.0203432	0.0203432	- 7.77046 * 10^ - 11
3	0.0255174	0.0255174	8.63384 * 10^ - 12
2	0.0342018	0.0342018	- 9.59316 * 10^ - 13
1	0.0517554	0.0517554	1.06588 * 10^ - 13
0	0.105361	0.105361	- 1.18447 * 10^ - 14

从上面运行结果的数据可以看出，用第二种算法得出的结果精度很高。这是因为，虽然初始数据 $\bar{I}_{12}=0.00811966$ 有误差，但是这种误差在计算过程的每一步都是逐步缩小的，即此算法是稳定的。这个例子告诉我们，用数值方法在解决实际问题时一定要选择数值稳定的算法。

1.5.3 两个相近的数相减

在数值计算中两个相近的数相减会造成有效数字的严重损失，从而导致误差增大，影

响计算结果的精度。

例 1－14 当 $x=10003$ 时，计算 $\sqrt{x+1}-\sqrt{x}$ 的近似值。

解 若使用 10 位十进制浮点运算，运算时取 10 位有效数字，结果

$$\sqrt{x+1}-\sqrt{x}\approx 100.0199980-100.01499888\approx 0.0049991$$

只有 5 位有效数字，损失了 5 位有效数字，使得相对误差变得很大，影响计算结果的精度。若改用

$$\sqrt{x+1}-\sqrt{x}=\frac{1}{\sqrt{x+1}+\sqrt{x}}\approx 0.004999125231$$

则其结果有 10 位有效数字，与精确值 0.00499912523117984… 非常接近。

再如，$x_1=1.99999$，$x_2=1.99998$，求 $\lg x_1-\lg x_2$。若使用 10 位十进制浮点运算，则 $\lg x_1-\lg x_2\approx 0.3010278242-0.3010256527=0.0000021715$ 只有 5 位有效数字，损失了 5 位有效数字。若改用 $\lg x_1-\lg x_2=\log\frac{x_1}{x_2}\approx 2.17148869\times 10^{-6}$，则其结果有 10 位有效数字，与精确值 $2.171488695634\cdots\times 10^{-6}$ 非常接近。

1.5.4 大数"吃"小数

在数值计算中，参加运算的数的数量级有时相差很大，而计算机的字长又是有限的，那么就可能出现小数被大数"吃掉"的现象。

例 1－15 在双精度计算机上，求二次方程 $x^2-(10^{16}+1)x+10^{16}=0$ 的根。

解 用因式分解易得方程的两个根为 $x_1=10^{16}$，$x_2=1$。但用求根公式

$$x_{1,2}=\frac{-b\pm\sqrt{b^2-4ac}}{2a}$$

在双精度计算机上，由于要先对阶，再运算，使得

$$\begin{aligned}-b&=10^{16}+1\\&=0.10001110000110111100100110011111111000001\overbrace{0\cdots0}^{15个0}\times 2^{54}+0.\overbrace{0\cdots01}^{53个0}\times 2^{54}\\&=0.10001110000110111100100110011111111000001\overbrace{0\cdots0}^{15个0}\times 2^{54}=10^{16}\end{aligned}$$

即出现了大数 10^{16} 吃掉小数 1，相当 1 不起作用，视为 0。

类似地，有 $\sqrt{b^2-4ac}=|b|=10^{16}$，故所得两个根为 $x_1=10^{16}$，$x_2=0$，显然这个结果是严重失真的。

换一个算法，如果把 x_2 的计算公式写成

$$x_2=\frac{-b-\sqrt{b^2-4ac}}{2a}=\frac{2c}{-b+\sqrt{b^2-4ac}},$$

则

$$x_2=\frac{2\times 10^{16}}{10^{16}+10^{16}}=1$$

大数吃小数在有些情况下是允许的，但如果不注意运算次序，那么就可能出现小数被大数“吃掉”的现象，在有些情况下，这些小数很重要，若它们被“吃掉”，就会造成计算结果的失真，影响计算结果的可靠性。

例 1-15　在字长为 5 的十进制的计算机上，采用舍入法，计算 $x=-0.56751\times 10^2$，$y=0.56786\times 10^2$，$z=0.48124\times 10^{-3}$ 的和。

解　方法一：
$$\begin{aligned}x+y+z&=(x+y)+z\\&=0.35000\times 10^{-1}+0.48124\times 10^{-3}\\&\approx 0.35481\times 10^{-1}\end{aligned}$$

方法二：
$$\begin{aligned}x+y+z&=x+(y+z)\\&=-0.56751\times 10^2+0.56786\times 10^2\\&\approx 0.35000\times 10^{-1}\end{aligned}$$

可见 $x+(y+z)\neq(x+y)+z$。说明用计算机做加减运算时，交换律和结合律往往不成立，不同的运算次序会得到不同的运算结果。

而3个数的和的精确值 $x+y+z=0.3548124\times 10^{-1}$。就此例而言，方法一比方法二的结果要精确，其原因是 y 与 z 的阶数相差较大，计算 $y+z$ 时，z 的尾数被截去好多，运算结果出现大数“吃掉”小数的现象。因此，在做 3 个以上的数的浮点加法运算时，要注重不同的运算顺序，且考虑相加的两个同号数的阶数应尽量接近，避免出现大数“吃掉”小数的现象。

一般情况下，我们采用从小加到大或分段相加的方法可以避免大数吃掉小数的情况。例如，$1000-\sum_{i=1}^{10000}0.1\approx -1.58821\times 10^{-10}$，而 $1000-100\sum_{i=1}^{100}0.1\approx 1.93268\times 10^{-12}$。

1.5.5　除数的绝对值较小

在利用计算机进行除法的计算过程中，当用绝对值很小的数作除数时，因为 $\left|e\left(\frac{x}{y}\right)\right|\leqslant\frac{|y|\varepsilon(x)+|x|\varepsilon(y)}{|y^2|}$，$y\neq 0$，导致计算结果对 y 的扰动很敏感，而 y 通常是近似值，所以计算结果很不可靠。另外，较小的数作除数有时会造成计算机的溢出。

例 1-16　在 4 位浮点十进制数下，用消去法解线性方程组

$$\begin{cases}0.00003x_1-3x_2=0.6\\x_1+2x_2=1\end{cases}$$

解　仿计算机实际计算，将上述方程组写成

$$\begin{cases}0.3000\times 10^{-4}x_1-0.3000\times 10^1x_2=0.6000\times 10^0\\0.1000\times 10^1x_1+0.2000\times 10^1x_2=0.1000\times 10^1\end{cases}$$

(1)÷(0.3000×10^{-4})－(2)(注意：在第一步运算中出现了用很小的数作除数的情形，

相应地在第二步运算中出现了大数“吃掉”小数的情形)，得

$$\begin{cases}0.3000\times10^{-4}x_1-0.3000\times10^1x_2=0.6000\times10^0\\-0.1000\times10^6x_2=0.2000\times10^5\end{cases}$$

解得

$$x_1=0,x_2=-0.2$$

而原方程组的准确解为 $x_1=1.399972\cdots,x_2=-0.199986\cdots$。显然上述结果严重失真。

如果反过来用第二个方程消去第一个方程中含 x_1 的项，那么就可以避免很小的数作除数的情形。即有(2)×(0.3000×10^{-4})－(1)，得

$$\begin{cases}-0.3000\times10^1x_2=0.6000\times10^0\\0.1000\times10^1x_1+0.2000\times10^1x_2=0.1000\times10^1\end{cases}$$

解得

$$x_1=1.4,x_2=-0.2$$

这是一组相当好的近似解。

1.5.6 计算步骤及运算量

同样一个问题，如果能减少运算次数，那么不但可以节省计算机的计算复杂性，而且还能减少舍入误差。因此在构造算法时，合理地简化计算公式是一个非常重要的原则。例如，已知 x，计算多项式 $p_n(x)=a_0+a_1x+\cdots+a_{n-1}x^{n-1}+a_nx^n$ 的值。若直接计算，即先计算 $a_kx^k(k=1,2,\cdots,n)$，然后逐项相加，则一共需要做 $1+2+\cdots+(n-1)+n=\frac{n(n+1)}{2}$ 次乘法和 n 次加法。若对 $p_n(x)$ 采用秦九韶算法：

$$\begin{cases}s_n=a_n\\s_k=a_k+x\cdot s_{k+1},k=n-1,n-2,\cdots,2,1,0\\p_n(x)=s_0\end{cases}\qquad(1-20)$$

则只需 n 次乘法和 n 次加法，就可得到 $p_n(x)$ 的值。

例 1－17 设 $f(x)=\sum_{k=1}^{10000}kx^{k-1}$，则计算 $f(x)$ 的值需要 50005000 次乘法和 10000 次加法，若改成秦九韶算法只需 10000 次乘法和 10000 次加法，若取 $x=99^{99}$，在相同的计算机上，前者需 164.659s，而后者只需 6.957s。

秦九韶算法计算过程简单，规律性强，适于编程，所占内存也比前一种方法要小。此外，由于减少了计算步骤，相应地也减少了舍入误差及其积累传播。此例说明合理地简化计算公式在数值计算中是非常重要的。

小结及评注

本章主要介绍了科学计算的一般过程和数值计算方法的概念,并对引起误差的本质——机器数与浮点运算先进行了介绍,重点介绍了误差分析理论和算法设计应遵循的原则。

实际中的数值问题往往复杂且多样,本章由误差引出对"数值问题"的性态研究、病态问题与良态问题的定量判别,以及对病态问题的求解等。由误差而引起对算法稳定性的判别与研究,以及针对问题选择或设计稳定性好的算法等,所有这些问题的研究都关系到计算解的可信性问题,由于数值问题的精确解往往事先不知道,用数值方法求出的计算解是否失真?如何判断?成为大家所关心的重要问题,即误差分析问题。

算法与计算公式是不同的概念,两者既有联系又有区别。算法不仅与数学有关,还涉及软件工程等计算机科学,计算公式一般都属数学范围。因此,从事算法设计者还应学习软件工程学。

自主学习要点

1. 什么是科学计算?它的一般过程是什么?

2. 什么是计算方法?它在科学计算过程中的地位和作用是什么?

3. 什么是算法?构造算法的基本思想是什么?

4. 从算法效率角度如何看待 Cramer 法则。一个 30 阶线性方程组,若用 Cramer 法则来求解,则有多少次乘法?

5. 十进制整数与小数转换成二进制整数与小数的方法是什么?试举例说明。

6. 二进制整数与小数转换成十进制整数与小数的方法是什么?试举例说明。

7. 请解释机器数系 $F(2,t,L,U)$ 中全体机器数为 $2^t(U-L+1)+1$。

8. 为什么说机器数系 F 是一个有限的、离散的、分布不均匀的集合?

9. 请解释 F 中任意非零数 x 的取值范围为什么是 $2^{L-1}\leqslant|x|\leqslant 2^U(1-2^{-t})$。

10. 二进制机器数的截断方法是什么?

11. 误差的来源有几种?举例说明什么是模型误差和观测误差。

12. 什么是绝对误差和绝对误差限、相对误差和相对误差限?

13. 为什么要介绍有效数字的概念?它的定义是什么?

14. 有效数字与误差限及相对误差限的关系是什么?

15. 请简要推导两个近似数 x,y 的四则运算的误差估计。

16. 如何理解数值计算中的病态问题与良态问题?

17. 用数学软件计算 ArcSin[1],ArcSin[0.99],比较结果,请分析原因。

18. 如何理解数值稳定性?

19. 两个相近数相减会出现什么问题?如何避免?请举例说明。

20. 为什么会出现大数"吃掉"小数的现象?请设计一个算法避免连续 10000 个 0.1 相加出现大数"吃掉"小数的现象。

21. 举例说明在计算机代数中加法交换律和结合律不成立。

22. 如何在算法设计中优化计算步骤及运算量?试举例说明。

习　题

1. 把下列二进制转换成十进制(要有过程)：

0.11011　　11011　　11.011

2. 把下列十进制转换成二进制(要有过程)：

23　　23.3　　7/16

3. 把 $x=0.7$ 表示成 $F(2,8,-19,19)$ 的机器数。

4. 设 $x^*=3.200169$，确定它的近似值 $x_1=3.2001$，$x_2=3.2002$ 分别具有几位有效数字。

5. 设 $\sqrt{5}$ 的近似值 x 的相对误差不超过 0.1%，则 x 至少具有几位有效数字？

6. 设有一长方形水池，由测量知长为 (50 ± 0.01)m，宽为 (25 ± 0.01)m，深为 (20 ± 0.01)m。试按所给数据求出水池的容积，并求所得近似值的绝对误差限和相对误差限。

7. 求证：设 x 是 x^* 的近似值，写成 $x=\pm0.a_1a_2\cdots a_i\cdots\times10^m$，其中 $a_1\neq0$，$a_i(i=2,3,\cdots)$ 是 0 到 9 之间的自然数，m 为整数。如果 x 的相对误差限为 $\dfrac{1}{2(a_1+1)}\times10^{1-n}$，那么 x 至少具有 n 位有效数字。

实验题

1. 当 $n=0,1,2,\cdots,11$ 时，用递推算法

$$\begin{cases}\bar{I}_0=0.182322\\ \bar{I}_n=\dfrac{1}{n}-5\times\bar{I}_{n-1},n=1,2,\cdots,11\end{cases}$$

计算积分 $I_n=\int_0^1\dfrac{x^n}{x+5}\mathrm{d}x$ 的近似值，分析不稳定算法的原因，并改变算法使之成为稳定算法。

2. 用求根公式求 $x^2-(10^{10}+1)x+10^{10}=0$ 的根，试分析原因。

3. 已知 $f(x)=\sum\limits_{i=0}^{10000}(10000-i)x^i$，改用秦九韶算法计算 $x=99^{99}$ 的值所花费的时间，并分析原因。

第二模块　数值代数

随着科学的发展，科学研究从单个变量之间的关系逐步发展到研究多个变量之间的关系，各种实际问题在大多数情况下可以线性化。随着计算机技术的发展，线性化了的问题又可以被计算出来，线性代数正是解决这些问题的有力工具。在线性代数中，使用线性方程组来表示多个变量之间的关系，并把它们写成矩阵或向量的形式。然而线性代数主要关注的是线性方法组解的存在性和解的结构。尽管Cramer法则给出了线性方程组的求解方法，但这是一种理论上的解析解，在实际计算中是不可行的。

在实际应用中，所涉及的线性方程组的阶数可能是天文数字，如网页的搜索与排序、天气预报等。通常，人们希望在有限的步骤和有限的时间内求出方程组的解的近似值就可以了。求方程组的数值解法有直接法和迭代法。直接法就是经过有限步算术运算，求得方程组解的方法(若计算过程中没有舍入误差)；迭代法就是从某个初始值出发，通过构造一个无穷序列去逐步逼近线性方程组的解的方法。

用数值方法解线性方程组，在样条插值、数据拟合和常微分方程的边值问题中都有应用。

本模块首先介绍解线性方程组的数值解法的思想，给出求解线性方程组的几种常见的直接解法，包括高斯顺序消元法、高斯主元素消元法、三角分解法、几种特殊方程的三角分解法等，以及用迭代法求解线性方程组，并对几种的数值解法的优缺点进行了比较，给出了每一种方法的算法描述和程序实现。

本模块旨在让学生了解多元变量线性表示的思想和代数问题离散处理的数值计算思想，培养学生科学计算的思维方式，掌握一定的算法描述能力和实现能力，具备一定的创新意识。

第2章　线性方程组的直接解法

2.1　问题背景

在工程技术、自然科学和社会科学中，经常遇到的许多问题最终都可归结为解线性方程组，如电学中的网络问题、用最小二乘法求实验数据的曲线拟合问题、工程中的三次样条函数的插值问题、经济运行中的投入产出问题，以及大地测量、机械与建筑结构的设计计算问题等，都可归结为求解线性方程组或非线性方程组的数学问题。因此，线性方程组的求解对于实际问题是极其重要的。

【案例】投入产出分析：它是研究整个经济系统各部门之间"投入"与"产出"关系的线性模型。国民经济各部门之间存在着相互依存的关系，每个部门在运转中将其他部门的成品或半成品经加工(称为投入)变成自己的产品(称为产出)，如何根据各部门之间的投入-产出关系确定各部门的产出水平，以满足社会的需求，是投入产出综合平衡模型研究的问题，现将问题简化如下：

设国民经济仅由工业、农业和服务业三大部门组成，它们的单位投入和产出比见表2-1所列。

表2-1　农业投入产出比

	工业	农业	服务业	外部需求
工业	0.5	0.4	0.2	d_1
农业	0.2	0.35	0.15	d_2
服务业	0.15	0.1	0.3	d_2

工业产出了100个产品，其中50个产品被本身消耗，20个产品被农业消耗，被服务业消耗15个产品，它还有15个产品可供外部需求。若今年对工业、农业和服务业的外部需求分别为30、20、10，试计算3个部门的总产出分别为多少。若共有n个部门，记一定时期内第i个部门的总产出为x_i，其中对第j个部门的总投入为x_{ij}，满足的外部需求为d_i，则$x_i=\sum_{j=1}^{n}x_{ij}+d_i(i=1,2,\cdots,n)$。记第$j$个部门的单位产出需要第$i$个部门的投入为$a_{ij}$，在每个部门的产出与投入成正比的假定下，有$a_{ij}=\frac{x_{ij}}{x_j}(i,j=1,2,\cdots,n)$，投入系数即为$a_{ij}$，代入化简，得方程组

$$x_i=\sum_{j=1}^{n}a_{ij}x_j+d_i,i=1,2,\cdots,n$$

用矩阵表示为 $\boldsymbol{x}=\boldsymbol{A}\boldsymbol{x}+\boldsymbol{d}$ 或 $(\boldsymbol{I}-\boldsymbol{A})\boldsymbol{x}=\boldsymbol{d}$。因此投入产出模型最终可归结为求解线性方程组的问题。

2.2 高斯消元法

一般地，设 n 阶线性方程组(Linear System of Equations of Order n)为

$$\begin{cases} a_{11}x_1+a_{12}x_2+\cdots+a_{1n}x_n=b_1 \\ a_{21}x_1+a_{22}x_2+\cdots+a_{2n}x_n=b_2 \\ \cdots\cdots \\ a_{n1}x_1+a_{n2}x_2+\cdots+a_{nn}x_n=b_n \end{cases} \tag{2-1}$$

表示成矩阵形式为

$$\boldsymbol{A}\boldsymbol{x}=\boldsymbol{b} \tag{2-2}$$

其中，

$$\boldsymbol{A}=\begin{pmatrix} a_{11} & a_{12} & \cdots & a_{1n} \\ a_{21} & a_{22} & \cdots & a_{2n} \\ \vdots & \vdots & & \vdots \\ a_{n1} & a_{n2} & \cdots & a_{nn} \end{pmatrix},\boldsymbol{x}=\begin{pmatrix} x_1 \\ x_2 \\ \vdots \\ x_n \end{pmatrix},\boldsymbol{b}=\begin{pmatrix} b_1 \\ b_2 \\ \vdots \\ b_n \end{pmatrix}$$

一般 $\boldsymbol{b}\neq\boldsymbol{0}$，当系数矩阵 $\boldsymbol{A}$ 非奇异(即 $\det\boldsymbol{A}\neq 0$)时，由 Cramer 法则知，方程组(2-1)有唯一解。但是用 Cramer 法则求方程组，其计算量太大，在实际计算中不被采用。

目前，在计算机上经常使用的、简单有效的线性方程组的数值求解法分为两类：直接法和迭代法。

本章采用直接法来求解线性方程组的数值解。直接法是指经过有限步算术运算，可求得方程组精确解的方法(若计算过程中没有舍入误差)。例如，Cramer 法则就是一种直接法。直接法中具有代表性的算法是 Gauss 消元法，Gauss 消元法又分为 Gauss 顺序消元法和 Gauss 主元素消元法。这里是假设没有舍入误差的情况，而实际上不但有舍入存在，而且会出现舍入误差的不断累积，有时会出现解的失真情况。所以这种方法也只能求得线性方程组的近似解。这种解法主要适用于低阶方程组及系数矩阵为带状的方程组的求解。

2.2.1 Gauss 顺序消元法

1. 算法思路

Gauss 顺序消元法是解线性方程组 (Linear System of Equations) 的一种直接方法，包括消元和迭代两个过程。

先用一个简单实例来说明 Gauss 顺序消元法的算法思路。

例 2-1 解线性方程组

$$\begin{cases} 2x_1 - x_2 + 3x_3 = 1 & \text{①} \\ 4x_1 + 2x_2 + 5x_3 = 4 & \text{②} \\ x_1 + 2x_2 = 7 & \text{③} \end{cases}$$

解 该方程组的求解过程实际上是将中学学过的消元法标准化,将一个方程乘或除以某个常数,然后将两个方程相加减,逐步减少方程中的未知数,最终使每个方程只含有一个未知数,从而得出所求的解。整个过程分为消元和回代两个部分。

(1) 消元过程。

第 1 步:将方程 ① 乘上(−2) 加到方程 ② 上去,将方程 ① 乘上 $-\frac{1}{2}$ 加到方程 ③ 上去,这样就消去了第 2、3 个方程的 x_1 项,于是就得到等价方程组

$$\begin{cases} 2x_1 - x_2 + 3x_3 = 1 \\ 4x_2 - x_3 = 2 & \text{④} \\ \frac{5}{2}x_2 - \frac{3}{2}x_3 = \frac{13}{2} & \text{⑤} \end{cases}$$

第 2 步:将方程 ④ 乘上$\left(-\frac{5}{8}\right)$加到方程 ⑤ 上去,这样就消去了第 4 个方程的 x_2 项,于是就得到等价方程组

$$\begin{cases} 2x_1 - x_2 + 3x_3 = 1 \\ 4x_2 - x_3 = 2 \\ -\frac{7}{8}x_3 = \frac{21}{4} & \text{⑥} \end{cases}$$

这样,消元过程就是把原方程组化为上三角形方程组,其系数矩阵是上三角形矩阵。

(2) 回代过程。

回代过程是将上述上三角形方程组自下而上求解,从而求得原方程组的解:

$$x_1 = 9, \quad x_2 = -1, \quad x_3 = -6$$

前述的消元过程相当于对原方程组

$$\begin{pmatrix} 2 & -1 & 3 \\ 4 & 2 & 5 \\ 1 & 2 & 0 \end{pmatrix} \begin{pmatrix} x_1 \\ x_2 \\ x_3 \end{pmatrix} = \begin{pmatrix} 1 \\ 4 \\ 7 \end{pmatrix}$$

的增广矩阵进行下列变换(r_i 表示增广矩阵的第 i 行):

$$\widetilde{\boldsymbol{A}}=(\boldsymbol{A}\mid\boldsymbol{b})=\begin{pmatrix}2&-1&3&1\\4&2&5&4\\1&2&0&7\end{pmatrix}\xrightarrow[r_3+\left(-\frac{1}{2}\right)r_1]{r_2+(-2)r_1}\begin{pmatrix}2&-1&3&1\\0&4&-1&2\\0&\frac{5}{2}&-\frac{3}{2}&\frac{13}{2}\end{pmatrix}$$

$$\xrightarrow{r_3+\left(-\frac{5}{8}\right)r_2}\begin{pmatrix}2&-1&3&1\\0&4&-1&2\\0&0&-\frac{7}{8}&\frac{21}{4}\end{pmatrix}$$

同样可得到与原方程组等价的方程组 ⑥。

通常把按照先消元后回代两个步骤求解线性方程组的方法称为 Gauss 顺序消元法。

由此看出，Gauss 顺序消元法解方程组的基本思路是设法消去方程组的系数矩阵 $\boldsymbol{A}$ 的主对角线下的元素，而将 $\boldsymbol{Ax}=\boldsymbol{b}$ 化为等价的上三角形方程组，然后再通过回代过程便可获得方程组的解。换一种说法就是用矩阵行的初等变换将原方程组系数矩阵化为上三角形矩阵，而以上三角形矩阵为系数的方程组的求解比较简单，可以从最后一个方程开始，依次向前代入求出未知变量 $x_n,x_{n-1},\cdots,x_1$，这种求解上三角形方程组的方法称为回代。

通过一个方程乘或除以某个常数，以及将两个方程相加减，逐步减少方程中的变元数，最终将方程组化成上三角形方程组，一般将这一过程称为消元，然后再回代求解。

一般地，线性方程组(2-1) 用矩阵形式表示为

$$\begin{pmatrix}a_{11}&a_{12}&\cdots&a_{1n}\\a_{21}&a_{22}&\cdots&a_{2n}\\\vdots&\vdots&&\vdots\\a_{n1}&a_{n2}&\cdots&a_{nn}\end{pmatrix}\begin{pmatrix}x_1\\x_2\\\vdots\\x_n\end{pmatrix}=\begin{pmatrix}b_1\\b_2\\\vdots\\b_n\end{pmatrix}\tag{2-3}$$

解线性方程组(2-2) 的 Gauss 顺序消元法的消元过程就是对方程组(2-2) 的增广矩阵进行行初等变换。将例 2-1 中解三阶线性方程组的消元法推广到一般的 $n\times n$ 阶线性方程组并记

$$a_{ij}^{(1)}=a_{ij},b_i^{(1)}=b_i(i,j=1,2,\cdots,n)$$

则 Gauss 顺序消去法的构造归纳如下：

(1) 消元过程，Gauss 顺序消元法的消元过程由 $n-1$ 步组成。

第 1 步，设 $a_{11}^{(1)}\neq 0$，把方程组(2-2) 中的第一列中的元素 $a_{21}^{(1)},a_{31}^{(1)},\cdots a_{n1}^{(1)}$ 消为零，令 $m_{i1}=\dfrac{a_{i1}^{(1)}}{a_{11}^{(1)}}(i=2,3,\cdots n)$，用 $-m_{i1}$ 乘以第 1 个方程后加到第 i 个方程上去，消去第 2 ~ n 个方程的未知数 x_1 得到 $\boldsymbol{A}^{(2)}\boldsymbol{x}=\boldsymbol{b}^{(2)}$，即

$$\begin{pmatrix} a_{11}^{(1)} & a_{12}^{(1)} & \cdots & a_{1n}^{(1)} \\ & a_{22}^{(2)} & \cdots & a_{2n}^{(2)} \\ & \vdots & & \vdots \\ & a_{n2}^{(2)} & \cdots & a_{nn}^{(2)} \end{pmatrix} \begin{pmatrix} x_1 \\ x_2 \\ \vdots \\ x_n \end{pmatrix} = \begin{pmatrix} b_1^{(1)} \\ b_2^{(2)} \\ \vdots \\ b_n^{(2)} \end{pmatrix}$$

第 2 步，设 $a_{22}^{(2)} \neq 0$，令 $m_{i2} = \dfrac{a_{i2}^{(2)}}{a_{22}^{2}}(i=3,4,\cdots,n)$，用 $-m_{i2}$ 乘以第 2 个方程加到第 i 个方程，消去第 $3 \sim n$ 个方程中的未知数 x_2，得 $A^{(3)}x=b^{(3)}$，即

$$\begin{pmatrix} a_{11}^{(1)} & a_{12}^{(1)} & a_{13}^{(1)} & \cdots & a_{1n}^{(1)} \\ & a_{22}^{(2)} & a_{23}^{(2)} & \cdots & a_{2n}^{(2)} \\ & & a_{33}^{(3)} & \cdots & a_{3n}^{(3)} \\ & & \vdots & & \vdots \\ & & a_{n3}^{(3)} & \cdots & a_{nn}^{(3)} \end{pmatrix} \begin{pmatrix} x_1 \\ x_2 \\ x_3 \\ \vdots \\ x_n \end{pmatrix} = \begin{pmatrix} b_1^{(1)} \\ b_2^{(2)} \\ b_3^{(3)} \\ \vdots \\ b_n^{(3)} \end{pmatrix}$$

第 $k-1$ 步，设 $a_{k-1}^{k-1}{}_{,k} \neq 0$，用类似方法，可得 $\boldsymbol{A}^{(k)}\boldsymbol{x}=\boldsymbol{b}^{(k)}$，其中，$a_{ij}^{(k+1)}=a_{ij}^{(k)}-m_{ik}a_{kj}^{(k)}$，$b_i^{(k+1)}=b_i^{(k)}-m_{ik}b_k^{(k)}$，$m_{ik}=\dfrac{a_{ik}^{(k)}}{a_{kk}^{(k)}}\ (i,j=k+1,\cdots,n)$，即

$$\begin{pmatrix} a_{11}^{(1)} & a_{12}^{(1)} & \cdots & & & a_{1n}^{(1)} \\ & a_{22}^{(2)} & \cdots & & & a_{2n}^{(2)} \\ & & \ddots & & & \\ & & & a_{kk}^{(k)} & \cdots & a_{kn}^{(k)} \\ & & & \vdots & & \vdots \\ & & & a_{nk}^{(k)} & \cdots & a_{nn}^{(k)} \end{pmatrix} \begin{pmatrix} x_1 \\ x_2 \\ \vdots \\ x_k \\ \vdots \\ x_n \end{pmatrix} = \begin{pmatrix} b_1^{(1)} \\ b_2^{(2)} \\ \vdots \\ b_k^{(k)} \\ \vdots \\ b_n^{(k)} \end{pmatrix}$$

只要 $a_{kk}^{(k)} \neq 0$，消元过程就可以进行下去，直到经过 $n-1$ 次消元之后，消元过程结束，得到与原方程组等价的上三角形方程组，记为 $A^{(n)}x=b^{(n)}$ 或者

$$\begin{pmatrix} a_{11}^{(1)} & a_{12}^{(1)} & \cdots & a_{1n}^{(1)} \\ & a_{22}^{(2)} & \cdots & a_{2n}^{(2)} \\ & & \ddots & \vdots \\ & & & a_{nn}^{(n)} \end{pmatrix} \begin{pmatrix} x_1 \\ x_2 \\ \vdots \\ x_n \end{pmatrix} = \begin{pmatrix} b_1^{(1)} \\ b_2^{(2)} \\ \vdots \\ b_n^{(n)} \end{pmatrix}$$

即

$$
\begin{cases}
a_{11}^{(1)}x_1 + a_{12}^{(1)}x_2 + \cdots + a_{1n}^{(1)}x_n = b_1^{(1)} \\
\qquad a_{22}^{(2)}x_2 + \cdots + a_{2n}^{(2)}x_n = b_2^{(2)} \\
\qquad \cdots\cdots \\
\qquad\qquad a_{nn}^{(n)}x_n = b_n^{(n)}
\end{cases}
\tag{2-4}
$$

(2) 回代过程。

对上三角形方程组(2-4)自下而上逐步回代解方程组计算,得

$$x_n = \frac{b_n^{(n)}}{a_{nn}^{(n)}}, x_i = \frac{b_i^{(i)} - \sum_{j=i+1}^{n} a_{ij}^{(i)} x_j}{a_{ii}^{(i)}} \quad (i = n-1, \cdots, 2, 1)$$

Gauss顺序消元法包括消元和回代两个过程,总的乘除法计算量为$\frac{n}{3}(n^2+3n-1)$。一个20阶的线性方程组的乘除法的计算量为3060次,这与Cramer法则的计算量相比,几乎可以忽略不计。

Gauss顺序消元法的算法如下:

(1) 输入方程组的系数矩阵$\boldsymbol{A}$,将b_i存放到$\boldsymbol{A}$的第$n+1$列上得到增广矩阵$\boldsymbol{M}$;

(2) 若$a_{kk} \neq 0$,令$j=k+1,k+2,\cdots,n$循环$m_{ik} = \frac{a_{ik}}{a_{kk}}, R_i = R_i - R_k \times m_{ik}$;

(3) 输出$\boldsymbol{M}$;

(4)$x_n = \frac{M_{n,n+1}}{M_{nn}}, k=n-1,n-2,\cdots,1$循环,$x_k = \frac{M_{k,n+1} - \sum_{j=k+1}^{n} M_{kj}x_j}{M_{kk}}$。

例2-1的Mathematica程序如下:

```
A = {{2, - 1,3,1},{4,2,5,4},{1,2,0,7}};
n = Dimensions[A][[1]];
m = Table[0,{i,1,n},{j,1,n}];
For[k = 1,k < n,k + +,Print[" 第",k," 次消元:"];
    For[i = k + 1,i < = n,i + +,m[[i,k]] = A[[i,k]]/A[[k,k]];];
      For[i = k + 1,i < = n,i + +,
        For[j = k,j < = n + 1,j + +,A[[i,j]] = A[[i,j]] - m[[i,k]]A[[k,j]];
        ];
      ];
  Print[                    " 消元后 M = ",MatrixForm[A]];
];
Print[" 高斯消元法最终消元的结果 M = ",MatrixForm[A]]
b = Table[A[[i,n + 1]],{i,1,n}];
b[[n]] = b[[n]]/A[[n,n]];
For[i =  n  - 1,i  >=  1,i --,b[[i]]  =  (b[[i]]  -  Sum[A[[i,j]] * b[[j]],  {j,i  +  1,
n}])/A[[i,i]];];
```

```
Print[" 所求线性方程组的解为:X = ",b]
```

运行结果如下:

第 1 次消元:

$$
消元后\ M=\begin{pmatrix}2 & -1 & 3 & 1\\ 0 & 4 & -1 & 2\\ 0 & 0 & \frac{5}{2} & -\frac{3}{2}\end{pmatrix}
$$

第 2 次消元:

$$
消元后\ M=\begin{pmatrix}2 & -1 & 3 & 1\\ 0 & 4 & -1 & 2\\ 0 & 0 & -\frac{7}{8} & \frac{21}{4}\end{pmatrix}
$$

高斯消元法最终消元的结果为

$$
M=\begin{pmatrix}2 & -1 & 3 & 1\\ 0 & 4 & -1 & 2\\ 0 & 0 & -\frac{7}{8} & \frac{21}{4}\end{pmatrix}
$$

所求线性方程组的解为:X = {9, -1, -6}

2. Gauss 顺序消元法的适用条件

一般地,使用 Gauss 顺序消去法求解线性方程组时,在消元过程中可能会出现 $a_{kk}^{(k)}=0$ 的情况,这时消去法将无法进行;即使 $a_{kk}^{(k)}\neq 0$,但它的绝对值很小时,用其作除数,会导致其他元素数量级的严重增长和舍入误差的扩散,将严重影响计算结果的精度。

例 2-2 解线性方程组

$$
\begin{cases}0.50x_1+1.1x_2+3.1x_3=6.0\\ 2.0x_1+4.5x_2+0.36x_3=0.020\\ 5.0x_1+0.96x_2+6.5x_3=0.96\end{cases}
$$

其中所有的系数均有 2 位有效数字。

解 方程组的精确解为 $x_1^*=-2.6, x_2^*=1.0, x_3^*=2.0$。记 $a_{11}^{(0)}=0.50$,第一次消元后,得方程组

$$
\begin{cases}0.50x_1+1.1x_2+3.1x_3=6.0\\ \qquad 0.10x_2+12x_3=-24\\ \qquad 10x_2+24x_3=59\end{cases}
$$

记 $a_{22}^{(1)}=0.10$,第二次消元后,得方程组

$$\begin{cases} 0.50x_1 + 1.1x_2 + 3.1x_3 = 6.0 \\ \qquad 0.10x_2 + 12x_3 = -24 \\ \qquad\qquad 1800x_3 = -2500 \end{cases}$$

回代，可得 $x_3 \approx -1.4, x_2 \approx -73, x_1 \approx 181$。可以看出，这组解与真实值相差较大。出现这种情况的主要原因是消元中选取了较小的数 0.50 和 0.10 作为除数，造成在回代过程中误差逐渐放大，从而使结果严重失真。

定理 2-1 方程组系数矩阵的顺序主子式全不为零，则 Gauss 顺序消元法能实现方程组的求解。

设方程组系数矩阵 $\boldsymbol{A} = (a_{ij})_n$，其顺序主子式

$$\boldsymbol{A}_m = \begin{vmatrix} a_{11} & \cdots & a_{1m} \\ \vdots & & \vdots \\ a_{m1} & \cdots & a_{mm} \end{vmatrix} \neq 0 (m = 1, 2, \cdots n)$$

经变换得到的上三角形方程组的顺序主子式

$$\boldsymbol{A}_m = \begin{vmatrix} a_{11}^{(1)} & a_{12}^{(1)} & \cdots & a_{1m}^{(1)} \\ & a_{22}^{(2)} & \cdots & a_{2m}^{(2)} \\ & & \ddots & \vdots \\ & & & a_{nm}^{(m)} \end{vmatrix} = a_{11}^{(1)} a_{22}^{(2)} \cdots a_{nm}^{(m)} \neq 0$$

所以能实现 Gauss 顺序消去法求解。

2.2.2 Gauss 主元素消元法

为使 Gauss 顺序消元法可以顺利实施，必须在每次消元时保证主元 $a_{kk}^{(k-1)} \neq 0$，并且也不能太小。于是在每一步消元时选择绝对值较大的元素为主元素。如何把绝对值较大的元素选择到主元呢？通常采用交换的方法。交换原则是通过方程或变量次序的交换，从而在对角线位置上获得绝对值尽可能大的系数作为 $a_{kk}^{(k)}$，称这样的 $a_{kk}^{(k)}$ 为主元素，并称使用主元素的消元法为主元素消元法，简称主元素法(Pivotal Methods)。根据主元素选取范围该方法可分为列主元素法、行主元素法、全主元素法。下面主要介绍列主元素法和全主元素法。

1. 列主元素法

列主元素法就是在待消元的所在列中选取主元，经方程的行交换，置主元素于对角线位置后进行消元的方法。

例 2-3 用列主元素法解下列线性方程组：

$$\begin{cases} 0.50x_1 + 1.1x_2 + 3.1x_3 = 6.0 \\ 2.0x_1 + 4.5x_2 + 0.36x_3 = 0.020 \\ 5.0x_1 + 0.96x_2 + 6.5x_3 = 0.96 \end{cases}$$

其中所有的系数均有 2 位有效数字。

解 在第 1 列,第 3 个方程的系数绝对值最大,可以把第 1 个方程与第 3 个方程互换,得方程组

$$\begin{cases}5.0x_1+0.96x_2+6.5x_3=0.96\\2.0x_1+4.5x_2+0.36x_3=0.020\\0.50x_1+1.1x_2+3.1x_3=6.0\end{cases}$$

第一次消元后,得方程组

$$\begin{cases}5.0x_1+0.96x_2+6.5x_3=0.96\\4.0x_2-2.2x_3=-0.36\\1.0x_2+2.5x_3=5.9\end{cases}$$

第二次消元后,得方程组

$$\begin{cases}5.0x_1+0.96x_2+6.5x_3=0.96\\4.0x_2-2.2x_3=-0.36\\3.0x_3=6.0\end{cases}$$

回代求解,得 $x_3=2,x_2=1.02,x_1=-2.6$,与真实解相差不大。

本题程序可参考如下:

```
A = {{0.50,1.1,3.1},{2.,4.5,0.36},{5.0,0.96,6.5}};b = {6,0.02,0.96};n = 3;
Print[" 待求方程组为",MatrixForm[A],"x = ",MatrixForm[b]];
For[i = 1,i< = n,i + + ,m = i;I1 = IdentityMatrix[n];For[j = i + 1,j< = n,j + + ,If[Abs[A[[j,
i]]] > = Abs[A[[i,i]]],m = j]];Print[" 主元在",m," 行"];
temp = A[[i]];A[[i]] = A[[m]];A[[m]] = temp;
temp = b[[i]];b[[i]] = b[[m]];b[[m]] = temp;
For[j = i,j< = n,j + + ,I1[[j,i]] = - A[[j,i]]/A[[i,i]]];A = I1.A;b = I1.b;
Print[" 第",i," 次消元得",MatrixForm[A],"x = ",MatrixForm[b]]]
b[[n]] = b[[n]]/A[[n,n]];
For[i = n - 1,i> = 1,i - - ,b[[i]] = (b[[i]] - Sum[(A[[i,j]]b[[j]]),{j,i + 1,n}])/A[[i,i]]];
Print[" 回代得方程组的解为:x = ",b];
```

行主元素法就是在待消元的所在行中选取主元素,经方程的行交换,置主元素于对角线位置后进行消元的方法。

2. 全主元素法

全主元素法是通过方程或变量次序的交换,使在对角线位置上获得绝对值尽可能大的系数作为 $a_{kk}^{(k)}$,称这样的 $a_{kk}^{(k)}$ 为主元素。

例 2-4 用全主元素法解下列线性方程组:

$$\begin{cases}10x_1-19x_2-2x_3=4 & ①\\ -20x_1+40x_2+x_3=4 & ②\\ x_1+4x_2+5_3=5 & ③\end{cases}$$

解　选择所有系数中绝对值最大的40作为主元素，交换第一、二行和交换第一、二列，使该主元素位于对角线的第一个位置上，得

$$\begin{cases}40x_2-20x_1+x_3=4 & ④\\ -19x_2+10x_1-2x_3=4 & ⑤\\ 4x_2+x_1+5x_3=5 & ⑥\end{cases}$$

计算 $l_{21}=-\dfrac{19}{40}=0.475$，　$l_{31}=\dfrac{4}{40}=0.1$，⑤ $-l_{21}\times$ ④，⑥ $-l_{31}\times$ ④，消去 x_2，得

$$\begin{cases}0.5x_1-1.525x_3=4.9 & ⑦\\ 4x_1+4.9x_3=4.6 & ⑧\end{cases}$$

选 4.9 为主元素，交换后，得

$$\begin{cases}4.9x_3+4x1=4.6 & ⑨\\ 1.525x_3+0.5x_3=4.9 & ⑩\end{cases}$$

计算 $l_{32}=-\dfrac{1.525}{4.9}=-0.41122$，⑩ $-l_{32}\times$ ⑨，消去 x_2，得 $1.44466x_1=6.44161$。

保留有主元素的方程

$$\begin{cases}40x_2-20x_1+x_3=4\\ 4.9x_3+4x_1=4.6\\ 1.44466x_1=6.44161\end{cases}$$

进行回代，得

$$\begin{cases}x_3=-2.19217\\ x_2=2.71174\\ x_1=5.11388\end{cases}$$

尽管它的算法更稳定，但计算量较大，在实际应用中大多使用列主元素消去法即可满足需要。

2.3　三角分解法

矩阵三角分解法是高斯消元法解线性方程组的一种变形解法。

2.3.1 矩阵的 LU 分解原理

应用 Gauss 消元法解 n 阶线性方程组 $\boldsymbol{Ax}=\boldsymbol{b}$ 经过 n 步消元之后，得出一个等价的上三角形方程组 $\boldsymbol{A}^{(n)}\boldsymbol{x}=\boldsymbol{b}^{(n)}$，对上三角形方程组用逐步回代法就可以求出解来。

上述过程可通过矩阵分解来实现，即将非奇异阵 $\boldsymbol{A}$ 分解成一个下三角形矩阵 $\boldsymbol{L}$ 和一个上三角形矩阵 $\boldsymbol{U}$ 的乘积。

将非奇异矩阵 $\boldsymbol{A}$ 分解成一个下三角矩阵 $\boldsymbol{L}$ 和一个上三角矩阵 $\boldsymbol{U}$ 的乘积，即

$$\boldsymbol{A}=\boldsymbol{LU}$$

称为对矩阵 $\boldsymbol{A}$ 的三角分解，又称 $\boldsymbol{LU}$ 分解，也称为杜利特尔(Doolittle) 分解。其中，

$$\boldsymbol{L}=\begin{pmatrix}1 & & & \\ l_{21} & 1 & & \\ \vdots & \vdots & \ddots & \\ l_{n1} & l_{n2} & \cdots & 1\end{pmatrix},\boldsymbol{U}=\begin{pmatrix}u_{11} & u_{12} & \cdots & u_{1n} \\ & u_{22} & \cdots & u_{2n} \\ & & \ddots & \vdots \\ & & & u_{nn}\end{pmatrix}$$

定理 2-3(*LU* 分解定理) $\boldsymbol{A}$ 的各阶顺序主子式 $D_i\neq 0(i=1,2,\cdots,n-1)$，则 $\boldsymbol{A}$ 可分解为一个单位下三角形矩阵 $\boldsymbol{L}$ 和一个上三角形矩阵 $\boldsymbol{U}$ 的乘积 $\boldsymbol{A}=\boldsymbol{LU}$，且这种分解是唯一的。

证明 存在性不必证，见前面的分析，仅证唯一性(采用反正法)。

$\boldsymbol{A}=\boldsymbol{LU}=\boldsymbol{L}_1\boldsymbol{U}_1\boldsymbol{D}_n=|\boldsymbol{A}|=|\boldsymbol{L}||\boldsymbol{U}|=|\boldsymbol{L}_1||\boldsymbol{U}_1|\neq 0\Rightarrow\boldsymbol{L},\boldsymbol{U},\boldsymbol{L}_1,\boldsymbol{U}_1$ 均可逆 $\Rightarrow\boldsymbol{UU}_1^{-1}=\boldsymbol{L}^{-1}\boldsymbol{L}_1\Rightarrow\boldsymbol{UU}_1^{-1}=\boldsymbol{L}^{-1}\boldsymbol{L}_1=I\Rightarrow\boldsymbol{U}=\boldsymbol{U}_1,\boldsymbol{L}=\boldsymbol{L}_1$。

当实现了矩阵 $\boldsymbol{A}$ 的 $\boldsymbol{LU}$ 分解，那么求解方程组 $\boldsymbol{Ax}=\boldsymbol{b}$ 的问题就等价于求解两个三角形方程组：

(1)$\boldsymbol{Ly}=\boldsymbol{b}$，求 $\boldsymbol{y}$；

(2)$\boldsymbol{Ux}=\boldsymbol{y}$，求 $\boldsymbol{x}$。

矩阵的三角分解算法如下：

(1) 输入矩阵维数 n，矩阵 $\boldsymbol{A}$；

(2) 令 $u_{11}=a_{11}$；

(3)For $2\leqslant j\leqslant n$，$u_{1j}=a_{1j}$，$l_{j1}=\dfrac{a_{j1}}{u_{11}}$；

(4)For $2\leqslant i\leqslant n-1$，do $u_{1i}=a_{1i}-\sum\limits_{k=1}^{i-1}l_{ik}u_{ki}$；

(5)For $i+1\leqslant j\leqslant n$，do $u_{ij}=a_{ij}-\sum\limits_{k=1}^{i-1}l_{ik}u_{kj}$，$l_{ij}=\dfrac{a_{ji}-\sum\limits_{k=1}^{i-1}l_{ik}u_{ki}}{u_{ii}}$；

(6)$u_{nn}=a_{nn}-\sum\limits_{k=1}^{n-1}l_{nk}u_{kn}$；

(7) 输出 u_{ij}，l_{ij}。

例 2-5 对下列矩阵进行三角分解：

$$\begin{pmatrix}1 & 4 & 7\\2 & 5 & 8\\3 & 6 & 1\end{pmatrix}$$

解　设 $\boldsymbol{A}=\begin{pmatrix}1 & 4 & 7\\2 & 5 & 8\\3 & 6 & 11\end{pmatrix}$，$\boldsymbol{L}=\begin{pmatrix}1 & 0 & 0\\l_{21} & 1 & 0\\l_{31} & l_{32} & 1\end{pmatrix}$，$\boldsymbol{U}=\begin{pmatrix}u_{11} & u_{12} & u_{31}\\0 & u_{22} & u_{23}\\0 & 0 & u_{33}\end{pmatrix}$。

由矩阵乘法，先求 $\boldsymbol{U}$ 的第一列，有

$$u_{11}=1, u_{12}=4, u_{13}=7$$

接下来求 $\boldsymbol{L}$ 的第一行，即

$$l_{21}=\frac{2}{u_{11}}=2, l_{31}=\frac{3}{u_{11}}=3$$

再求 $\boldsymbol{U}$ 的第二行，有

$$u_{22}=5-l_{21}u_{12}=-3, u_{23}=8-l_{21}u_{13}=-6$$

再求 $\boldsymbol{L}$ 的第二列 $l_{32}=\dfrac{6-l_{31}u_{12}}{u_{22}}=2$，最后求出 $u_{33}=11-l_{31}u_{31}-l_{32}u_{23}=-8$。所以

$$\boldsymbol{L}=\begin{pmatrix}1 & 0 & 0\\2 & 1 & 0\\3 & 2 & 1\end{pmatrix}, \boldsymbol{U}=\begin{pmatrix}1 & 4 & 7\\0 & -3 & -6\\0 & 0 & -8\end{pmatrix}$$

Mathematica 程序如下：

```
A = {{1,4,7},{2,5,8},{3,6,11}};n = 3;
U = Table[0,{i,n},{j,n}];L = Table[0,{i,n},{j,n}];
For[r = 1,r <= n,r ++,
For[j = r,j <= n,j ++,U[[r,j]] = A[[r,j]] - Sum[(L[[r,k]]U[[k,j]]),{k,1,r - 1}]);];
For[i = r + 1,i <= n,i ++,L[[i,r]] = (A[[i,r]] - Sum[(L[[i,k]]U[[k,r]]), {k,1,r - 1}])/U[[r,r]]];];
L = L + IdentityMatrix[3];
Print[" 下三角形矩阵   L = ",MatrixForm[L]]
Print[" 上三角形矩阵   U = ",MatrixForm[U]]
```

例 2-6　用三角分解法解方程组

$$\begin{pmatrix}1 & 4 & 7\\2 & 5 & 8\\3 & 6 & 1\end{pmatrix}\begin{pmatrix}x_1\\x_2\\x_3\end{pmatrix}=\begin{pmatrix}1\\1\\1\end{pmatrix}$$

解　由例 2-5 知该方程组的系数矩阵可分解为

$$L=\begin{pmatrix}1&0&0\\2&1&0\\3&2&1\end{pmatrix},U=\begin{pmatrix}1&4&7\\0&-3&-6\\0&0&-8\end{pmatrix}$$

由 $Ly=b$，即 $\begin{pmatrix}1&0&0\\2&1&0\\3&2&1\end{pmatrix}\begin{pmatrix}y_1\\y_2\\y_3\end{pmatrix}=\begin{pmatrix}1\\1\\1\end{pmatrix}$，得 $y=(1,-1,0)^{\mathrm{T}}$，再由 $Ux=y$，即 $\begin{pmatrix}1&4&7\\0&-3&-6\\0&0&-8\end{pmatrix}\begin{pmatrix}x_1\\x_2\\x_3\end{pmatrix}=\begin{pmatrix}1\\-1\\0\end{pmatrix}$，求得 $x=\left(-\frac{1}{3},\frac{1}{3},0\right)^{\mathrm{T}}$。

在例 2-5 程序基础上，增加以下语句即可求出方程组的解。

```
y = Table[0,{i,n}];
y[[1]] = b[[1]];
For[i = 2,i < n,i + +,y[[i]] = b[[i]] - Sum[(L[[i,j]] * y[[j]]),{j,1,i - 1}]);]
Print[" 由 Ly = b,解得 y = ",MatrixForm[y]];
x = Table[0,{i,n}];
x[[n]] = y[[n]]/U[[n,n]];
For[k = n - 1,k > 0,k + = - 1,x[[k]] = (y[[k]] - Sum[(L[[k,i]] * x[[k]]), {k,i + 1,
n}]))/U[[k,k]];]
Print[" 由 Ux = y,解得方程组的解为 x = ",MatrixForm[x]]
```

2.4　几种特殊类型方程的三角分解法

2.4.1　追赶法

在一些实际问题中，如解常微分方程边值问题、求热传导方程及三次样条插值函数等，经常会遇到系数矩阵是三对角矩阵的方程组。

1. 三对角方程组

在数值计算中，称系数矩阵形如

$$\begin{pmatrix}b_1&c_1&&&&\\a_2&b_2&c_2&&&\\&a_3&b_3&c_3&&\\&&\ddots&\ddots&\ddots&\\&&&a_{n-1}&b_{n-1}&c_{n-1}\\&&&&a_n&b_n\end{pmatrix}\begin{pmatrix}x_1\\x_2\\x_3\\\vdots\\x_{n-1}\\x_n\end{pmatrix}=\begin{pmatrix}f_1\\f_2\\f_3\\\vdots\\f_{n-1}\\f_n\end{pmatrix}$$

的方程组为三对角方程组(Systems of Tri-diagonal Equations)。上式简记为 $\boldsymbol{Ax}=\boldsymbol{f}$。

若 $\boldsymbol{A}$ 满足条件：

(i) $|b_1|>|c_1|>0$；

(ii) $|b_i|\geqslant|a_i|+|c_i|\quad(a_ic_i\neq 0,i=2,3,\cdots,n-1)$；

(iii) $|b_n|>|a_n|>0$。

则称 $\boldsymbol{A}$ 为对角占优矩阵。

2. 追赶法的计算公式

设

$$\begin{pmatrix} b_1 & c_1 & & & \\ a_2 & b_2 & c_2 & & \\ & a_3 & b_3 & c_3 & \\ & & \ddots & \ddots & \ddots \\ & & a_{n-1} & b_{n-1} & c_{n-1} \\ & & & a_n & b_n \end{pmatrix} = \begin{pmatrix} l_1 & & & \\ a_2 & l_2 & & \\ & \ddots & \ddots & \\ & & a_n & l_n \end{pmatrix} \begin{pmatrix} 1 & u_1 & & \\ & 1 & u_2 & \\ & & \ddots & u_{n-1} \\ & & & 1 \end{pmatrix}$$

按乘法展开

$$\begin{cases} b_1=l_1 \\ c_i=l_iu_i & i=1,2,\cdots,n-1 \\ b_{i+1}=a_{i+1}u_i+l_{i+1} \end{cases}$$

则可计算

$$\begin{cases} l_1=b_1 \\ u_i=\dfrac{c_i}{l_i} \\ l_{i+1}=b_{i+1}-a_{i+1}u_i \end{cases}$$

可依次计算 $l_1\to u_1\to l_2\to u_2\to\cdots\to u_{n-1}\to l_n$。当 $l_i\neq 0$ 时，由上式可唯一确定 $\boldsymbol{L}$ 和 $\boldsymbol{U}$。

若

$$\begin{pmatrix} b_1 & c_1 & & & \\ a_2 & b_2 & c_2 & & \\ & a_3 & b_3 & c_3 & \\ & & \ddots & \ddots & \ddots \\ & & a_{n-1} & b_{n-1} & c_{n-1} \\ & & & a_n & b_n \end{pmatrix} = \begin{pmatrix} 1 & & & \\ l_2 & 1 & & \\ & \ddots & \ddots & \\ & & l_n & 1 \end{pmatrix} \begin{pmatrix} u_1 & c_1 & & \\ & u_2 & c_2 & \\ & & \ddots & c_{n-1} \\ & & & u_n \end{pmatrix}$$

则

$$\begin{cases} u_1 = b_1 \\ l_i = \dfrac{a_i}{u_{i-1}} \\ u_i = b_i - c_{i-1} l_i \end{cases} \qquad (i=2,\cdots,n)$$

追赶法的算法如下：

(1) 输入方程组的阶数 n，矩阵 $\boldsymbol{A}$，$\boldsymbol{b}$ 分量；

(2) 令 $u_1 = b_1, l_2 = \dfrac{a_2}{u_1}$；

(3)For $2 \leqslant k \leqslant n-1$，令 $u_k = b_k - l_k c_{k-1}$，若 $p_k = 0$，则输出错误，否则 $u_k \neq 0$，有 $l_k = \dfrac{a_k}{u_{k-1}}$；$u_n = b_n - l_n c_{n-1}$；

(4) 令 $y_1 = f_1$；

(5)For $2 \leqslant k \leqslant n$，$y_k = f_k - l_k y_{k-1}$，$x_n = y_n$；

(6)For $n-1 \geqslant k \geqslant 1$，$x_k = \dfrac{y_k - c_k x_{k+1}}{u_k}$；

(7) 输出$(x_1, x_2, \cdots, x_n)$。

例 2-7 用追赶法求解三对角方程组

$$\begin{pmatrix} 2 & -1 & 0 & 0 & 0 \\ -1 & 2 & -1 & 0 & 0 \\ 0 & -1 & 2 & -1 & 0 \\ 0 & 0 & -1 & 2 & -1 \\ 0 & 0 & 0 & -1 & 2 \end{pmatrix} \begin{pmatrix} x_1 \\ x_2 \\ x_3 \\ x_4 \\ x_5 \end{pmatrix} = \begin{pmatrix} 1 \\ 0 \\ 0 \\ 0 \\ 0 \end{pmatrix}$$

解 容易验证，此线性方程组的系数矩阵为对角占优的三对角矩阵，即

$$\boldsymbol{L} = \begin{pmatrix} 1 & 0 & 0 & 0 & 0 \\ l_2 & 1 & 0 & 0 & 0 \\ 0 & l_3 & 1 & 0 & 0 \\ 0 & 0 & l_4 & 1 & 0 \\ 0 & 0 & 0 & l_5 & 1 \end{pmatrix}, \boldsymbol{U} = \begin{pmatrix} u_1 & -1 & 0 & 0 & 0 \\ 0 & u_2 & -1 & 0 & 0 \\ 0 & 0 & u_3 & -1 & 0 \\ 0 & 0 & 0 & u_4 & -1 \\ 0 & 0 & 0 & 0 & u_5 \end{pmatrix}$$

由矩阵乘法可得

$$
\boldsymbol{L}=\begin{pmatrix}1&0&0&0&0\\-1/2&1&0&0&0\\0&-2/3&1&0&0\\0&0&-3/4&1&0\\0&0&0&-4/5&1\end{pmatrix},\boldsymbol{U}=\begin{pmatrix}2&-1&0&0&0\\0&3/2&-1&0&0\\0&0&4/3&-1&0\\0&0&0&5/4&-1\\0&0&0&0&6/5\end{pmatrix}
$$

由 $\boldsymbol{Ly}=\boldsymbol{b}$,可得

$$
\boldsymbol{y}=(1,1/2,1/3,1/4,1/5)^{\mathrm{T}}
$$

再解 $\boldsymbol{Ux}=(1,1/2,1/3,1/4,1/5)^{\mathrm{T}}$,

可得

$$
\boldsymbol{x}=\left(\frac{5}{6},\frac{2}{3},\frac{1}{2},\frac{1}{3},\frac{1}{6}\right)^{\mathrm{T}}
$$

Mathematical 程序如下:

```
a = {- 1, - 1, - 1, - 1};b = {2,2,2,2,2};c = {- 1, - 1, - 1, - 1};d = {1,0,0,0,0};
n = Length[b];u = Table[0,{i,n}];l = Table[0,{i,n - 1}];
u[[1]] = b[[1]];l[[1]] = a[[1]]/u[[1]];
For[k = 2,k<= n-1,k++,u[[k]] = b[[k]] - c[[k-1]] * l[[k-1]];l[[k]] = a[[k]]/u[[k]];];
u[[n]] = b[[n]] - c[[n - 1]] * l[[n - 1]];
y = Table[0,{i,n}];
x = Table[0,{j,n}];
y[[1]] = d[[1]];
For[k = 2,k <= n,k ++,
y[[k]] = d[[k]] - l[[k - 1]] * y[[k - 1]];];
Print[" 由 Ly = b,解得 y = ",y];
x = Table[0,{i,n}];
x[[n]] = y[[n]]/u[[n]];
For[k = n - 1,k > 0,k + = - 1,x[[k]] = (y[[k]] - c[[k]] * x[[k + 1]])/u[[k]];]
Print[" 最后求得 x = ",x]
```

追赶法公式简单,计算量和存储量都很小,所以追赶法是求解三对角方程组的有效方法。

2.4.2 平方根法

在工程实际计算中,线性方程组的系数矩阵常常具有对称正定性,其各阶顺序主子式及全部特征值均大于 0。矩阵的这一特性使它的三角分解也有更简单的形式,从而导出一些特殊的解法,如平方根法与改进的平方根法。

定理 2-4 设 $\boldsymbol{A}$ 是正定矩阵,则存在唯一的对角元素均为正数的下三角形矩阵 $\boldsymbol{L}$,使 $\boldsymbol{A}=\boldsymbol{LL}^{\mathrm{T}}$。

证 由于 $\boldsymbol{A}$ 是正定矩阵,$\boldsymbol{A}$ 的顺序主子式 $\Delta_i>0(i=1,2,\cdots,n)$,因此存在唯一分解 $\boldsymbol{A}=$

$\boldsymbol{LU}$，其中 $\boldsymbol{L}$ 是单位下三角矩阵，$\boldsymbol{U}$ 是上三角形矩阵，将 $\boldsymbol{U}$ 再分解，有

$$\begin{pmatrix} u_{11} & & & \\ & u_{22} & & \\ & & \ddots & \\ & & & u_{nn} \end{pmatrix} \begin{pmatrix} 1 & \frac{u_{12}}{u_{11}} & & \frac{u_{1n}}{u_{11}} \\ & 1 & & \\ & & \ddots & \frac{u_{n-1,n}}{} \\ & & & 1 \end{pmatrix} = \boldsymbol{DU}$$

其中，$\boldsymbol{D}$ 为对角矩阵，$\boldsymbol{U}_0$ 为单位上三角形矩阵，于是 $\boldsymbol{A}=\boldsymbol{LU}=\boldsymbol{LDU}_0$。又 $\boldsymbol{A}=\boldsymbol{A}^{\mathrm{T}}=\boldsymbol{U}_0^{\mathrm{T}}\boldsymbol{DL}^{\mathrm{T}}$，由分解唯一性，即得 $\boldsymbol{U}_0^{\mathrm{T}}=\boldsymbol{L}$，$\boldsymbol{A}=\boldsymbol{LDL}^{\mathrm{T}}$。

记

$$\boldsymbol{D}=\begin{pmatrix} u_{11} & & & \\ & u_{22} & & \\ & & \ddots & \\ & & & u_{nn} \end{pmatrix}$$

又因为 $\det(\boldsymbol{A}_k)>0(k=1,2,\cdots,n)$，故 $u_{ii}>0(i=1,2,\cdots,n)$。于是对角矩阵 $\boldsymbol{D}$ 还可分解为

$$\boldsymbol{D}=\begin{pmatrix} u_{11} & & & \\ & u_{22} & & \\ & & \ddots & \\ & & & u_{nn} \end{pmatrix}=\begin{pmatrix} \sqrt{u_{11}} & & & \\ & \sqrt{u_{22}} & & \\ & & \ddots & \\ & & & \sqrt{u_{nn}} \end{pmatrix}\begin{pmatrix} \sqrt{u_{11}} & & & \\ & \sqrt{u_{22}} & & \\ & & \ddots & \\ & & & \sqrt{u_{nn}} \end{pmatrix}=\boldsymbol{D}^{\frac{1}{2}}\boldsymbol{D}^{\frac{1}{2}}$$

所以有 $\boldsymbol{A}=\boldsymbol{LDL}^{\mathrm{T}}=\boldsymbol{LD}^{\frac{1}{2}}\boldsymbol{D}^{\frac{1}{2}}\boldsymbol{L}^{\mathrm{T}}=(\boldsymbol{LD}^{\frac{1}{2}})(\boldsymbol{LD}^{\frac{1}{2}})^{\mathrm{T}}=\boldsymbol{L}_1\boldsymbol{L}_1^{\mathrm{T}}$，其中 $\boldsymbol{L}_1=\boldsymbol{LD}^{\frac{1}{2}}$ 为下三角形矩阵，令 $\boldsymbol{L}=\boldsymbol{L}_1$，定理得证。

将 $\boldsymbol{A}=\boldsymbol{LL}^{\mathrm{T}}$ 展开，写成

$$\begin{pmatrix} a_{11} & a_{12} & \cdots & a_{1n} \\ a_{21} & a_{22} & \cdots & a_{2n} \\ \vdots & \vdots & & \vdots \\ a_{n1} & a_{n2} & \cdots & a_{nn} \end{pmatrix}=\begin{pmatrix} l_{11} & & & \\ l_{21} & l_{22} & & \\ \vdots & \vdots & \ddots & \\ l_{n1} & l_{n2} & \cdots & l_{nn} \end{pmatrix}\begin{pmatrix} l_{11} & l_{21} & \cdots & l_{n1} \\ & l_{22} & \cdots & l_{n2} \\ & & \ddots & \vdots \\ & & \cdots & l_{nn} \end{pmatrix}$$

按矩阵乘法展开，可逐行求出分解矩阵 $\boldsymbol{L}$ 的元素，计算公式是对于 $i=1,2\cdots,n$，

$$l_{ii}=\left(a_{ii}-\sum_{k=1}^{i-1}l_{ik}^2\right)^{\frac{1}{2}},\ l_{ji}=\frac{a_{ji}-\sum_{k=1}^{i-1}l_{jk}l_{ik}}{l_{ii}},\ j=i+1,i+2,\cdots,n$$

这一方法称为**平方根法**，又称**乔列斯基**(Cholesky)分解，它所需要的乘除次数约为 $\frac{1}{6}(n^3+9n^2+2n)$，比 $\boldsymbol{LU}$ 分解法节省近一半的工作量。

平方根法算法如下：

(1) 输入矩阵 $\boldsymbol{A}$，及其阶数；

(2) 令 $l_{11}=\sqrt{a_{11}}$；

(3) For $2\leqslant i\leqslant n$, $l_{i1}=\frac{a_{i1}}{l_{11}}$；

(4) For $2\leqslant j\leqslant n-1$, $l_{jj}=\left(a_{jj}-\sum_{k=1}^{j-1}l_{jk}^2\right)^{\frac{1}{2}}$；

(5) For $i=j+1,\cdots,n$, $l_{ij}=\frac{a_{ij}-\sum_{k=1}^{j-1}l_{ik}l_{jk}}{a_{jj}}$, $l_{nn}=\left(a_{nn}-\sum_{k=1}^{n-1}l_{nk}^2\right)^{\frac{1}{2}}$；

(6) 输出 l_{ij}。

例 2-8 用平方根法求解下列方程组：

$$\begin{pmatrix}4 & 2 & -2\\2 & 2 & -3\\-2 & -3 & 14\end{pmatrix}\begin{pmatrix}x_1\\x_2\\x_3\end{pmatrix}=\begin{pmatrix}10\\5\\4\end{pmatrix}$$

解 容易验证，此线性方程组的系数矩阵为对称正定矩阵。设 $\boldsymbol{L}=\begin{pmatrix}l_{11} & 0 & 0\\l_{21} & l_{22} & 0\\l_{31} & l_{32} & l_{33}\end{pmatrix}$，则

由 $\boldsymbol{LL}^{\mathrm{T}}=\boldsymbol{A}$，得 $\boldsymbol{L}=\begin{pmatrix}2 & 0 & 0\\1 & 1 & 0\\-1 & -2 & 3\end{pmatrix}$。

由 $\boldsymbol{Ly}=\boldsymbol{b}$，可得 $y=(5,0,3)^{\mathrm{T}}$，再解 $\boldsymbol{L}^{\mathrm{T}}\boldsymbol{x}=\boldsymbol{y}$，可得 $\boldsymbol{x}=(2,2,1)^{\mathrm{T}}$。

相应的 Mathematica 程序如下：

```
A = {{4,2,-2},{2,2,-3},{-2,-3,14}};b = {10,5,4};n = Dimensions[A][[1]];
L = Table[0,{i,n},{j,n}];
For[k = 1,k <= n,k ++,L[[k,k]] = Sqrt[A[[k,k]] - Sum[(L[[k,j]])^2,{j,1,k - 1}]];
For[i = k + 1,i <= n,i ++,L[[i,k]] = (A[[i,k]] - Sum[(L[[i,j]]L[[k,j]]), {j,1,k -
1}])/L[[k,k]]]];
Print[" 矩阵 L = ",MatrixForm[L]];
y = Table[0,{i,n}];y[[1]] = b[[1]]/L[[1,1]];
For[i = 2,i ≤ n,i ++,y[[i]] = (b[[i]] - Sum[(L[[i,j]]y[[j]]),{j,1,i - 1}])/L[[i,i]];]
Print[" 由 Ly = b,解得 y = ",MatrixForm[y]];
L = Transpose[L];x = Table[0,{i,n}];
For[i = n,i > 0,i += -1,x[[i]] = (y[[i]] - Sum[(L[[i,j]]x[[j]]),{j,i + 1,n}])/L[[i,i]]];
Print[" 由 Ux = y,解得方程组的解为 x = ",MatrixForm[x]]
```

2.4.3 改进的平方根法

由例 2-8 可以看出，平方根法解正定方程组的缺点是需要进行开方运算。为避免开方运算，我们改用单位三角形矩阵作为分解矩阵，即把对称正定矩阵 $\boldsymbol{A}$ 分解成 $\boldsymbol{A}=\boldsymbol{LDL}^{\mathrm{T}}$ 的形式。

其中，$\boldsymbol{D}=\begin{pmatrix} d_1 & & & \\ & d_2 & & \\ & & \ddots & \\ & & & d_n \end{pmatrix}$ 为对角矩阵，而 $\boldsymbol{L}=\begin{pmatrix} 1 & & & & \\ l_{21} & 1 & & & \\ l_{31} & l_{32} & 1 & & \\ \vdots & \vdots & \vdots & \ddots & \\ l_{n1} & l_{n2} & l_{n3} & \cdots & 1 \end{pmatrix}$ 是单位下三角形矩阵，这里分解公式为

$$\begin{cases} l_{ij}=\dfrac{(a_{ij}-\sum\limits_{k=1}^{j-1}d_k l_{ik} l_{jk})}{d_j}, j=1,2,\cdots i-1 \\ d_i=a_{ii}-\sum\limits_{k=1}^{j-1}d_k l_{ik}^2, i=1,2,\cdots,n \end{cases}$$

据此可逐行计算 $d_1 \to l_{21} \to d_2 \to l_{31} \to l_{32} \to d_3 \to \cdots$，运用这种矩阵分解方法，方程组 $\boldsymbol{Ax}=\boldsymbol{b}$，即 $\boldsymbol{L}(\boldsymbol{DL}^{\mathrm{T}}x)=\boldsymbol{b}$，可归结为求解两个上三角形方程组 $\boldsymbol{Ly}=\boldsymbol{b}$ 和 $\boldsymbol{L}^{\mathrm{T}}\boldsymbol{x}=\boldsymbol{D}^{-1}\boldsymbol{b}$，其计算公式分别为 $y_i=b_i-\sum\limits_{k=1}^{i-1}l_{ik}y_k(i=1,2,\cdots,n)$ 和 $x_i=\dfrac{y_i}{d_i}-\sum\limits_{k=i+1}^{n}l_{ki}x_k(i=n,n-1,\cdots,1)$。求解方程组的上述算法称为改进的平方根法。这种方法的计算量约为$\dfrac{n^3}{6}$，即仅为高斯消元法计算量的一半。

例 2-9 用改进的平方根法求解下列方程组：

$$\begin{pmatrix} 4 & 2 & -2 \\ 2 & 2 & -3 \\ -2 & -3 & 14 \end{pmatrix}\begin{pmatrix} x_1 \\ x_2 \\ x_3 \end{pmatrix}=\begin{pmatrix} 10 \\ 5 \\ 4 \end{pmatrix}$$

解 容易验证，此线性方程组的系数矩阵为对称正定矩阵。设

$$\boldsymbol{L}=\begin{pmatrix} 1 & 0 & 0 \\ l_{21} & 1 & 0 \\ l_{31} & l_{32} & 1 \end{pmatrix}, \boldsymbol{D}=\begin{pmatrix} d_1 & 0 & 0 \\ 0 & d_2 & 0 \\ 0 & 0 & d_3 \end{pmatrix}$$

则由 $\boldsymbol{LDL}^{\mathrm{T}}=\boldsymbol{A}$，得

$$\boldsymbol{L}=\begin{pmatrix} 1 & 0 & 0 \\ 1/2 & 1 & 0 \\ -1/2 & -2 & 1 \end{pmatrix}, \boldsymbol{D}=\begin{pmatrix} 4 & 0 & 0 \\ 0 & 1 & 0 \\ 0 & 0 & 9 \end{pmatrix}$$

由 $\boldsymbol{Ly}=\boldsymbol{b}$,可得 $\boldsymbol{y}=(10,0,9)^{\mathrm{T}}$,再解 $\boldsymbol{DL}^{\mathrm{T}}\boldsymbol{x}=\boldsymbol{y}$,可得 $\boldsymbol{x}=(2,2,1)^{\mathrm{T}}$。

Mathematica 程序如下:

```
A = {{4,2, - 2},{2,2, - 3},{- 2, - 3,14}};b = {10,5,4};
n = Dimensions[A][[1]];L = Table[0,{i,n},{j,n}];D1 = Table[0,{i,n},{j,n}];D1[[1,1]] = A[[1,1]];
For[i = 2,i< = n,i ++,L[[i,1]] = A[[i,1]]/D1[[1,1]]];
For[i = 2,i< = n,i ++,For[k = 2,k< = i - 1,k ++,L[[i,k]] = (A[[i,k]] - Sum[D1[[j,j]]L[[i,j]]L[[k,j]], {j,1,i - 1}])/U[[k,k]]];D1[[i,i]] = A[[i,i]] - Sum[D1[[j,j]](L[[i,j]])^2, {j,1,i - 1}];];
L = L + IdentityMatrix[n];
D1LT = D1. Transpose[L];
Print[" 矩阵 L = ",MatrixForm[L]];
Print[" 矩阵 D1 = ",MatrixForm[D1]];
y = Table[0,{i,n}];y[[1]] = b[[1]]/L[[1,1]];
For[i = 2,i< = n,i ++,y[[i]] = (b[[i]] - Sum[L[[i,j]] * y[[j]],{j,1,i - 1}])/L[[i,i]];]
Print[" 由 Ly = b,解得 y = ",MatrixForm[y]];
x = Table[0,{i,n}];
For[i = n,i > 0,i += - 1,x[[i]] = (y[[i]] - Sum[D1LT[[i,j]] * x[[j]], {j,1,i - 1}])/D1LT[[i,i]]];
Print[" 由 D1L^Tx = y,解得方程组的解为 x = ",MatrixForm[x]]
```

小结及评注

本章介绍了适合解系数矩阵稠密、低阶的线性方程组的直接法。求解线性方程组的直接法在没有舍入误差的情况下经过有限次运算可以求得方程组的精确解,但实际上借助计算机求解时舍入误差是不可避免的。直接法的缺点是:程序较复杂,占用内存大,所以它适用于解中小型($n<1000$)线性方程组。

高斯消元法是目前求解中小规模线性方程组常用的直接法,一般适用于系数矩阵稠密(即矩阵的绝大多数元素都是非零的)的线性方程组,但这个算法是不稳定的。经过改进的高斯列主元素法具有良好的数值稳定性,是计算机上使用较多的一种有效方法。

三角分解法和高斯消元法这两种方法本质上是一样的。三角分解法是直接把系数矩阵分解成两个具有特殊形式的矩阵的乘积。Cholesky 分解法作用的对象是对称正定矩阵,这种方法是数值稳定的。为避免开方运算,可以对 Cholesky 分解法进行改进。

当方程组的系数矩阵是三对角矩阵时,特别是严格对角占优时,追赶法是一种既稳定、又快速的方法。

自主学习要点

1. 用高斯消元法为什么要选主元素?哪些方程组可以不用选主元素?

2. 高斯消元法与 **LU** 分解有什么关系?用它们解方程组有什么不同?**A** 要满足什么条件?

3. 平方根法解方程组的优缺点是什么？
4. 哪些线性方程组可以用平方根法求解？
5. 哪些线性方程组可以用追赶法求解？追赶法是什么意思？
6. 改进的平方根法改进在哪里？

习　题

1. 用 Gauss 消元法解下列方程组：

(1) $\begin{cases} 2x_1+x_2+4x_3=-1 \\ 3x_1+2x_2+x_3=4; \\ x_1+2x_2+4x_3=-1 \end{cases}$　(2) $\begin{pmatrix} 1 & 2 & 3 \\ 0 & 1 & 2 \\ 2 & 4 & 1 \end{pmatrix}\begin{pmatrix} x_1 \\ x_2 \\ x_3 \end{pmatrix}=\begin{pmatrix} 14 \\ 8 \\ 3 \end{pmatrix}$

2. 用列主元素 Gauss 法求解方程组：

(1) $\begin{cases} 2x_1+3x_2+5x_3=5 \\ 3x_1+4x_2+8x_3=6; \\ x_1+3x_2+3x_3=5 \end{cases}$　(2) $\begin{pmatrix} 2 & 4 & 0 \\ 3 & -1 & 1 \\ -2 & -2 & 0 \end{pmatrix}\begin{pmatrix} x_1 \\ x_2 \\ x_3 \end{pmatrix}=\begin{pmatrix} 5 \\ 9 \\ 3 \end{pmatrix}$

3. 用追赶法解下列方程组：

$$\begin{pmatrix} 3 & 1 & 0 \\ 2 & 4 & 1 \\ 0 & 2 & 5 \end{pmatrix}\begin{pmatrix} x_1 \\ x_2 \\ x_3 \end{pmatrix}=\begin{pmatrix} -1 \\ 7 \\ 9 \end{pmatrix}$$

4. 用 Doolittle 分解计算线性代数方程组 $\boldsymbol{Ax}=\boldsymbol{b}$，其中，

$$\boldsymbol{A}=\begin{pmatrix} 2 & 1 & 1 \\ 2 & 3 & 2 \\ 2 & 3 & 4 \end{pmatrix},\boldsymbol{b}=\begin{pmatrix} 4 \\ 7 \\ 9 \end{pmatrix}$$

5. 用平方根法(Cholesky 分解法)求解线性方程组 $\boldsymbol{Ax}=\boldsymbol{b}$，其中，

$$\boldsymbol{A}=\begin{pmatrix} 1 & 1 & 1 & \cdots & 1 \\ 1 & 2 & 2 & \cdots & 2 \\ 1 & 2 & 3 & \cdots & 3 \\ \vdots & \vdots & \vdots & & \vdots \\ 1 & 2 & 3 & \cdots & n \end{pmatrix},\boldsymbol{b}=\begin{pmatrix} n \\ n-1 \\ n-2 \\ \vdots \\ 2 \\ 1 \end{pmatrix}$$

6. 用改进平方根法求解下列线性方程组：

(1) $\begin{pmatrix} 3 & 3 & 5 \\ 3 & 5 & 9 \\ 5 & 9 & 17 \end{pmatrix}\begin{pmatrix} x_1 \\ x_2 \\ x_3 \end{pmatrix}=\begin{pmatrix} 10 \\ 16 \\ 30 \end{pmatrix}$；(2) $\begin{pmatrix} 2 & -1 & 1 \\ -1 & -2 & 3 \\ 1 & 3 & 1 \end{pmatrix}\begin{pmatrix} x_1 \\ x_2 \\ x_3 \end{pmatrix}=\begin{pmatrix} 4 \\ 5 \\ 6 \end{pmatrix}$。

实验题

1. 用追赶法求解三对角方程组

$$\begin{pmatrix} 2 & -1 & 0 & 0 & 0 \\ -1 & 2 & -1 & 0 & 0 \\ 0 & -1 & 2 & -1 & 0 \\ 0 & 0 & -1 & 2 & -1 \\ 0 & 0 & 0 & -1 & 2 \end{pmatrix} \begin{pmatrix} x_1 \\ x_2 \\ x_3 \\ x_4 \\ x_5 \end{pmatrix} = \begin{pmatrix} 1 \\ 2 \\ 3 \\ 4 \\ 5 \end{pmatrix}$$

2. 已知方程组 $\begin{pmatrix} 1 & 4 & 7 \\ 2 & 5 & 8 \\ 3 & 6 & 11 \end{pmatrix} \begin{pmatrix} x_1 \\ x_2 \\ x_3 \end{pmatrix} = \begin{pmatrix} 1 \\ 1 \\ 1 \end{pmatrix}$，证明方程的解存在，并用三角分解法（列主元素消法、平分根法）求解。

第3章 线性方程组的迭代解法

3.1 问题背景

一般地，对于线性方程组

$$\begin{pmatrix} a_{11} & a_{12} & \cdots & a_{1n} \\ a_{21} & a_{22} & \cdots & a_{2n} \\ \vdots & \vdots & & \vdots \\ a_{n1} & a_{n2} & \cdots & a_{nn} \end{pmatrix} \begin{pmatrix} x_1 \\ x_2 \\ \vdots \\ x_n \end{pmatrix} = \begin{pmatrix} b_1 \\ b_2 \\ \vdots \\ b_n \end{pmatrix}$$

用矩阵和向量来表示比较简洁，即

$$\boldsymbol{A}\boldsymbol{x} = \boldsymbol{b} \tag{3-1}$$

若系数矩阵$\boldsymbol{A}$为低阶稠密阵，则用第2章介绍的直接法比较有效。然而，对工程技术中产生的大型稀疏矩阵的方程组，采用迭代法则更为有效。

迭代法是指用某种极限过程去逐步逼近线性方程组的精确解的方法。也就是从解的某个近似值出发，通过构造一个无穷序列去逼近精确解的方法。（一般有限步内得不到精确解。）

为了研究线性方程组近似解的误差估计和迭代法的收敛性，有必要对向量及矩阵的"大小"引进某种度量 —— 范数的概念。向量范数是用来度量向量长度的，它可以看作是二、三维解析几何中向量长度概念的推广。用$\mathbf{R}^n$表示n维实向量空间。

3.2 向量和矩阵的范数

3.2.1 向量的范数

定义3-1 设有n维向量$\boldsymbol{x}=(x_1,x_2,\cdots,x_n)^{\mathrm{T}} \in \mathbf{R}^n$，称非负实数$\|\boldsymbol{x}\|$为向量$\boldsymbol{x}$的范数(Norm of Vector)，若其满足

(i) 正性：$\|\boldsymbol{x}\| \geqslant 0$，且$\|\boldsymbol{x}\|=0 \Leftrightarrow \boldsymbol{x}=\boldsymbol{0}$；

(ii) 齐次性：对任意实数k，$\|k\boldsymbol{x}\|=|k|\,\|\boldsymbol{x}\|$；

(iii) 三角不等式：对任意$\boldsymbol{x},\boldsymbol{y} \in \mathbf{R}^n$，有$\|\boldsymbol{x}+\boldsymbol{y}\| \leqslant \|\boldsymbol{x}\|+\|\boldsymbol{y}\|$.

设有n维向量$\boldsymbol{x}=(x_1,x_2,\cdots,x_n)^{\mathrm{T}} \in \mathbf{R}^n$，分别称

$$\|x\|_2=\left(\sum_{i=1}^{n}x_i^2\right)^{1/2},\quad \|x\|_1=\sum_{i=1}^{n}|x_i|,\quad \|x\|_\infty=\max_{1\leqslant i\leqslant n}|x_i|$$

为向量 x 的 2 -范数,1 -范数,∞ -范数。

可以验证它们都是满足范数性质的,其中 $\|x\|_2$ 是由内积导出的向量范数。

向量范数 $\|x\|$ 具有以下性质:

(1) 当 $\|x\|\neq 0$ 时,$\left\|\dfrac{x}{\|x\|}\right\|=1$;

(2) $\|x\|=\|-x\|$;

(3) $\|x\|-\|y\|\leqslant\|x-y\|$。

证 因为 $\|x\|=\|(x-y)+y\|\leqslant\|x-y\|+\|y\|$,所以 $\|x\|-\|y\|\leqslant\|x-y\|$。

例 3 - 1 设 $x=(1,-2,3,4,8,-1)^{\mathrm T}$,计算 $\|x\|_1,\|x\|_2,\|x\|_\infty$。

解 $\|x\|_1=\sum_{i=1}^{6}|x_i|=19$, $\|x\|_2=\left(\sum_{i=1}^{6}x_i^2\right)^{\frac{1}{2}}=\sqrt{95}$, $\|x\|_\infty=\max_{1\leqslant i\leqslant 6}\{|x_i|\}=8$。

3.2.2 矩阵的范数

定义 3 - 2 设 n 阶方阵

$$A=\begin{pmatrix}a_{11}&a_{12}&\cdots&a_{1n}\\a_{21}&a_{22}&\cdots&a_{2n}\\\vdots&\vdots&&\vdots\\a_{n1}&a_{n2}&\cdots&a_{nn}\end{pmatrix}\xlongequal{\text{记}}(a_{ij})_{n\times n}\in\mathbf{R}^{n\times n}$$

称非负实值函数 $N(A)=\|A\|$ 为矩阵 A 的范数(Norm of Matrix A),若其满足

(1) 正性:$\|A\|\geqslant 0$,且 $\|A\|=0\Leftrightarrow A=O$;

(2) 齐次性:对任意实数 k,$\|kA\|=|k|\,\|A\|$;

(3) 三角不等式:对任意 $A,B\in\mathbf{R}^{n\times n}$,有 $\|A+B\|\leqslant\|A\|+\|B\|$;

(4) $\|AB\|\leqslant\|A\|\,\|B\|$。

常用的矩阵范数:

$\|A\|_1=\max_{1\leqslant j\leqslant n}\sum_{i=1}^{n}|a_{ij}|$ 为矩阵 A 的 1 -范数(或列范数);

$\|A\|_\infty=\max_{1\leqslant i\leqslant n}\sum_{j=1}^{n}|a_{ij}|$ 为矩阵 A 的 ∞ -范数(或行范数);

$\|A\|_E=\left(\sum_{i=1}^{n}\sum_{j=1}^{n}|a_{ij}|^2\right)^{1/2}$ 为矩阵 A 的 E -范数;

$\|A\|_2=\sqrt{\lambda_m}=\sqrt{\lambda_{\max}(A^{\mathrm T}A)}$ 是矩阵 A 的 2 -范数(或谱范数),其中 $\lambda_{\max}(A^{\mathrm T}A)$ 是满足多项式 $f(\lambda)=|\lambda E-A^{\mathrm T}A|=0$ 的最大特征值。

注 (1) 矩阵范数 $\|\cdot\|_2$, $\|\cdot\|_1$, $\|\cdot\|_\infty$, $\|\cdot\|_E$ 彼此等价;

(2) 设 x 是 n 维向量,A 是 n 阶方阵,则 $\|Ax\|\leqslant\|A\|\,\|x\|$。

例 3 - 2 设 $A=\begin{pmatrix}1&1\\-3&3\end{pmatrix}$,计算 A 的各种范数。

解 $\|A\|_1=\max\{1+|-3|,1+3\}=4$； $\|A\|_\infty=\max\{1+1,|-3|+3\}=6$；

$\|A\|_E=[1^2+1^2+|-3|^2+3^2]\ 1/2=\sqrt{20}=2\sqrt{5}$；

由 $A^TA=\begin{pmatrix}1 & -3\\ 1 & 3\end{pmatrix}\begin{pmatrix}1 & 1\\ -3 & 3\end{pmatrix}=\begin{pmatrix}10 & -8\\ -8 & 10\end{pmatrix}$，得

$$|A^TA-\lambda A|=\begin{vmatrix}10-\lambda & -8\\ -8 & 10-\lambda\end{vmatrix}=(\lambda-10)2-8^2$$

$$=\lambda^2-20\lambda+36=(\lambda-18)(\lambda-2)$$

求得 A^TA 的两个特征值 $\lambda_1=18,\lambda_2=2$，所以，$\lambda_m=\max\{\lambda_1,\lambda_2\}=\max\{18,2\}=18$。

故 $\|A\|_2=\sqrt{\lambda_m}=\sqrt{18}=3\sqrt{2}$。

3.2.3 谱半径

定义 3-3 设 $A\in\mathbf{R}^{n\times n}$ 的特征值为 $\lambda_i(i=1,2,\cdots,n)$，称 $\rho(A)=\max\limits_{1\leqslant i\leqslant n}|\lambda_i|$ 是 A 的谱半径(Spectral Radius)。

定理 3-1 设 M 为 n 阶方阵，则对任意矩阵范数 $\|\cdot\|$，都有 $\rho(M)\leqslant\|M\|$。

证明 事实上，设 λ 是 M 的任意一个特征值，$x\neq 0$ 是 M 的属于 λ 的特征向量，则有 $Mx=\lambda x$。若 $\lambda_1,\lambda_2,\cdots,\lambda_n$ 是 M 的所有特征值(Eigen Value)，则

$$\|Mx\|\leqslant\|M\|\ \|x\|$$

$$\left.\begin{aligned}&\|Mx\|\leqslant\|M\|\ \|x\|\\ &\|\lambda x\|=|\lambda|\ \|x\|\\ &\|Mx\|=\|\lambda x\|\end{aligned}\right\}\Rightarrow|\lambda|\leqslant\|M\|\Rightarrow\rho(M)=\max_{1\leqslant i\leqslant n}|\lambda_i|\leqslant\|M\|$$

注 谱半径不是范数，如 $A=\begin{pmatrix}0 & 1\\ 0 & 0\end{pmatrix}$，显然 $\rho(A)=0$，但 A 不是零矩阵。

3.2.4 方程组的性态与矩阵的条件数

在建立方程组时，其系数往往含有误差(如观测误差或计算误差)，也就是说，所要求解的运算是有扰动的方程组，因此需要研究扰动对解的影响。

例 3-3 方程组 $\begin{cases}x_1+2x_2=3\\ x_1+2.0001x_2=3.0001\end{cases}$ 的系数和常数项分别发生微小扰动，变成如下两个方程组：

$$\begin{cases}x_1+2x_2=3\\ x_1+2.0002x_2=3.0001\end{cases}\text{和}\begin{cases}x_1+2x_2=3\\ x_1+2.0001x_2=3.0000\end{cases}$$

原方程组的解是 $x_1=x_2=1$，变化后的第 1 个方程组的解是 $x_1=2,x_2=0.5$，第 2 个方程组的解是 $x_1=3,x_2=0$。可见，原方程组的系数和常数项分别发生微小扰动，会导致方程组的解发生很大的变化，这类方程组称为病态的。

定义 3-4 设线性方程组$\boldsymbol{Ax}=\boldsymbol{b}$,且$|\boldsymbol{A}|=\det\boldsymbol{A}\neq 0,\boldsymbol{b}\neq\boldsymbol{0}$。若系数矩阵$\boldsymbol{A}$或$\boldsymbol{b}$的微小变化可引起方程组$\boldsymbol{Ax}=\boldsymbol{b}$的解的巨大变化,则称方程组$\boldsymbol{Ax}=\boldsymbol{b}$是病态方程组(Ⅲ-conditioned System of Equations),相应的系数矩阵$\boldsymbol{A}$称为病态矩阵(Ⅲ-conditioned Matrix)。否则,分别称$\boldsymbol{Ax}=\boldsymbol{b}$是良态方程组(Well-conditioned System of Equations),$\boldsymbol{A}$称为良态矩阵(Well-conditioned Matrix)。

设$\boldsymbol{A}$准确且非奇异,$\boldsymbol{b}$有微小变化(或称有扰动)$\delta\boldsymbol{b}$,则方程组$\boldsymbol{Ax}=\boldsymbol{b}$的解有扰动$\delta\boldsymbol{x}$,此时方程组为

$$A(\boldsymbol{x}+\delta\boldsymbol{x})=\boldsymbol{b}+\delta\boldsymbol{b}$$

由$\boldsymbol{Ax}=\boldsymbol{b}$,得$A\delta\boldsymbol{x}=\delta\boldsymbol{b}$,即$\delta\boldsymbol{x}=\boldsymbol{A}^{-1}\delta\boldsymbol{b}$,于是

$$\|\delta\boldsymbol{x}\|=\|\boldsymbol{A}^{-1}\delta\boldsymbol{b}\|\leqslant\|\boldsymbol{A}^{-1}\|\,\|\delta\boldsymbol{b}\| \tag{3-2}$$

又由$\boldsymbol{Ax}=\boldsymbol{b}$,知$\|\boldsymbol{b}\|=\|\boldsymbol{Ax}\|\leqslant\|\boldsymbol{A}\|\,\|\boldsymbol{x}\|$。因为$\|\boldsymbol{x}\|\neq 0$,所以有

$$\frac{\|\delta\boldsymbol{x}\|}{\|\boldsymbol{x}\|}\leqslant\|\boldsymbol{A}\|\,\|\boldsymbol{A}^{-1}\|\,\frac{\|\delta\boldsymbol{b}\|}{\|\boldsymbol{b}\|} \tag{3-3}$$

式(3-3)表明:当$\boldsymbol{b}$有扰动$\delta\boldsymbol{b}$时,所引起的解的相对误差不超过$\boldsymbol{b}$的相对误差乘$\|\boldsymbol{A}\|\,\|\boldsymbol{A}^{-1}\|$,可见当$\boldsymbol{b}$有扰动时,$\|\boldsymbol{A}\|\,\|\boldsymbol{A}^{-1}\|$对方程组$\boldsymbol{Ax}=\boldsymbol{b}$的解的变化是一个重要的衡量尺度。

完全类似地,若方程组$\boldsymbol{Ax}=\boldsymbol{b}$的右端$\boldsymbol{b}$无扰动,而系数矩阵$\boldsymbol{A}$非奇异,但有扰动$\delta\boldsymbol{A}$,相应地方程组$\boldsymbol{Ax}=\boldsymbol{b}$的解有扰动$\delta\boldsymbol{x}$,此时原方程组变为

$$(\boldsymbol{A}+\delta\boldsymbol{A})(\boldsymbol{x}+\delta\boldsymbol{x})=\boldsymbol{b}$$

即$A\delta\boldsymbol{x}+\delta\boldsymbol{A}(\boldsymbol{x}+\delta\boldsymbol{x})=\boldsymbol{0}$,亦即$\delta\boldsymbol{x}=-\boldsymbol{A}^{-1}\delta\boldsymbol{A}(\boldsymbol{x}+\delta\boldsymbol{x})$,于是

$$\|\delta\boldsymbol{x}\|=\|-\boldsymbol{A}^{-1}\delta\boldsymbol{A}(\boldsymbol{x}+\delta\boldsymbol{x})\|\leqslant\|\boldsymbol{A}^{-1}\|\,\|\delta\boldsymbol{A}\|\,\|\boldsymbol{x}+\delta\boldsymbol{x}\|$$

$$\frac{\|\delta\boldsymbol{x}\|}{\|\boldsymbol{x}+\delta\boldsymbol{x}\|}\leqslant\|\boldsymbol{A}^{-1}\|\,\|\delta\boldsymbol{A}\|=\|\boldsymbol{A}^{-1}\|\,\|\boldsymbol{A}\|\,\frac{\|\delta\boldsymbol{A}\|}{\|\boldsymbol{A}\|} \tag{3-4}$$

式(3-4)表明:当$\boldsymbol{A}$有扰动$\delta\boldsymbol{A}$时,所引起的解的相对误差不超过$\boldsymbol{A}$的相对误差乘$\|\boldsymbol{A}\|\,\|\boldsymbol{A}^{-1}\|$,再一次说明,当$\boldsymbol{A}$有扰动时,$\|\boldsymbol{A}\|\,\|\boldsymbol{A}^{-1}\|$对方程组$\boldsymbol{Ax}=\boldsymbol{b}$的解的变化是一个重要的衡量尺度。

综合式(3-3)和式(3-4),有

$$\frac{\|\delta\boldsymbol{x}\|}{\|\boldsymbol{x}\|}\leqslant\|\boldsymbol{A}\|\,\|\boldsymbol{A}^{-1}\|\,\frac{\|\delta\boldsymbol{b}\|}{\|\boldsymbol{b}\|},\quad \frac{\|\delta\boldsymbol{x}\|}{\|\boldsymbol{x}+\delta\boldsymbol{x}\|}\leqslant\|\boldsymbol{A}\|\,\|\boldsymbol{A}^{-1}\|\,\frac{\|\delta\boldsymbol{A}\|}{\|\boldsymbol{A}\|} \tag{3-5}$$

为了定量地刻画方程组"病态"的程度,要对方程组$\boldsymbol{Ax}=\boldsymbol{b}$进行讨论,考察$\boldsymbol{A}$(或$\boldsymbol{b}$)微小误差对解的影响,为此先引入矩阵条件数的概念。

定义 3-5 设$\boldsymbol{A}$是非奇异矩阵,称数

$$\text{Cond}(\boldsymbol{A})_\nu=\|\boldsymbol{A}\|_\nu\,\|\boldsymbol{A}^{-1}\|_\nu\quad(\nu=1\text{ 或 }2\text{ 或 }\infty)$$

为矩阵$\boldsymbol{A}$的条件数(Condition Number)。

由于 $\text{Cond}(\boldsymbol{A})_v = \|\boldsymbol{A}\|_v \|\boldsymbol{A}^{-1}\|_v \geqslant \|\boldsymbol{A}\boldsymbol{A}^{-1}\|_v = \|\boldsymbol{E}\|_v = 1$，所以条件数是一个放大的倍数，当条件数较大($\text{Cond}(\boldsymbol{A}) \gg 1$) 时，方程组 $\boldsymbol{Ax} = \boldsymbol{b}$ 是病态方程组；当条件数较小时，方程组 $\boldsymbol{Ax} = \boldsymbol{b}$ 是良态方程组。

对于例 3－3，可计算其系数矩阵的无穷条件数为 120007，所以该方程组是病态方程组。

例 3－4 考察下列线性方程组的性态：

$$\begin{cases} x_1 + 2x_2 = 3 \\ x_1 + 2.0001x_2 = 3.0001 \end{cases}$$

解 因为

$$\boldsymbol{A} = \begin{pmatrix} 1 & 2 \\ 1 & 2.0001 \end{pmatrix}, \quad \boldsymbol{A}^{-1} = 10^4 \times \begin{pmatrix} 2.0001 & -2 \\ -1 & 1 \end{pmatrix}$$

所以 $\text{Cond}(\boldsymbol{A})_\infty = \|\boldsymbol{A}\|_\infty \|\boldsymbol{A}^{-1}\|_\infty = 3 \times 4.0001 \times 10^4 = 120003$。因此方程组是病态的。

注 从定义看，要求一个矩阵的条件数，必须计算逆矩阵的范数，这在实际应用时很不方便。但如果在实际运算中出现下列情况，那么矩阵 $\boldsymbol{A}$ 可能是病态的：

(1) 若在 $\boldsymbol{A}$ 的三角化时，出现小主元素，则 $\boldsymbol{A}$ 可能是病态的(注意：其逆不真)；

(2) 若 $\boldsymbol{A}$ 的行列式值很小，或某些行近似线性相关，则 $\boldsymbol{A}$ 可能是病态的；

(3) 若 $\boldsymbol{A}$ 的元素之间数量级相差很大，并无一定规律，则 $\boldsymbol{A}$ 可能是病态的。

3.3 解线性方程组的迭代法

对于线性方程组 $\boldsymbol{Ax} = \boldsymbol{b}$，设 $\boldsymbol{A}$ 为非奇异矩阵 (Non－singular Matrix)，Gauss 列主元素法主要适用于 $\boldsymbol{A}$ 为低阶稠密(非零元素多) 矩阵时的方程组求解。而在工程技术和科学研究中所遇到的方程组一般是大型方程组(未知量个数成千上万，甚至更多)，且系数矩阵是稀疏的(零元素较多)，这时则适宜采用迭代法解方程组。

3.3.1 迭代法的基本思想

下面我们以例 3－5 为例，来说明求线性方程组数值解的迭代思想。

例 3－5 求解方程组

$$\begin{cases} 8x_1 - 3x_2 + 2x_3 = 20 \\ 4x_1 + 11x_2 - x_3 = 33 \\ 2x_1 + x_2 + 4x_3 = 12 \end{cases} \tag{3-6}$$

其中方程组的精确解是 $\boldsymbol{x} = (3,2,1)^{\mathrm{T}}$。

解 现将原方程改写为

$$
\begin{cases}
x_1 = \frac{1}{8}(3x_2 - 2x_3 + 20) \\
x_2 = \frac{1}{11}(-4x_1 + x_3 + 33) \\
x_3 = \frac{1}{4}(-2x_1 - x_2 + 12)
\end{cases} \tag{3-7}
$$

任取初始值，如 $\boldsymbol{x}^{(0)} = (0,0,0)^{\mathrm{T}}$，将这些值代入式(3－7)右边，得到新的值 $\boldsymbol{x}^{(1)} = (x_1^{(1)}, x_2^{(1)}, x_3^{(1)})^{\mathrm{T}} = (2.5,3,3)^{\mathrm{T}}$，再将 $\boldsymbol{x}^{(1)}$ 分量代入式(3－7)右边得到 $x^{(2)}$，反复利用这个公式，得到向量序列和一般的计算公式(迭代公式)：

$$
\boldsymbol{x}^{(0)} = \begin{bmatrix} x_1^{(0)} \\ x_2^{(0)} \\ x_3^{(0)} \end{bmatrix}, \quad \boldsymbol{x}^{(1)} = \begin{bmatrix} x_1^{(1)} \\ x_2^{(1)} \\ x_3^{(1)} \end{bmatrix}, \quad \cdots, \boldsymbol{x}^{(k)} = \begin{bmatrix} x_1^{(k)} \\ x_2^{(k)} \\ x_3^{(k)} \end{bmatrix}, \cdots
$$

即

$$
\begin{cases}
x_1^{(k+1)} = \frac{1}{8}(3x_2^{(k)} - 2x_3^{(k)} + 20) \\
x_2^{(k+1)} = \frac{1}{11}(-4x_1^{(k)} + x_3^{(k)} + 33), k = 0,1,2,\cdots \\
x_3^{(k+1)} = \frac{1}{4}(-2x_1^{(k)} - x_2^{(k)} + 12)
\end{cases} \tag{3-8}
$$

迭代到第 10 次时，有

$$
\boldsymbol{x}^{(10)} = (3.00003, 1.99987, 0.999881)^{\mathrm{T}}
$$

此时 $\|\boldsymbol{\varepsilon}^{(10)}\|_{\infty} = 0.000125981$。

Mathematica 程序如下：

```
A = {{8., - 3,2},{4,11, - 1},{2,1,4}};
b = {20,33,12};
I1 = IdentityMatrix[3];
DD = {{A[[1,1]],0,0},{0,A[[2,2]],0},{0,0,A[[3,3]]}};
DDLN = Inverse[DD];
G = I1 - DDLN.A;
R = Max[Abs[Eigenvalues[N[G]]]];
f = DDLN.b;
x0 = {0,0,0};
Do[N[x1 = G.x0 + f,10];Print["迭代第",k,"次的近似解为:x",k," = ",x1,"","x",k,"与精确解的误差为:",Max[N[Abs[x1 - {3,2,1}],10]]];
x0 = x1,{k,1,16}]
```

运行结果如下：

迭代第 1 次的近似解为:x1 = {2.5,3.,3.}　　x1 与精确解的误差为:2.

迭代第 2 次的近似解为:x2 = {2.875,2.36364,1.}　　x2 与精确解的误差为:0.363636

迭代第 3 次的近似解为:x3 = {3.13636,2.04545,0.971591}　　x3 与精确解的误差为:0.136364

迭代第 4 次的近似解为:x4 = {3.02415,1.94783,0.920455}　　x4 与精确解的误差为:0.0795455

迭代第 5 次的近似解为:x5 = {3.00032,1.98399,1.00097}　　x5 与精确解的误差为:0.0160124

迭代第 6 次的近似解为:x6 = {2.99375,1.99997,1.00384}　　x6 与精确解的误差为:0.00624677

迭代第 7 次的近似解为:x7 = {2.99903,2.00262,1.00313}　　x7 与精确解的误差为:0.00313072

迭代第 8 次的近似解为:x8 = {3.0002,2.00064,0.999831}　　x8 与精确解的误差为:0.000637857

迭代第 9 次的近似解为:x9 = {3.00028,1.99991,0.99974}　　x9 与精确解的误差为:0.000281568

迭代第 10 次的近似解为:x10 = {3.00003,1.99987,0.999881}　　x10 与精确解的误差为:0.000125981

式(3-8)也可写成矩阵形式:

$$\boldsymbol{x}^{(k+1)}=\boldsymbol{B}\boldsymbol{x}^{(k)}+\boldsymbol{f},k=0,1,2,\cdots$$

其中

$$\boldsymbol{B}=\begin{pmatrix}0 & \frac{3}{8} & -\frac{1}{4}\\ -\frac{4}{11} & 0 & \frac{1}{11}\\ -\frac{1}{2} & -\frac{1}{4} & 0\end{pmatrix},\boldsymbol{f}=\begin{pmatrix}\frac{5}{2}\\ 3\\ 3\end{pmatrix}$$

一般地,对方程组 $\boldsymbol{A}\boldsymbol{x}=\boldsymbol{b}$,若 $|\boldsymbol{A}|\neq 0$,则可改写为 $\boldsymbol{x}=\boldsymbol{B}\boldsymbol{x}+\boldsymbol{f}$,记为 $\boldsymbol{x}^{(k+1)}=\boldsymbol{B}\boldsymbol{x}^{(k)}+\boldsymbol{f}$,$k=0,1,2,\cdots$。由迭代法产生的向量序列 $\boldsymbol{x}^{(k)}$ 是否一定逐步逼近方程组的解呢?答案是否定的。但是,当若 $\boldsymbol{x}^{(k)}$ 收敛时,则一定有 $\lim\limits_{k\to\infty}\boldsymbol{x}^{(k+1)}=\lim\limits_{k\to\infty}(\boldsymbol{B}\boldsymbol{x}^{(k)}+\boldsymbol{f})=\boldsymbol{B}\boldsymbol{x}+\boldsymbol{f}$,表明迭代收敛的值就是原方程组的根。

3.3.2　雅司比迭代法

设方程为 $\boldsymbol{A}\boldsymbol{x}=\boldsymbol{b}$,其中 $|\boldsymbol{A}|\neq 0$,且 $a_{ii}\neq 0(i=0,1,2,\cdots,n)$,并将 $\boldsymbol{A}$ 写为三部分,即

$$\boldsymbol{A}=\begin{pmatrix}a_{11} & & & \\ & a_{22} & & \\ & & \ddots & \\ & & & a_{33}\end{pmatrix}+\begin{pmatrix}0 & & & & \\ a_{21} & 0 & & & \\ \vdots & \vdots & \ddots & & \\ a_{n-1,1} & a_{n-1,2} & \cdots & 0 & \\ a_{n,1} & a_{n,2} & \cdots & a_{n,n-1} & 0\end{pmatrix}+\begin{pmatrix}0 & a_{12} & \cdots & a_{1,n-1} & a_{1n}\\ & 0 & \cdots & a_{2,n-1} & a_{2n}\\ & & \ddots & \vdots & \vdots\\ & & & 0 & a_{n-1,n}\\ & & & & 0\end{pmatrix}$$

$$\equiv \boldsymbol{D}+\boldsymbol{L}+\boldsymbol{U}$$

则 $\boldsymbol{A}\boldsymbol{x}=\boldsymbol{b}$ 可以写成 $(\boldsymbol{D}+\boldsymbol{L}+\boldsymbol{U})\boldsymbol{x}=\boldsymbol{b}$。进一步可得 $\boldsymbol{D}\boldsymbol{x}=-(\boldsymbol{L}+\boldsymbol{U})\boldsymbol{x}+\boldsymbol{b}$,这样就有 $\boldsymbol{x}=(\boldsymbol{I}-\boldsymbol{D}^{-1}\boldsymbol{A})\boldsymbol{x}+\boldsymbol{D}^{-1}\boldsymbol{b}$,令 $\boldsymbol{B}_J=\boldsymbol{I}-\boldsymbol{D}^{-1}\boldsymbol{A}$,$\boldsymbol{f}=\boldsymbol{D}^{-1}\boldsymbol{b}$,有下列迭代公式:

$$
\begin{cases}
\boldsymbol{x}^{(0)}（初始向量） \\
\boldsymbol{x}^{(k+1)} = \boldsymbol{B}_J \boldsymbol{x}^{(k)} + \boldsymbol{f} \quad (k = 0,1,\cdots)
\end{cases}
\tag{3-9}
$$

称上式为雅可比迭代公式(Jacobi Iterative Formula)的矩阵形式。$\boldsymbol{B}_J$ 称为$\boldsymbol{Ax}=\boldsymbol{b}$ 的雅可比迭代法 (Jacobi Iterative Method) 的迭代矩阵。

Jacobi 迭代法的特点如下：

(1) 计算公式简单，每迭代一次只需计算一次矩阵和向量的乘法；

(2) 计算过程中原始矩阵 $\boldsymbol{A}$ 始终不变。

对于式(3-9)，可以写成下式：

$$
\begin{cases}
x_1^{(k+!)} = \dfrac{1}{a_{11}}(0 - a_{12}x_2^{(k)} - \cdots - a_{1n}x_n^{(k)} + b_1) \\
x_2^{(k+1)} = \dfrac{1}{a_{22}}(-a_{21}x_1^{(k)} - 0 - \cdots - a_{2n}x_n^{(k)} + b_2) \\
\cdots\cdots \\
x_n^{(k+1)} = \dfrac{1}{a_{nn}}(-a_{n1}x_1^{(k)} - \cdots - a_{nn-1}x_{n-1}^{(k)} - 0 + b_n)
\end{cases}
\quad (k=0,1,2,\cdots) \tag{3-10}
$$

称式(3-10) 为 Jacobi 迭代格式的分量形式。

Jacobi 迭代法能否改进呢？对于式(3-10)，可以改写成下式：

$$
\begin{cases}
x_1^{(k+!)} = \dfrac{1}{a_{11}}(0 - a_{12}x_2^{(k)} - \cdots - a_{1n}x_n^{(k)} + b_1) \\
x_2^{(k+1)} = \dfrac{1}{a_{22}}(-a_{21}x_1^{(k+1)} - 0 - \cdots - a_{2n}x_n^{(k)} + b_2) \\
\cdots\cdots \\
x_n^{(k+1)} = \dfrac{1}{a_{nn}}(-a_{n1}x_1^{(k+1)} - \cdots - a_{nn-1}x_{n-1}^{(k+1)} - 0 + b_n)
\end{cases}
\quad (k=0,1,2,\cdots) \tag{3-11}
$$

取一组数$(x_1^{(0)}, x_2^{(0)}, x_3^{(0)})^{\mathrm{T}}$ 代入方程组(3-11) 右侧，会得到一组新的向量序列，这样的改进是否更好呢？

3.3.3 高斯-赛德尔迭代法

设 $a_{ii} \neq 0(i=0,1,2,\cdots,n)$，并将 $\boldsymbol{A}$ 写为三部分，即

$$
\boldsymbol{A} = \begin{pmatrix} a_{11} & & & \\ & a_{22} & & \\ & & \ddots & \\ & & & a_{33} \end{pmatrix}
+ \begin{pmatrix} 0 & & & & \\ a_{21} & 0 & & & \\ \vdots & \vdots & \ddots & & \\ a_{n-1,1} & a_{n-1,2} & \cdots & 0 & \\ a_{n,1} & a_{n,2} & \cdots & a_{n,n-1} & 0 \end{pmatrix}
+ \begin{pmatrix} 0 & a_{12} & \cdots & a_{1,n-1} & a_{1n} \\ & 0 & \cdots & a_{2,n-1} & a_{2n} \\ & & \ddots & \vdots & \vdots \\ & & & 0 & a_{n-1,n} \\ & & & & 0 \end{pmatrix}
$$

$\equiv \boldsymbol{D}+\boldsymbol{L}+\boldsymbol{U}$

由$(\boldsymbol{D}+\boldsymbol{L}+\boldsymbol{U})\boldsymbol{x}=\boldsymbol{b} \Rightarrow (\boldsymbol{D}+\boldsymbol{L})\boldsymbol{x}=-\boldsymbol{U}\boldsymbol{x}+\boldsymbol{b}$

$\Rightarrow \boldsymbol{x}=-(\boldsymbol{D}+\boldsymbol{L})-\boldsymbol{U}\boldsymbol{x}+(\boldsymbol{D}+\boldsymbol{L})-1\boldsymbol{b}$

$\Rightarrow \boldsymbol{x}=\boldsymbol{B}_G\boldsymbol{x}+\boldsymbol{f}$

于是得到解 $\boldsymbol{A}\boldsymbol{x}=\boldsymbol{b}$ 的高斯-赛德尔(Gauss - Seidel)迭代格式的矩阵形式

$$\begin{cases} \boldsymbol{x}^{(0)}\text{(初始向量)} \\ \boldsymbol{x}^{(k+1)}=\boldsymbol{B}_G\boldsymbol{x}^{(k)}+\boldsymbol{f} \quad (k=0,1,\cdots) \end{cases}$$

其中,

$$\boldsymbol{B}_G=-(\boldsymbol{D}+\boldsymbol{L})^{-1}\boldsymbol{U}, \boldsymbol{f}=(\boldsymbol{D}+\boldsymbol{L})^{-1}\boldsymbol{b}$$

称 $\boldsymbol{B}_G$ 为解 $\boldsymbol{A}\boldsymbol{x}=\boldsymbol{b}$ 的 Gauss - Seidel 迭代法的矩阵。

式(3 - 11)称为 Gauss - Seidel 迭代的分量计算公式,也可简定成如下形式:

$$x_i^{(k+1)}=\frac{1}{a_{ii}}(b_i-\sum_{j=1}^{i-1}a_{ij}x_j^{(k+1)}-\sum_{j=j+1}^{n}a_{ij}x_j^{(k)}) \quad (i=1,2,\cdots,n)$$

Gauss - Seidel 迭代法的特点:

(1) 计算公式简单,每迭代一次只需计算一次矩阵和向量的乘法;

(2) 计算过程中原始矩阵 $\boldsymbol{A}$ 始终不变;

(3) 计算 $\boldsymbol{x}^{(k+1)}$ 的第 i 个分量 $x_i^{(k+1)}$ 时,利用已计算出的分量 $x_j^{(k+1)}(j=1,2,\cdots,i-1)$。

例 3 - 6 分别用 Jacobi 迭代法和 Gauss - Seidel 迭代法求解方程组

$$\begin{cases} 8x_1-3x_2+2x_3=20 \\ 4x_1+11x_2-x_3=33 \\ 2x_1+x_2+4x_3=12 \end{cases}$$

(1) 分别写出 Jacobi 迭代法和 Gauss - Seidel 迭代格式及相应的迭代矩阵;

(2) 取 $\boldsymbol{x}^{(0)}=(0,0,0)^{\mathrm{T}}$,分别用上述两种方法计算 $\boldsymbol{x}^{(1)}$。

解 (1) 记为 $\boldsymbol{A}\boldsymbol{x}=\boldsymbol{b}$,其中

$$\boldsymbol{A}=\begin{pmatrix} 8 & -3 & 2 \\ 4 & 11 & -1 \\ 2 & 1 & 4 \end{pmatrix}, \boldsymbol{x}=\begin{pmatrix} x_1 \\ x_2 \\ x_3 \end{pmatrix}, \boldsymbol{b}=\begin{pmatrix} 20 \\ 33 \\ 12 \end{pmatrix}$$

令

$$\boldsymbol{D}=\begin{pmatrix} 8 & 0 & 0 \\ 0 & 11 & 0 \\ 0 & 0 & 4 \end{pmatrix}, \quad \boldsymbol{L}=\begin{pmatrix} 0 & 0 & 0 \\ 4 & 0 & 0 \\ 2 & 1 & 0 \end{pmatrix}, \quad \boldsymbol{U}=\begin{pmatrix} 0 & -3 & 2 \\ 0 & 0 & -1 \\ 0 & 0 & 0 \end{pmatrix}$$

则 Jacobi 的迭代矩阵为

$$\boldsymbol{B}_J=\boldsymbol{I}-\boldsymbol{D}^{-1}\boldsymbol{A}=\begin{pmatrix}0 & \frac{3}{8} & -\frac{1}{4}\\ -\frac{4}{11} & 0 & \frac{1}{11}\\ -\frac{1}{2} & -\frac{1}{4} & 0\end{pmatrix}$$

又

$$\boldsymbol{f}=\boldsymbol{D}^{-1}\boldsymbol{b}=\begin{pmatrix}2.5\\ 3\\ 3\end{pmatrix}$$

则 Jacobi 的迭代的分量形式为

$$\begin{cases}x_1^{(k+1)}=\frac{3}{8}x_2^{(k)}-\frac{1}{4}x_3^{(k)}+2.5\\ x_2^{(k+1)}=-\frac{4}{11}x_1^{(k)}+\frac{1}{11}x_3^{(k)}+3 \quad (k=0,1,2,\cdots)\\ x_3^{(k+1)}=-\frac{1}{2}x_1^{(k)}-\frac{1}{4}x_2^{(k)}+3\end{cases}$$

Gauss - Seidel 迭代矩阵为

$$\boldsymbol{B}_G=-(\boldsymbol{D}+\boldsymbol{L})^{-1}\boldsymbol{U}=\begin{pmatrix}0 & \frac{3}{8} & -\frac{1}{4}\\ 0 & -\frac{3}{22} & \frac{2}{11}\\ 0 & -\frac{27}{176} & \frac{7}{88}\end{pmatrix}$$

Gauss - Seidel 迭代的分量形式为

$$\begin{cases}x_1^{(k+1)}=\frac{3}{8}x_2^{(k)}-\frac{1}{4}x_3^{(k)}+2.5\\ x_2^{(k+1)}=-\frac{4}{11}x_1^{(k+1)}+\frac{1}{11}x_3^{(k)}+3\\ x_3^{(k+1)}=-\frac{1}{2}x_1^{(k+1)}-\frac{1}{4}x_2^{(k+1)}+3\end{cases}$$

(2) 取 $\boldsymbol{x}^{(0)}=(0,0,0)^{\mathrm{T}}$，代入 Jacobi 迭代的分量形式可得 $\boldsymbol{x}^{(1)}=(2.5,3,3)^{\mathrm{T}}$，代入 Gauss -Seidel 迭代的分量形式，可得

$$\boldsymbol{x}^{(1)}=\left(\frac{5}{2},\frac{23}{11},\frac{27}{22}\right)^{\mathrm{T}}$$

Jacobi 迭代的程序如下：

```
A = {{8, - 3,2},{4,11, - 1},{2,1,4}};
b = {20,33,12};e = 10^ - 4;
I1 = IdentityMatrix[3];
DD = {{A[[1,1]],0,0},{0,A[[2,2]],0},{0,0,A[[3,3]]}};
DDLN = Inverse[DD];BJ = I1 - DDLN.A;
R = Max[Abs[Eigenvalues[N[BJ]]]];
x0 = {0,0,0};
Print["Jacobi 迭代矩阵 BJ = ",MatrixForm[BJ]];
R = Max[Abs[Eigenvalues[N[BJ]]]];f = DDLN.b;
Print[" 迭代矩阵的谱范数 BJ = ",R];
If[R < 1,x1 = BJ.x0 + f;i = 1;
Print[" 迭代第",i," 次的近似解为： x = ",x1,"             "," 误差为:",Max[Abs[x1 - x0]]//N];
While[Max[Abs[x1 - x0]] > e,x0 = x1;x1 = BJ.x0 + f//N;i = i + 1;
Print[" 迭代第",i," 次的近似解为： x = ",x1,"             "," 误差为:",Max[Abs[x1 -
x0]]//N]],Print[" 迭代不收敛! "]]
```

Gauss－Seidel 迭代的程序如下：

```
A = {{8, - 3,2},{4,11, - 1},{2,1,4}};
b = {20,33,12};e = 10^ - 4;I1 = IdentityMatrix[3];
DD = {{A[[1,1]],0,0},{0,A[[2,2]],0},{0,0,A[[3,3]]}};
L = {{0,0,0},{A[[2,1]],0,0},{A[[3,1]],A[[3,2]],0}};
DDLN = Inverse[DD + L];BG = I1 - DDLN.A;
Print["G - S 迭代矩阵 BG = ",MatrixForm[BG]];
R = Max[Abs[Eigenvalues[N[BG]]]];f = DDLN.b;
Print[" 迭代矩阵的谱范数 \:f072(BG) = ",R];x0 = {0,0,0};
If[R < 1,x1 = BG.x0 + f;i = 1;
Print[" 迭代第",i," 次的近似解为： x = ",x1,"             "," 误差为:",Max[Abs[x1 - x0]]//N];
While[Max[Abs[x1 - x0]] > e,x0 = x1;x1 = BG.x0 + f//N;i = i + 1;
Print[" 迭代第",i," 次的近似解为： x = ",x1,"    "," 误差为:",Max[Abs[x1 - x0]]//N]],
Print[" 迭代不收敛! "]]
```

3.3.4 Jacobi 与 Gauss－Seidel 迭代法的比较

Gauss－Seidel 迭代是从 Jacobi 迭代格式改造来的，迭代的效果 Gauss－Seidel 会比雅可比迭代效果要好呢？下面通过实例来比较它们的迭代效果。

例 3－7 分别用 Jacobi 迭代法和 Gauss－Seidel 迭代求解方程组

$$(1)\begin{cases}x_1+2x_2-2x_3=1\\x_1+x_2+x_3=2\\2x_1+2x_2+x_3=3\end{cases},\quad(2)\begin{cases}x_1+0.4x_2+0.4x_3=1\\0.4x_1+x_2+0.8x_3=2\\0.4x_1+0.8x_2+x_3=3\end{cases}$$

$$(3)\begin{cases}5x_1+2x_2+x_3=-12\\11x_1+4x_2+2x_3=20\\2x_1+13x_2+10x_3=3\end{cases},(4)\begin{cases}8x_1-3x_2+2x_3=20\\4x_1+11x_2-x_3=33\\2x_1+x_2+4x_3=12\end{cases}$$

解　对例3-7程序进行修改后运行，容易得到如下结果：方程组(1)Jacobi迭代4次就收敛了，而Gauss-Seidel迭代不收敛；方程组(2)的Jacobi迭代不收敛，而Gauss-Seidel迭代28次就收敛了。方程组(3)的两种迭代法都不收敛；方程组(4)的两种迭代法都收敛，且Jacobi迭代14次收敛，而Gauss-Seidel迭代只要迭代7次就收敛了。

从上面的例子你能得出什么结论？

3.3.5　超松弛迭代法

1. 超松弛迭代法的基本思想

超松弛迭代法（Successive Over Relaxation Method，SOR）是Gauss-Seidel迭代法的一种加速方法。首先，进行Gauss-Seidel迭代：

$$\tilde{x}_i^{(k+1)}=\frac{1}{a_{ii}}\left[b_i-\sum_{j=1}^{i-1}a_{ij}x_j^{(k+1)}-\sum_{j=i+1}^{n}a_{ij}x_j^{(k)}\right]$$

然后，把前后两次Gauss-Seidel迭代进行加权，得 $x_i^{(k+1)}=\omega\tilde{x}_i^{(k+1)}+(1-\omega)x_i^{(k)}$，即

$$x_i^{(k+1)}=(1-\omega)x_i^{(k)}+\frac{\omega}{a_{ii}}\left[b_i-\sum_{j=1}^{i-1}a_{ij}x_j^{(k+1)}-\sum_{j=i+1}^{n}a_{ij}x_j^{(k)}\right],i=0,1,2,\cdots \quad (3-12)$$

其中，ω 称为松弛因子（Relaxation Factor）。当 $\omega<1$ 时称该方法为低松弛；当 $\omega=1$ 时称该方法即为Gauss-Seidel迭代法；当 $\omega>1$ 时称该方法为SOR迭代法。

2. SOR迭代法的计算公式

由式(3-12)，容易得到SOR迭代法的矩阵形式为

$$\boldsymbol{x}^{(k+1)}=\mathbf{SOR}\boldsymbol{x}^{(k)}+\boldsymbol{f},k=0,1,2,\cdots$$

其中，$\mathbf{SOR}=(\boldsymbol{D}+\omega\boldsymbol{L})^{-1}[(1-\omega)\boldsymbol{D}-\omega\boldsymbol{U}]$，$\boldsymbol{f}=\omega(\boldsymbol{D}+\omega\boldsymbol{L})^{-1}\boldsymbol{b}$，$\omega$ 是松弛因子。

例3-8　取 $\omega=1.4$，$\boldsymbol{x}^{(0)}=(1,1,1)^{\mathrm{T}}$，用SOR迭代法求解方程组

$$\begin{cases}2x_1-x_2=1\\-x_1+2x_2-x_3=0\\-x_2+2x_3=1.8\end{cases}$$

其精确解为 $\boldsymbol{x}^*=\{1.2,1.4,1.6\}$，求前两次迭代的结果。

解　由 $x_i^{(k+1)}=(1-\omega)x_i^{(k)}+\dfrac{\omega(b_i-\sum_{j=1}^{i-1}a_{ij}x_j^{(k+1)}-\sum_{j=i+1}^{n}a_{ij}x_j^{(k)}}{a_{ii}}$，得

$$\begin{cases}x_1^{(k+1)}=-0.4x_1^{(k)}+0.7(1+x_2^{(k)})\\x_2^{(k+1)}=-0.4x_2^{(k)}+0.7(x_1^{(k+1)}+x_3^{(k)})\quad(k=0,1,2,\cdots)\\x_3^{(k+1)}=-0.4x_3^{(k)}+0.7(1.8+x_2^{(k+1)})\end{cases}$$

将 $x^{(0)}=(1,1,1)^T$ 代入上式开始迭代，可得 $x^{(1)}=(1,11.56)^T, x^{(2)}=(1.,1.392,1.6104)^T$。Mathematical 程序如下：

```
A = {{2, - 1,0},{- 1,2, - 1},{0, - 1,2}};b = {1,0,1.8};w = 1.4;M = 100;e = 10^ - 5;
DD = {{A[[1,1]],0,0},{0,A[[2,2]],0},{0,0,A[[3,3]]}};
L = - {{0,0,0},{A[[2,1]],0,0},{A[[3,1]],A[[3,2]],0}};U = - {{0,A[[1,2]],A[[1,3]]},{0,0,
A[[2,3]]},{0,0,0}};
DDLN = Inverse[DD - w L];SOR = DDLN.((1 - w)DD + w U);f = w DDLN.b;x0 = {1,1,1};
For[i = 1,i£M,i + +,x1 = SOR.x0 + f//N;If[Max[Abs[x1 - x0]] < e,Break[]];
Print[" 迭代第",i," 次的近似解为： x = ",x1,"          "," 误差为:",Max[Abs[x1 - x0]]//N];x0
= x1;]
```

运行结果如下：

```
迭代第 1 次的近似解为：  x = {1.,1.,1.56}                  误差为:0.56
迭代第 2 次的近似解为：  x = {1.,1.392,1.6104}             误差为:0.392
迭代第 3 次的近似解为：  x = {1.2744,1.46256,1.63963}      误差为:0.2744
迭代第 4 次的近似解为：  x = {1.21403,1.41254,1.59293}     误差为:0.060368
迭代第 5 次的近似解为：  x = {1.20317,1.39225,1.5974}      误差为:0.0202931
迭代第 6 次的近似解为：  x = {1.19331,1.3966,1.59866}      误差为:0.00985864
迭代第 7 次的近似解为：  x = {1.2003,1.40063,1.60098}      误差为:0.00698868
迭代第 8 次的近似解为：  x = {1.20032,1.40066,1.60007}     误差为:0.000907163
迭代第 9 次的近似解为：  x = {1.20033,1.40002,1.59998}     误差为:0.00063951
迭代第 10 次的近似解为： x = {1.19988,1.3999,1.59993}      误差为:0.000451794
迭代第 11 次的近似解为： x = {1.19998,1.39998,1.60001}     误差为:0.0000968533
迭代第 12 次的近似解为： x = {1.19999,1.40001,1.6}         误差为:0.0000337052
迭代第 13 次的近似解为： x = {1.20001,1.40001,1.6}         误差为:0.0000164783
迭代第 14 次的近似解为： x = {1.2,1.4,1.6}                 误差为:0.0000113892
```

例 3-9 $x^{(0)}=(0,0,0)^T$,用 SOR 迭代法解方程组

$$\begin{pmatrix} -4 & 1 & 1 & 1 \\ 1 & -4 & 1 & 1 \\ 1 & 1 & -4 & 1 \\ 1 & 1 & 1 & -1 \end{pmatrix} \begin{pmatrix} x_1 \\ x_2 \\ x_3 \\ x_4 \end{pmatrix} = \begin{pmatrix} 1 \\ 1 \\ 1 \\ 1 \end{pmatrix}$$

它的精确解为 $x^*=(-1,-1,-1,-1)^T$,试用不同的松弛因子考察迭代效果。

解 取 $x^{(0)}=(0,0,0)^T$,取 $\omega=1.3$,编制 Mathematica 程序如下：

```
A = {{- 4,1,1,1},{1, - 4,1,1},{1,1, - 4,1},{1,1,1, - 4}};b = {1,1,1,1};w = 1.3;M = 100;e =
10^ - 5;
DD = {{A[[1,1]],0,0,0},{0,A[[2,2]],0,0},{0,0,A[[3,3]],0},{0,0,0,A[[4,4]]}};
L = - {{0,0,0,0}, {A[[2,1]],0,0,0}, {A[[3,1]],A[[3,2]],0,0}, {A[[4,1]],A[[4,2]],A[[4,
3]],0}};
U = - {{0,A[[1,2]],A[[1,3]],A[[1,4]]}, {0,0,A[[2,3]],A[[2,4]]}, {0,0,0,A[[3,4]]}, {0,0,
```

```
0,0}};
    DDLN = Inverse[DD - w L];SOR = DDLN.((1 - w)DD + w U);f = w DDLN.b;
    x0 = {0,0,0,0};
    For[i = 1,i < M,i ++,x1 = SOR.x0 + f//N;If[Max[Abs[x1 - x0]] < e,Break[]];
    Print["迭代第",i,"次的近似解为:  x = ",x1,"      ","误差为:",Max[Abs[x1 - x0]]//N];  x0
= x1;]
```

运行结果如下:

```
迭代第1次的近似解为:x = {-0.325,-0.430625,-0.570578,-0.756016}  误差为:0.756016
迭代第2次的近似解为:x = {-0.798596,-0.886499,-0.947188,-0.953687}  误差为:0.473596
迭代第3次的近似解为:x = {-0.991318,-0.999013,-0.99765,-1.00999}  误差为:0.192722
迭代第4次的近似解为:x = {-1.00477,-1.00433,-1.00691,-1.0022}  误差为:0.013448
迭代第5次的近似解为:x = {-1.00294,-1.00262,-1.00045,-1.00129}  误差为:0.00645681
迭代第6次的近似解为:x = {-1.00053,-0.999954,-1.00044,-0.999916}  误差为:0.00266311
迭代第7次的近似解为:x = {-0.999941,-1.00011,-0.999857,-0.999996}  误差为:0.000593401
迭代第8次的近似解为:x = {-1.00001,-0.999921,-1.00002,-0.999983}  误差为:0.000190864
迭代第9次的近似解为:x = {-0.999973,-1.00002,-0.999985,-0.999996}  误差为:0.0000946034
迭代第10次的近似解为:x = {-1.00001,-0.999992,-1.,-1.}  误差为:0.0000344605
迭代第11次的近似解为:x = {-0.999997,-1.,-1.,-0.999999}  误差为:0.0000110836
```

对 ω 取其他值,迭代次数见表 3-1 所列,松弛因子选择得好,会使 SOR 迭代法的收敛大大加速。本例中 $\omega=1.3$ 是最佳松弛因子。

表 3-1　不同松弛因子对迭代次数的影响

松弛因子	迭代次数	松弛因子	迭代次数
1.0	20	1.5	17
1.1	16	1.6	23
1.2	11	1.7	34
1.3	11	1.8	54
1.4	14	1.9	113

3.4　迭代法的收敛性

3.4.1　向量序列与矩阵序列的收敛性

定义 3-6　设有 $\mathbf{R}^n$ 中的向量序列 $\{\boldsymbol{x}^{(k)}\}$,若 $\lim\limits_{k\to\infty}\|\boldsymbol{x}^{(k)}-\boldsymbol{x}\|=0$,则称向量序列

(Vector Sequence) $\{\boldsymbol{x}^{(k)}\}$ 收敛于 $\mathbf{R}^n$ 中的向量 $\boldsymbol{x}$，记作$\lim\limits_{k\to\infty}\boldsymbol{x}^{(k)}=\boldsymbol{x}$。

定义 3-7 设有 $\mathbf{R}^{n\times n}$ 中的矩阵序列$\{\boldsymbol{A}^{(k)}\}$，若$\lim\limits_{k\to\infty}\|\boldsymbol{A}^{(k)}-\boldsymbol{A}\|=0$，则称矩阵序列(Matrix Sequence)$\{\boldsymbol{A}^{(k)}\}$收敛于 $\mathbf{R}^n$ 中的向量 $\boldsymbol{A}$，记作$\lim\limits_{k\to\infty}\boldsymbol{A}^{(k)}=\boldsymbol{A}$。

注 (1) 设 $\boldsymbol{x}^{(k)}=(x_1^{(k)},x_2^{(k)},\cdots,x_n^{(k)})\in\mathbf{R}^n$，$\boldsymbol{x}^*=(x_1,x_2,\cdots,x_n)\in\mathbf{R}^n(k=1,2,\cdots)$，则$\lim\limits_{k\to\infty}x^{(k)}=x^*\Leftrightarrow\lim\limits_{k\to\infty}\boldsymbol{x}_j^{(k)}=\boldsymbol{x}_j,(j=1,2,\cdots,n)$；

(2) 设 $\boldsymbol{A}^{(k)}=(a_{ij}^{(k)})_{n\times n}\in\mathbf{R}^{n\times n}$，$\boldsymbol{A}=(a_{ij})_{n\times n}\in\mathbf{R}^{n\times n}(k=1,2,\cdots)$，则

$$\lim_{k\to\infty}\boldsymbol{A}^{(k)}=\boldsymbol{A}\Leftrightarrow\lim_{k\to\infty}a_{ij}^{(k)}=a_{ij}(i,j=1,2,\cdots,n)$$

3.4.2 迭代收敛的判别条件

引理 3-1 设 $\boldsymbol{A}=(a_{ij})_{n\times n}$，则$\lim\limits_{k\to\infty}\boldsymbol{A}^k=\boldsymbol{0}$ 的充要条件是 $\rho(\boldsymbol{A})<1$。

设 n 元线性方程组 $\boldsymbol{Ax}=\boldsymbol{b}$，其精确解为 $\boldsymbol{x}^*$，建立迭代公式

$$\boldsymbol{x}^{(k+1)}=\boldsymbol{Bx}^{(k)}+\boldsymbol{f}\quad(\text{其中 }\boldsymbol{B}\text{ 是迭代矩阵})\tag{3-13}$$

定理 3-2 迭代公式(3-13)对任意初值 $\boldsymbol{x}^{(0)}$ 都收敛到 $\boldsymbol{x}^*$ 的充要条件为 $\rho(\boldsymbol{B})<1$。

定理 3-3 若迭代矩阵 $\boldsymbol{B}$ 的某种范数 $\|\boldsymbol{B}\|=q<1$，则迭代公式(3-13)对任意初值 $\boldsymbol{x}^{(0)}$ 都收敛到方程组 $\boldsymbol{Ax}=\boldsymbol{b}$ 的精确解 $\boldsymbol{x}^*$，且

(1)
$$\|\boldsymbol{x}^{(k)}-\boldsymbol{x}^*\|\leqslant\frac{q}{1-q}\|\boldsymbol{x}^{(k)}-\boldsymbol{x}^{(k-1)}\|\tag{3-14}$$

(2)
$$\|\boldsymbol{x}^{(k)}-\boldsymbol{x}^*\|\leqslant\frac{q^k}{1-q}\|\boldsymbol{x}^{(1)}-\boldsymbol{x}^{(0)}\|\tag{3-15}$$

证 因为$\rho(\boldsymbol{B})\leqslant\|\boldsymbol{B}\|<1$，所以由定理3-2知，迭代公式(3-15)对任意初值 $\boldsymbol{x}^{(0)}$ 都收敛到 $\boldsymbol{x}^*$。

(1) 因为

$$\boldsymbol{x}^{(k)}-\boldsymbol{x}^*=(\boldsymbol{Bx}^{(k-1)}+\boldsymbol{f})-(\boldsymbol{Bx}^*+\boldsymbol{f})=\boldsymbol{B}(\boldsymbol{x}^{(k-1)}-\boldsymbol{x}^*)$$

所以

$$\begin{aligned}\|\boldsymbol{x}^{(k)}-\boldsymbol{x}^*\|&=\|\boldsymbol{B}(\boldsymbol{x}^{(k-1)}-\boldsymbol{x}^*)\|\leqslant\|\boldsymbol{B}\|\,\|\boldsymbol{x}^{(k-1)}-\boldsymbol{x}^*\|=q\|\boldsymbol{x}^{(k-1)}-\boldsymbol{x}^*\|\\&=q\|-(\boldsymbol{x}^{(k)}-\boldsymbol{x}^{(k-1)})+(\boldsymbol{x}^{(k)}-\boldsymbol{x}^*)\|\\&\leqslant q\|\boldsymbol{x}^{(k)}-\boldsymbol{x}^{(k-1)}\|+q\|\boldsymbol{x}^{(k)}-\boldsymbol{x}^*\|\end{aligned}$$

由此得

$$\|\boldsymbol{x}^{(k)}-\boldsymbol{x}^*\|\leqslant\frac{q}{1-q}\|\boldsymbol{x}^{(k)}-\boldsymbol{x}^{(k-1)}\|$$

(2) 因为

$$\|\boldsymbol{x}^{(k)}-\boldsymbol{x}^*\|\leqslant\frac{q}{1-q}\|\boldsymbol{x}^{(k)}-\boldsymbol{x}^{(k-1)}\|$$

而

$$\| \boldsymbol{x}^{(k)} - \boldsymbol{x}^{(k-1)} \| = \| (\boldsymbol{B}\boldsymbol{x}^{(k-1)} + \boldsymbol{f}) - (\boldsymbol{B}\boldsymbol{x}^{(k-2)} + \boldsymbol{f}) \| = \| \boldsymbol{B}(\boldsymbol{x}^{(k-1)} - \boldsymbol{x}^{(k-2)}) \|$$

$$\leqslant \cdots \leqslant \| \boldsymbol{B} \|^{k-1} \| \boldsymbol{x}^{(1)} - \boldsymbol{x}^{(0)} \| = q^{k-1} \| \boldsymbol{x}^{(1)} - \boldsymbol{x}^{(0)} \|$$

所以

$$\| \boldsymbol{x}^{(k)} - \boldsymbol{x}^{*} \| \leqslant \frac{q^k}{1-q} \| \boldsymbol{x}^{(1)} - \boldsymbol{x}^{(0)} \|$$

证毕。

注 (1) 若迭代公式收敛，则当允许误差为 ε 时，由 $\| \boldsymbol{x}^{(k)} - \boldsymbol{x}^{*} \| < \varepsilon$ 知，只需

$$\| \boldsymbol{x}^{(k)} - \boldsymbol{x}^{(k-1)} \| < \frac{1-q}{q}\varepsilon$$

迭代就可以停止；否则继续迭代，并称这种估计为事后估计。

(2) 由 $\frac{q^k}{1-q} \| \boldsymbol{x}^{(1)} - \boldsymbol{x}^{(0)} \| < \varepsilon$，解得

$$k > \ln \frac{\varepsilon(1-q)}{\| \boldsymbol{x}^{(1)} - \boldsymbol{x}^{(0)} \|} / \ln q$$

得满足误差 ε 条件下的迭代步数，并称这种估计为事前估计。

例 3-10 用 Jacobi 迭代法及 Gauss-Seidel 迭代法解方程组

$$\begin{cases} 5x_1 + 2x_2 + x_3 = -12 \\ -x_1 + 4x_2 + 2x_3 = 20 \\ 2x_1 - 3x_2 + 10x_3 = 3 \end{cases}$$

取 $\boldsymbol{x}^{(0)} = (0,0,0)^{\mathrm{T}}$，问用两种迭代法解方程组是否收敛？若收敛，需要迭代多少次，才能保证 $\| \boldsymbol{x}^{(k)} - \boldsymbol{x}^{*} \|_{\infty} < 10^{-4} = \varepsilon$？

解 方程组的系数矩阵为 $\boldsymbol{A} = \begin{pmatrix} 5 & 2 & 1 \\ -1 & 4 & 2 \\ 2 & -3 & 10 \end{pmatrix}$，Jacobi 迭代矩阵为

$$\boldsymbol{M} = \boldsymbol{I} - \boldsymbol{D}^{-1}\boldsymbol{A} = \begin{pmatrix} 1 & 0 & 0 \\ 0 & 1 & 0 \\ 0 & 0 & 1 \end{pmatrix} - \begin{pmatrix} 5 & 0 & 0 \\ 0 & 4 & 0 \\ 0 & 0 & 10 \end{pmatrix}^{-1} \begin{pmatrix} 5 & 2 & 1 \\ -1 & 4 & 2 \\ 2 & -3 & 10 \end{pmatrix}$$

$$= \begin{pmatrix} 0 & -2/5 & -1/5 \\ 1/4 & 0 & -1/2 \\ -1/5 & 3/10 & 0 \end{pmatrix}$$

因为

$$\|\boldsymbol{M}\|_{\infty}=\left|\frac{1}{4}\right|+|0|+\left|-\frac{1}{2}\right|=\frac{3}{4}=q<1$$

所以,用 Jacobi 迭代法解方程组收敛。

用 Jacobi 迭代法迭代一次,得

$$\boldsymbol{x}^{(1)}=\left(-\frac{12}{5},5,\frac{3}{10}\right)^{\mathrm{T}}$$

又由

$$\|\boldsymbol{x}^{(1)}-\boldsymbol{x}^{(0)}\|_{\infty}=\max\left\{\left|-\frac{12}{5}-0\right|,|5-0|,\left|\frac{3}{10}-0\right|\right\}=5$$

所以

$$k>\ln\frac{\varepsilon(1-q)}{\|\boldsymbol{x}^{(1)}-\boldsymbol{x}^{(0)}\|}/\ln q=\ln\frac{10^{-4}\times(1-3/4)}{5}/\ln\frac{3}{4}\approx 42.43$$

故 Jacobi 迭代法需要迭代 43 次。

Gauss - Seidel 迭代矩阵为

$$\boldsymbol{M}=-(\boldsymbol{D}+\boldsymbol{L})^{-1}\boldsymbol{U}=\begin{pmatrix}5&0&0\\-1&4&0\\2&-3&10\end{pmatrix}^{-1}\begin{pmatrix}0&2&1\\0&0&2\\0&0&0\end{pmatrix}=\begin{pmatrix}0&-2/5&-1/5\\0&-1/10&-11/20\\0&1/20&-1/8\end{pmatrix}$$

因为

$$\|\boldsymbol{M}\|_{\infty}=|0|+\left|-\frac{1}{10}\right|+\left|-\frac{11}{20}\right|=\frac{13}{20}=q<1$$

所以由定理 3 - 2 知,用 Gauss - Seidel 迭代法解方程组收敛。

用 Gauss - Seidel 迭代法迭代一次,得

$$\boldsymbol{x}^{(1)}=(-2.4,4.4,2.13)^{\mathrm{T}}$$

又由

$$\|\boldsymbol{x}^{(1)}-\boldsymbol{x}^{(0)}\|_{\infty}=\max\{|-2.4-0|,|4.4-0|,|2.13-0|\}=4.4$$

得

$$k>\ln\frac{\varepsilon(1-q)}{\|x^{(1)}-x^{(0)}\|}/\ln q=\ln\frac{10^{-4}(1-13/20)}{5}/\ln\frac{13}{20}\approx 27.26$$

故用 Gauss - Seidel 迭代法需要迭代 28 次。

利用事后估计,可以估计出用 Jacobi 迭代法解方程组所需的迭代次数,经计算

$$\|\boldsymbol{x}^{(19)}-\boldsymbol{x}^{(18)}\|_{\infty}=0.27\times 10^{-4}<\frac{1-q}{q}\varepsilon=\frac{1-3/4}{3/4}\times 10^{-4}=0.333\times 10^{-4}$$

或

$$\|x^{(k)}-x^{*}\|_{\infty}\leqslant\frac{q}{1-q}\|x^{(k)}-x^{(k-1)}\|_{\infty}=\frac{3/4}{1-3/4}\times 0.27\times 10^{-4}$$

$$=0.81\times 10^{-4}<10^{-4}=\varepsilon$$

即用 Jacobi 迭代法解方程组,只要迭代 18 次即可达到要求。

把上面的程序稍加改动,Jacobi 迭代的程序如下:

```
A = {{5.,2,1},{-1,4,2},{2,-3,10}};b = {-12,20,3};e = 10^-4;
I1 = IdentityMatrix[3];DD = {{A[[1,1]],0,0},{0,A[[2,2]],0},{0,0,A[[3,3]]}};
DDLN = Inverse[DD];BJ = I1 - DDLN.A;f = DDLN.b
R = Max[Abs[Eigenvalues[SetPrecision[BJ,6]]]];x0 = {0,0,0};
If[R < 1,x1 = BJ.x0 + f//N;i = 1;
Print["迭代第",i,"次的近似解为:x = ",x1,"    ","x",i,"与 x",i - 1,"的误差为:",
Max[Abs[x1 - x0]]//N];
While[Max[Abs[x1 - x0]] > e,x0 = x1;x1 = BJ.x0 + f//N;i = i + 1;
Print["迭代第",i,"次的近似解为:x = ",x1,"    ","x",i,"与 x",i - 1,"的误差为:",
Max[Abs[x1 - x0]]//N]],Print["迭代不收敛!"]]
```

运行结果如下:

```
迭代第 1 次的近似解为:  x = {-2.4,5.,0.3}   误差为:5.
迭代第 2 次的近似解为:  x = {-4.46,4.25,2.28}   误差为:2.06
迭代第 3 次的近似解为:  x = {-4.556,2.745,2.467}   误差为:1.505
迭代第 4 次的近似解为:  x = {-3.9914,2.6275,2.0347}   误差为:0.5646
迭代第 5 次的近似解为:  x = {-3.85794,2.9848,1.88653}   误差为:0.3573
迭代第 6 次的近似解为:  x = {-3.97123,3.09225,1.96703}   误差为:0.113286
迭代第 7 次的近似解为:  x = {-4.03031,3.02368,2.02192}   误差为:0.0685705
迭代第 8 次的近似解为:  x = {-4.01386,2.98146,2.01316}   误差为:0.042216
迭代第 9 次的近似解为:  x = {-3.99522,2.98995,1.99721}   误差为:0.0186374
迭代第 10 次的近似解为:  x = {-3.99542,3.00259,1.99603}   误差为:0.0126367
迭代第 11 次的近似解为:  x = {-4.00024,3.00313,1.99986}   误差为:0.0048186
迭代第 12 次的近似解为:  x = {-4.00122,3.00001,2.00099}   误差为:0.00312067
迭代第 13 次的近似解为:  x = {-4.0002,2.9992,2.00025}   误差为:0.00102319
迭代第 14 次的近似解为:  x = {-3.99973,2.99983,1.9998}   误差为:0.000625697
迭代第 15 次的近似解为:  x = {-3.99989,3.00017,1.99989}   误差为:0.00034136
迭代第 16 次的近似解为:  x = {-4.00005,3.00008,2.00003}   误差为:0.000155236
迭代第 17 次的近似解为:  x = {-4.00004,2.99997,2.00003}   误差为:0.000106099
迭代第 18 次的近似解为:  x = {-4.,2.99997,2.}   误差为:0.0000414468
```

同样利用事后估计,也可以估计用 Gauss - Seidel 迭代法解方程组所需的迭代次数,经计算

$$\|x^{(9)}-x^{(8)}\|_{\infty}=0.401\times 10^{-4}<\frac{1-q}{q}\varepsilon=\frac{1-13/20}{13/20}\times 10^{-4}=0.538\times 10^{-4}$$

或

$$\|x^{(k)}-x^*\|_\infty \leqslant \frac{q}{1-q}\|x^{(k)}-x^{(k-1)}\|_\infty = \frac{13/20}{1-13/20}\times 0.401\times 10^{-4}$$

$$=0.745\times 10^{-4} < 10^{-4}=\varepsilon$$

所以用 Gauss - Seidel 迭代法解方程组，只要迭代 8 次即可达到要求。

Gauss - Seidel 迭代的程序如下：

```
A = {{5.,2,1},{- 1,4,2},{2, - 3,10}};b = {- 12,20,3};e = 10^ - 5;I1 = IdentityMatrix[3];
DD = {{A[[1,1]],0,0},{0,A[[2,2]],0},{0,0,A[[3,3]]}};
L = {{0,0,0},{A[[2,1]],0,0},{A[[3,1]],A[[3,2]],0}};
DDLN = Inverse[DD + L];BG = I1 - DDLN.A;Print["G - S 迭代矩阵 BG = ",MatrixForm[BG]];
R = Max[Abs[Eigenvalues[N[BG]]]];f = DDLN.b;;x0 = {0,0,0};
If[R < 1,x1 = BG.x0 + f;i = 1;
Print["迭代第",i,"次的近似解为：  x = ",x1,"              ","误差为:",Max[Abs[x1 - x0]]//N];
While[Max[Abs[x1 - x0]] > e,x0 = x1;x1 = BG.x0 + f//N;i = i + 1;
Print["迭代第",i,"次的近似解为：  x = ",x1,"  ","误差为:",Max[Abs[x1 - x0]]//N]],Print["
迭代不收敛! "]]
```

运行结果如下：

```
迭代矩阵的谱范数 \:f072(BG) = 0.2
迭代第 1 次的近似解为：  x = {- 2.4,4.4,2.1}  误差为:4.4
迭代第 2 次的近似解为：  x = {- 4.58,2.805,2.0575}  误差为:2.18
迭代第 3 次的近似解为：  x = {- 3.9335,2.98788,1.98306}  误差为:0.6465
迭代第 4 次的近似解为：  x = {- 3.99176,3.01053,2.00151}  误差为:0.0582625
迭代第 5 次的近似解为：  x = {- 4.00451,2.99812,2.00034}  误差为:0.0127509
迭代第 6 次的近似解为：  x = {- 3.99931,3.,1.99986}  误差为:0.00519946
迭代第 7 次的近似解为：  x = {- 3.99997,3.00007,2.00002}  误差为:0.000659841
迭代第 8 次的近似解为：  x = {- 4.00003,2.99998,2.}  误差为:0.0000916628
```

这说明用事前估计得到的迭代次数往往大于实际需要的次数，而用事后估计则比较准确。

3.4.3 一些特殊线性方程组的迭代法的收敛性判别

利用迭代法的谱半径或范数来讨论收敛性时，计算比较复杂。而迭代矩阵是由原方程组的系数矩阵演变过来的，因此，若能从原方程组的系数矩阵的特性来判断方程组的某种迭代法的收敛性则会很方便。下面介绍一些特殊线性方程组的迭代法的收敛性判别方法。

引理 3.2 如果矩阵 $\boldsymbol{A}$ 是严格对角占优的，则 $|\boldsymbol{A}|\neq 0$。

证明 （反证法）设 $|\boldsymbol{A}|=0$，则齐次线性方程组 $\boldsymbol{Ax}=\boldsymbol{0}$ 一定有非零解，记为 $\boldsymbol{x}=\boldsymbol{x}^*$。因为 $\boldsymbol{x}^*\neq\boldsymbol{0}$，所以存在 $\boldsymbol{x}^*$ 的分量 x_k，使得 $|x_k|=\max\limits_{1\leqslant i\leqslant n}|x_i|\neq 0$。

齐次线性方程组 $\boldsymbol{Ax}=\boldsymbol{b}$ 中的第 k 个方程

$$a_{k1}x_1+a_{k2}x_2+\cdots+a_{kk}x_k+\cdots+a_{kn}x_n=0$$

的非对角元素移至等式右端，得

$$a_{kk}x_k=-a_{k1}x_1-a_{k2}x_2-\cdots-a_{k,k-1}x_{k-1}-a_{k,k+1}x_{k+1}\cdots-a_{kn}x_n$$

于是

$$|a_{kk}||x_k|=|a_{kk}x_k|\leqslant\sum_n|-a_{kj}x_j|=\sum_n|a_{kj}||x_j|\leqslant|x_k|\sum_n|a_{kj}|$$

即 $|a_{kk}|\leqslant\sum\limits_n|a_{kj}|$，这与如果矩阵 $\boldsymbol{A}$ 是严格对角占优的假设是矛盾的，故 $|\boldsymbol{A}|\neq 0$。

定理 3-4 设有线性方程组 $\boldsymbol{Ax}=\boldsymbol{b}$，若 $\boldsymbol{A}$ 为严格对角占优矩阵，则解方程组 $\boldsymbol{Ax}=\boldsymbol{b}$ 的 Jacobi 迭代法与 Gauss-Seidel 迭代法都收敛。

证明 因为雅可比迭代矩阵为

$$\boldsymbol{B}_J=\boldsymbol{I}-\boldsymbol{D}^{-1}\boldsymbol{A}$$

所以

$$\|\boldsymbol{B}_J\|_\infty=\max_{1\leqslant i\leqslant n}\sum_n\left|\frac{a_{ij}}{a_{ii}}\right|=\max_{1\leqslant i\leqslant n}\frac{1}{|a_{ii}|}\sum_n|a_{ij}|<\max_{1\leqslant i\leqslant n}\frac{1}{|a_{ii}|}|a_{ii}|=1$$

由定理 3-3 知，线性方程组 $\boldsymbol{Ax}=\boldsymbol{b}$ 的 Jacobi 迭代法对任意初始向量 $\boldsymbol{x}^{(0)}$ 都收敛。

因为 Gauss-Seidel 迭代的迭代矩阵为

$$\boldsymbol{B}_G=-(\boldsymbol{L}+\boldsymbol{D})^{-1}\boldsymbol{U}$$

设 λ_k 是 $\boldsymbol{B}_G$ 的任意特征值，则有

$$\begin{aligned}|\lambda_k\boldsymbol{I}-\boldsymbol{B}_G|&=|\lambda_k(\boldsymbol{L}+\boldsymbol{D})^{-1}(\boldsymbol{L}+\boldsymbol{D})+(\boldsymbol{L}+\boldsymbol{D})^{-1}\boldsymbol{U}|\\&=|(\boldsymbol{L}+\boldsymbol{D})^{-1}(\lambda_k(\boldsymbol{L}+\boldsymbol{D})+\boldsymbol{U})|\\&=|(\boldsymbol{L}+\boldsymbol{D})^{-1}||(\lambda_k(\boldsymbol{L}+\boldsymbol{D})+\boldsymbol{U})|\\&=0\end{aligned}$$

而

$$|(\boldsymbol{L}+\boldsymbol{D})^{-1}|\neq 0$$

所以

$$|(\lambda_k(\boldsymbol{L}+\boldsymbol{D})+\boldsymbol{U})|=0 \tag{3-16}$$

因为

$$(\lambda_k(\boldsymbol{L}+\boldsymbol{D})+\boldsymbol{U})=\begin{pmatrix}\lambda_k a_{11} & a_{12} & a_{13} & \cdots & a_{1n}\\ \lambda_k a_{21} & \lambda_k a_{22} & a_{23} & \cdots & a_{2n}\\ \lambda_k a_{31} & \lambda_k a_{32} & \cdots & \cdots & a_{3n}\\ \vdots & \vdots & & & \vdots\\ \lambda_k a_{n1} & \lambda_k a_{n2} & \cdots & \cdots & \lambda_k a_{nn}\end{pmatrix}$$

且 $\boldsymbol{A}$ 为严格对角占优矩阵，假设 $|\lambda_k| \geqslant 1$，则有

$$|\lambda_k a_{ii}| = |\lambda_k||a_{ii}| > |\lambda_k| \sum_{n} |a_{ij}| = \sum_{n} |\lambda_k a_{ij}| \geqslant \sum_{j=1}^{i-1} |\lambda_k a_{ij}| + \sum_{j=i+1}^{n} |a_{ij}|$$

这说明 $(\lambda_k(\boldsymbol{L}+\boldsymbol{D})+\boldsymbol{U})$ 也为严格对角占优矩阵，由引理 3.2 知，

$$|(\lambda_k(\boldsymbol{L}+\boldsymbol{D})+\boldsymbol{U})| \neq 0$$

这与式(3-16) 相矛盾，因此 $|\lambda_k| < 1$。

由 λ_k 的任意性，可知 $\rho(\boldsymbol{B}_G) < 1$，由定理 3-3 知，线性方程组 $\boldsymbol{Ax}=\boldsymbol{b}$ 的 Gauss-Seidel 迭代法对任意初始向量 $\boldsymbol{x}^{(0)}$ 都收敛。

例 3-11 解方程组

$$\begin{cases} -x_1 + 9x_2 = 2 \\ -x_1 + 10x_3 = 20 \\ 7x_1 - x_2 + x_3 = 3 \end{cases}$$

(1) 建立迭代的 Jacobi 迭代法及 Gauss-Seidel 迭代法，并说明理由；

(2) 取 $\boldsymbol{x}^{(0)} = (0,0,0)^{\mathrm{T}}$，用建立的 Gauss-Seidel 迭代求原方程组的近似解，使 $\|\boldsymbol{x}^{(k+1)} - \boldsymbol{x}^{(k)}\|_\infty < 10^{-4}$。

解 (1) 把方程组的方程进行交换位置，变为如下等价形式：

$$\begin{cases} 7x_1 - x_2 + x_3 = 3 \\ -x_1 + 9x_2 = 2 \\ -x_1 + 10x_3 = 20 \end{cases}$$

显然，该方程组的系数矩阵为严格对角占优矩阵，由定理 3-3 知，Jacobi 迭法及 Gauss-Seidel 迭代法都收敛，迭代的格式分别为

$$\begin{cases} x_1^{(k+1)} = \dfrac{1}{7}(x_2^{(k)} - x_3^{(k)} + 3) \\ x_2^{(k+1)} = \dfrac{1}{9}(x_1^{(k)} + 2) \quad (k=0,1,2,\cdots) \\ x_3^{(k+1)} = \dfrac{1}{10}(x_1^{(k)} + 20) \end{cases}$$

和

$$\begin{cases} x_1^{(k+1)} = \dfrac{1}{7}(x_2^{(k)} - x_3^{(k)} + 3) \\ x_2^{(k+1)} = \dfrac{1}{9}(x_1^{(k+1)} + 2) \quad (k=0,1,2,\cdots) \\ x_3^{(k+1)} = \dfrac{1}{10}(x_1^{(k+1)} + 20) \end{cases}$$

(2) 取 $\boldsymbol{x}^{(0)}=(0,0,0)^{\mathrm{T}}$,用 Gauss - Seidel 迭代法,程序如下:

```
A = {{7., - 1,1},{- 1,9,0},{- 1,0,10}};b = {3,2,20};e = 10^ - 5;I1 = IdentityMatrix[3];
DD = {{A[[1,1]],0,0},{0,A[[2,2]],0},{0,0,A[[3,3]]}};
L = {{0,0,0},{A[[2,1]],0,0},{A[[3,1]],A[[3,2]],0}};
DDLN = Inverse[DD + L];BG = I1 - DDLN.A;Print["G - S迭代矩阵 BG = ",MatrixForm[BG]];
R = Max[Abs[Eigenvalues[N[BG]]]];f = DDLN.b;
Print["迭代矩阵的谱范数\[Rho](BG) = ",R];x0 = {0,0,0};
If[R < 1,x1 = BG.x0 + f;i = 1;
Print["迭代第",i,"次的近似解为:  x = ",x1,"     ","误差为:",Max[Abs[x1 - x0]]//N];
While[Max[Abs[x1 - x0]] > e,x0 = x1;x1 = BG.x0 + f//N;i = i + 1;
Print["迭代第",i,"次的近似解为:x = ",x1,"  ","误差为:",Max[Abs[x1 - x0]]//N]],Print["迭代不收敛!"]]
```

运行结果如下:

```
迭代第1次的近似解为:x = {0.428571,0.269841,2.04286}      误差为:2.04286
迭代第2次的近似解为:x = {0.175283,0.241698,2.01753}      误差为:0.253288
迭代第3次的近似解为:x = {0.174881,0.241653,2.01749}      误差为:0.000402044
迭代第4次的近似解为:x = {0.174881,0.241653,2.01749}      误差为:6.38166 * 10^ - 7.
```

由上面运行结果可知

$$\|\boldsymbol{x}^{(4)}-\boldsymbol{x}^{(3)}\|_{\infty}<10^{-4}$$

于是取 $x^{(4)}=(0.174881,0.241653,2.01749)$ 作为方程组的近似解。

定理 3-5　设有线性方程组 $\boldsymbol{Ax}=\boldsymbol{b}$,若 $\boldsymbol{A}$ 为对称正定矩阵,则用 Gauss - Seidel 迭代法解方程组收敛。

关于超松弛迭代法的收敛性,有以下定理。

定理 3-6　设 $\boldsymbol{A}\in\mathbf{R}^{n\times n}$,其对角元素 $a_{ii}\neq 0(i=1,2,\cdots,n)$,则对所有实数 ω,有

$$\rho(\boldsymbol{B}\omega)\geqslant|\omega-1|$$

定理 3-7　用 SOR 迭代法解方程组收敛的必要条件是 $0<\omega<2$。

证明　由题意,SOR 法解方程组收敛,设迭代矩阵为 **SOR**,则 $\rho(\mathbf{SOR})<1$。因为 $|\mathbf{SOR}|=|\lambda_1\lambda_2\cdots\lambda_n|\leqslant[\rho(\mathbf{SOR})]<1$,而

$$|\mathbf{SOR}|=|(\boldsymbol{D}+\omega\boldsymbol{L})^{-1}[(1-\omega)\boldsymbol{D}-\omega\boldsymbol{U}]|=(1-\omega)^n<1$$

所以 $|1-\omega|<1$,即 $0<\omega<2$。

定理 3-8　设有线性方程组 $\boldsymbol{Ax}=\boldsymbol{b}$,若 $\boldsymbol{A}$ 为对称正定阵,当 $0<\omega<2$ 时,SOR 迭代法收敛。

定义 3-8　如果矩阵 $\boldsymbol{A}$ 不能通过行的互换和相应的列互换成为

$$\boldsymbol{A}=\begin{pmatrix}\boldsymbol{A}_{11} & \boldsymbol{A}_{12}\\ \boldsymbol{O} & \boldsymbol{A}_{22}\end{pmatrix}$$

的形式，其中 $\boldsymbol{A}_{11}$，$\boldsymbol{A}_{12}$ 为方阵，则称 $\boldsymbol{A}$ 为不可约矩阵。

定理 3-9　设有线性方程组 $\boldsymbol{Ax}=\boldsymbol{b}$，若 $\boldsymbol{A}$ 为严格对角占优矩阵或不可约弱对角占优矩阵，则 Jacobi 迭代法和 Gauss－Seidel 迭代法均收敛。

定理 3-10　设有线性方程组 $\boldsymbol{Ax}=\boldsymbol{b}$，若 $\boldsymbol{A}$ 为严格对角占优矩阵或不可约弱对角占优矩阵，则当 $0<\omega<1$ 时，SOR 迭代法收敛。

小结及评注

本章介绍的迭代法是一种逐次逼近的方法，它的优点是：算法简单、占用内存小，便于在计算机上实现，因此它适合求解大型稀疏线性方程组。常用的迭代法有 Jacobi 迭代法、Gauss－Seidel 迭代法及 SOR 迭代法。

Jacobi 迭代法简单，并且有很好的并行性，很适合并行计算，但收敛速度较慢；Gauss－Seidel 迭代法是典型的串行算法，在 Jacobi 迭代法与 Gauss－Seidel 迭代法同时收敛的情况下，后者比前者收敛速度快，但两种迭代收敛域互不包含，不能互相代替。实际应用较多的是 SOR 迭代法，Gauss－Seidel 迭代法是 SOR 迭代法的特例，SOR 迭代法实际上是 Gauss－Seidel 迭代法的一种加速，但选取最佳松弛因子比较困难。

不论是直接法还是迭代法，了解方程组的性态是很重要的，而判别方程组的性态的矩阵条件数是一个重要的概念。对于迭代法来说，判别收敛的充分条件应该掌握好。对于良态方程组，根据系数矩阵的特性，可选取有效可靠的算法，得到满意的结果；而对病态方程组，实际计算时多数采用扩大运算字长，如采用双精度的方法，也能得到较精确的结果。

自主学习要点

1. 什么是向量和矩阵范数？要满足什么条件？
2. 什么是谱半径？谱半径是范数吗？为什么？
3. 什么是矩阵的条件数？如何判断线性方程组是病态的？
4. 如何用向量的范数判断向量序列的收敛性？
5. 用谱半径判断迭代收敛有什么不足？
6. 为什么用矩阵的范数判断迭代的收敛性？
7. 什么是 Jacobi 迭代？什么是 Gauss－Seidel 迭代？它们之间的迭代关系是什么？
8. Jacobi 迭代过程和 Gauss－Seidel 迭代过程，哪一个是串行算法，哪一个是并行算法？
9. Jacobi 迭代和 Gauss－Seidel 迭代的条件是什么？
10. 什么是 SOR 迭代法？如何选择超松弛因子？
11. SOR 与 Gauss－Seidel 迭代法有什么关系？
12. 哪些特殊矩阵可以保证迭代收敛？

习　题

1.（1）设 $\boldsymbol{x}=(3,-1,5,8)^{\mathrm{T}}$，求 $\|\boldsymbol{x}\|_1$，$\|\boldsymbol{x}\|_\infty$，$\|\boldsymbol{x}\|_2$；

（2）已知 $\boldsymbol{A}=\begin{pmatrix}4 & -3\\ -1 & 6\end{pmatrix}$，求 $\|\boldsymbol{A}\|_1$，$\|\boldsymbol{A}\|_\infty$，$\|\boldsymbol{A}\|_2$。

2. 若$\boldsymbol{A}=\begin{pmatrix}2a & a & 0\\ 0 & a & 0\\ 0 & 0 & a\end{pmatrix}$,试说明对任意实数$a\neq 0$,线性方程组$\boldsymbol{Ax}=\boldsymbol{b}$都是非病态的。(用$\|\cdot\|_{\infty}$。)

3. 给定线性方程组:

$$\begin{pmatrix}2 & 1\\ 1 & 1\end{pmatrix}\begin{pmatrix}x_1\\ x_2\end{pmatrix}=\begin{pmatrix}6\\ 9\end{pmatrix} \qquad (*)$$

将(*)式的第1个方程乘$\lambda(\lambda\neq 0)$后,得到

$$\begin{pmatrix}2\lambda & \lambda\\ 1 & 1\end{pmatrix}\begin{pmatrix}x_1\\ x_2\end{pmatrix}=\begin{pmatrix}6\lambda\\ 9\end{pmatrix} \qquad (**)$$

记(**)式的系数矩阵为$\boldsymbol{A}(\lambda)$。

(1) 求$\mathrm{Cond}_{\infty}(\boldsymbol{A}(\lambda))$;

(2) 求λ,使得$\mathrm{Cond}_{\infty}(\boldsymbol{A}(\lambda))$取最小值;

(3) 说明所得的结果有何意义。

4. 已知方程组

$$\begin{pmatrix}10 & 3 & 1\\ 2 & -10 & 3\\ 1 & 3 & 10\end{pmatrix}\begin{pmatrix}x_1\\ x_2\\ x_3\end{pmatrix}=\begin{pmatrix}14\\ -5\\ 14\end{pmatrix}$$

对于Jacobi迭代法和Gauss-Seidel迭代法求解下列问题:

(1) 两种迭代格式是否收敛?若收敛,请写出两种迭代格式的迭代矩阵及其∞-范数;

(2) 写出两种迭代格式的分量形式,取初始近似$\boldsymbol{x}^{(0)}=(0,0,0)^{\mathrm{T}}$,求迭代1次的近似解。

5. 已知下列2个三阶方程组:

① $\begin{cases}x_1+2x_2-2x_3=1\\ x_1+x_2+x_3=3\\ 2x_1+2x_2+x_3=5\end{cases}$,精确解$\boldsymbol{x}=\begin{pmatrix}1\\ 1\\ 1\end{pmatrix}$;

② $\boldsymbol{x}=\boldsymbol{Bx}+\boldsymbol{f}$,$\boldsymbol{B}=\begin{pmatrix}0 & 0.5 & -\frac{1}{\sqrt{2}}\\ 0.5 & 0 & 0.5\\ \frac{1}{\sqrt{2}} & 0.5 & 0\end{pmatrix}$,$\boldsymbol{f}=\begin{pmatrix}-0.5\\ 1\\ -0.5\end{pmatrix}$,精确解$\boldsymbol{x}=\begin{pmatrix}0\\ 1\\ 0\end{pmatrix}$。

(1) 分别写出方程组①和②的Jacobi迭代格式;

(2) 由初值$\boldsymbol{x}^{(0)}=(0,0,0)^{\mathrm{T}}$分别计算方程组①和②的前4个迭代值$\boldsymbol{x}^{(1)}$,$\boldsymbol{x}^{(2)}$,$\boldsymbol{x}^{(3)}$,$\boldsymbol{x}^{(4)}$;

(3) 分别求出两个迭代矩阵的谱半径；

(4) 证明求解 n 阶方程组 $\boldsymbol{x}=\boldsymbol{B}\boldsymbol{x}+\boldsymbol{f}$ 的迭代公式 $\boldsymbol{x}^{(k+1)}=\boldsymbol{B}\boldsymbol{x}^{(k)}+\boldsymbol{f}(k=0,1,\cdots$。如果谱半径 $\rho(\boldsymbol{B})=0$，则对任意初始向量 $\boldsymbol{x}^{(0)}$，迭代值 $\boldsymbol{x}^{(n)}$ 就是方程组的精确解.

实验题

1. 已知方阵 $\boldsymbol{A}=\begin{pmatrix}1 & 1\\ -3 & 3\end{pmatrix}$，求它的 4 种范数、谱半径和条件数。

2. 已知方程组 $\begin{cases}x_1+2x_2-2x_3=1\\ x_1+x_2+x_3=3\\ 2x_1+2x_2+x_3=5\end{cases}$，请用 Jacobi 迭代法和 Gauss-Seidel 迭代法求解。

第三模块　数值逼近

科学计算涉及三类数据处理问题，一是离散数据的连续化，二是连续数据的离散化，第三是连续数据的连续化。这三类问题都涉及函数逼近问题。

从实际应用的角度来看，被逼近的函数解析式不存在或很复杂，要解决这样的函数的最佳逼近问题，需要构造出最佳逼近元，并计算出最佳逼近值。一般说要精确解决这两个问题十分困难。这种情况促使人们为寻求最佳逼近元的近似表示和最佳逼近值的近似估计而设计出各种数值逼近的方法。通常采用的方法有插值法和拟合法。插值法是构造一条直接经过每一个数据点的曲线，而数据拟合是推导出能描述整个数据趋势的一条曲线。插值与拟合在工程与科学实验中有着广泛而重要的应用，如信息技术中的图像重建、图像放大中为避免图像扭曲失真的插值补点、建筑工程的外观设计、化学工程实验数据与模型分析、天文观测数据地理信息数据的处理（如天气预报）及社会经济现象的统计分析等。

数值逼近方法不限于函数的最佳逼近问题，在求导（微分的近似计算）、求积（积分的近似值计算）、求微分方程数值解中也都建立了相应的数值方法。近 20 年来，由于高速电子计算机的广泛应用，数值逼近理论和方法的研究发展很快，成为计算数学和应用数学的重要分支。

本模块主要介绍数值逼近的应用背景、思想方法，并针对不同数值问题介绍了不同的算法。对于离散数据可以采用插值法或拟合法来处理，对于复杂的连续函数可以采用简单连续函数来逼近。

本模块旨在培养学生的数值逼近思想，掌握数值逼近的算法设计方法，具备科学的程序设计能力和创新意识。

第4章　插值法

4.1　插值法及有关概念

4.1.1　问题背景

一般地，可以由函数式 $y=f(x)$ 表示两个变量 x,y 之间的内在关系，然而在实际问题中，可能会出现如下两种情况：一是由实验观测得到的一组离散数据，是以表格形式出现的，显然，这种变量之间的函数解析式未知；二是已知某种函数解析式，但这种函数解析式太复杂，我们只知道一些特殊点的函数值，利用这种具有复杂解析式的函数进行计算是复杂的，对它进行求导和求积也不是很方便。针对上述两种情况，我们想要计算任一点处的函数值是困难的。能否找到一种简单连续函数来近似代替上面两种类型的函数？本章主要介绍一种寻找经过所有数据点的近似曲线的方法，即插值法。

【案例 1】高速列车直道转弯缓和曲线设计：我国铁路上常用的缓和曲线是三次抛物线型，其方程式为

$$y=\frac{x^3}{6C}$$

其中，C 为三次抛物线参数，C 的值越大缓和曲线越缓。

现测得某段铁路直道变弯道缓和曲线的关键点坐标(见表 4-1)，试求该缓和曲线的方程式，并计算在 $x=123.5$ 处 y 的值。

表 4-1　缓和曲线的关键点坐标

$x_i(m)$	0	60	120	180
$y_i(m)$	0	0.45	3.60	12.15

【案例 2】水库蓄水问题：某县城一水库上游河段连降暴雨，根据测算在 t_i 时刻上游流入水库的流量 $Q(t_i)(10^2\mathrm{m}^3/\mathrm{s})$ 见表 4-2 所列，试估计在 14 时和 20 时上游流入水库的流量。

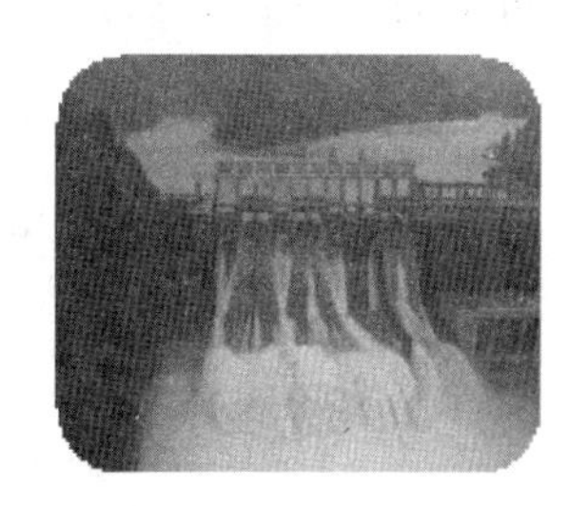

表 4-2 t_i 时刻上游流入水库的流量

t_i	6	12	18
$Q(t_i)$	32	54	76

4.1.2 插值法

设函数 $f(x)$ 在区间$[a,b]$上的 $n+1$ 个互异节点 $x_0,x_1,\cdots,x_n$ 处的函数值为 y_0，$y_1,\cdots,y_n$，构造一个便于计算的简单连续函数 $p(x)$ 去替代函数 $f(x)$，使得

$$p(x_i)=f(x_i)\quad(i=0,1,\cdots,n) \tag{4-1}$$

这种求 $p(x)$ 的方法称为插值法，其中 $f(x)$ 是被插值函数，$p(x)$ 是插值函数，$x_0,x_1,\cdots,x_n$ 是插值节点，$[a,b]$ 是插值区间，且式(4-1)称为插值条件。

选择什么样的插值函数取决于实际情况，可以是代数多项式，可以是三角多项式或有理函数，可以是任意区间上的光滑函数，也可以是分段光滑函数。对于同一个被插值函数来说，用不同的插值函数 $p(x)$ 逼近 $f(x)$ 效果是不同的，当选择 $p(x)$ 为代数多项式时就称为代数多项式插值。

4.1.3 代数多项式插值

定义 4-1 设函数 $y=f(x)$ 在区间$[a,b]$上有定义，且已知它在点 $x_0,x_1,\cdots,x_n$ 上的函数值 $y_0,y_1,\cdots,y_n$，若存在一个次数不超过 n 的多项式

$$p_n(x)=a_0+a_1x+\cdots+a_nx^n \tag{4-2}$$

其中 a_i 是实数，满足条件

$$p_n(x_i)=f(x_i)=y_i\quad(i=0,1,\cdots,n)$$

则称 $p_n(x)$ 为函数 $f(x)$ 的 n 次代数插值多项式。

代数插值的几何意义：通过平面上给定的 $n+1$ 个互异点$(x_i,y_i)(i=0,1,\cdots,n)$，作一条 n 次代数曲线 $y=p_n(x)$ 近似表示曲线 $y=f(x)$，如图 4-1 所示。

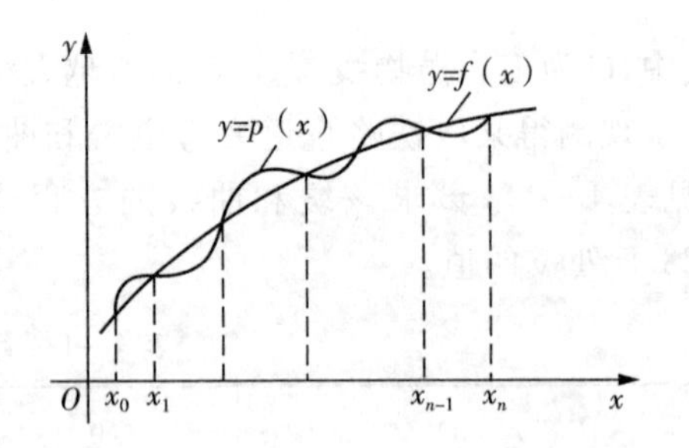

图 4-1 代数多项式插值

定理 4-1 若 $x_0,x_1,\cdots,x_n$ 是互异点，则满足插值条件的多项式存在且唯一。

证明 设 n 次多项式 $p(x)=a_0+a_1x+\cdots+a_nx^n$ 是函数 $y=f(x)$ 在$[a,b]$上经过 $n+1$ 个互异节点 $x_i(i=0,1,\cdots,n)$ 的插值多项式，由插值条件可得关于系数 a_i 的 $n+1$ 阶线性方程组

$$\begin{cases}a_0+a_1x_0+a_2x_0^2+\cdots+a_nx_0^n=y_0\\ a_0+a_1x_1+a_2x_1^2+\cdots+a_nx_1^n=y_1\\ \cdots\cdots\\ a_0+a_1x_n+a_2x_n^2+\cdots+a_nx_n^n=y_n\end{cases} \tag{4-3}$$

易知，上述方程组(4-3)的系数行列式是范德蒙行列式，即

$$V(x_0,x_1,\cdots,x_n)=\begin{vmatrix}1 & x_0 & x_0^2 & \cdots & x_0^n\\1 & x_1 & x_1^2 & \cdots & x_1^n\\\vdots & \vdots & \vdots & & \vdots\\1 & x_n & x_n^2 & \cdots & x_n^n\end{vmatrix}=\prod_{0\leqslant j<i\leqslant n}(x_i-x_j) \tag{4-4}$$

由于 x_i 又为互异的节点，所以有 $V(x_0,x_1,\cdots,x_n)\neq 0$，由 Cramer 法则知，该方程组的解 $a_0,a_1,\cdots,a_n$ 存在且唯一，从而 $p(x)$ 被唯一确定。

例 4-1 已知 $f(-1)=-7, f(0)=4, f(1)=5, f(2)=26$，求三次代数插值多项式 $p_3(x)$，并计算 $f(1.5)$ 的近似值。

解 设 $p_3(x)=a_0+a_1x+a_2x^2+a_3x^3$，由插值条件可得

$$\begin{cases}a_0-a_1+a_2-a_3=-7\\a_0=4\\a_0+a_1+a_2+a_3=5\\a_0+2a_1+4a_2+8a_3=26\end{cases}$$

解得

$$a_0=4, a_1=1, a_2=-5, a_3=5$$

故

$$p_3(x)=4+x-5x^2+5x^3$$

从而，有 $f(1.5)\approx p_3(1.5)=11.125$。

例 4-1 的数据点和插值多项式曲线如图 4-2 所示。

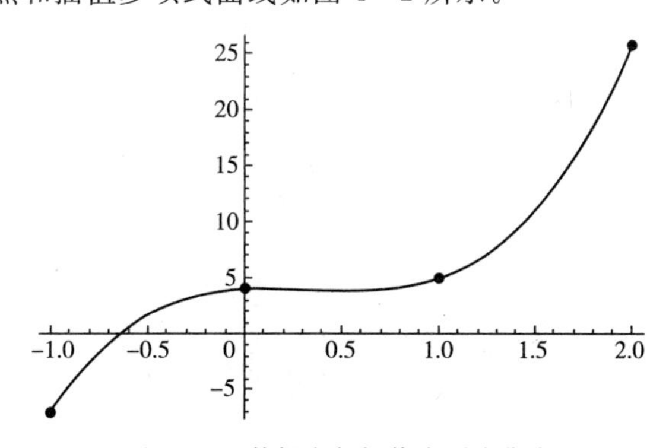

图 4-2 数据点与插值多项式曲线

注 例 4-1 是通过求解关于插值多项式系数的线性方程组的方式，得到相应的插值多项式，当插值点很多时，就需要解超大规模的线性方程组，可以利用第 1、2 章所学的求解方程组的方法，但是解的代价也是比较大的。能否不解方程组，就可以求出插值多项式？下面的几节给出了几种插值方法。

4.2 拉格朗日插值

4.2.1 拉格朗日插值公式

1. 两点插值

已知两点(x_0,y_0)和(x_1,y_1),求$L_1(x)=a_0+a_1x$,使得$L_1(x_0)=y_0$,$L_1(x_1)=y_1$,可见$L_1(x)$是过(x_0,y_0)和(x_1,y_1)两点的直线,则直线方程可表示为

$$L_1(x)=y_0+\frac{y_1-y_0}{x_1-x_0}(x-x_0) \tag{4-5}$$

式(4-3)也可以改写为$L_1(x)=\frac{x-x_1}{x_0-x_1}y_0+\frac{x-x_0}{x_1-x_0}y_1$。

若记$l_0(x)=\frac{x-x_1}{x_0-x_1}$,$l_1(x)=\frac{x-x_0}{x_1-x_0}$,则$l_0(x_0)=1$,$l_0(x_1)=0$,$l_1(x_0)=0$,$l_1(x_1)=1$,即$l_i(x_j)=\delta_{ij}=\begin{cases}1,i=j\\0,i\neq j\end{cases}$,称$l_i(x)$为一次拉格朗日(Lagrange)插值基函数。

因此,$L_1(x)=l_0(x)y_0+l_1(x)y_1=\sum_{i=0}^{1}l_i(x)y_i$,称$L_1(x)$为$f(x)$在节点$x_0$和$x_1$处的一次Lagrange插值多项式,也称为线性插值。

2. 三点插值

已知3个点(x_0,y_0)、(x_1,y_1)和(x_2,y_2),求二次函数$L_2(x)=a_0+a_1x+a_2x^2$,使得$L_2(x_0)=y_0$,$L_2(x_1)=y_1$,$L_2(x_2)=y_2$。

令$L_2(x)=l_0(x)y_0+l_1(x)y_1+l_2(x)y_2$,其中$l_i(x_j)=\delta_{ij}=\begin{cases}1,i=j\\0,i\neq j\end{cases}$。设

$$l_0(x)=A(x-x_1)(x-x_2) \tag{4-6}$$

当$x=x_0$时,有$l_0(x_0)=A(x_0-x_1)(x_0-x_2)=1$,得

$$A=\frac{1}{(x_0-x_1)(x_0-x_2)}$$

从而,有

$$l_0(x)=\frac{(x-x_1)(x-x_2)}{(x_0-x_1)(x_0-x_2)} \tag{4-7}$$

同理,有

$$l_1(x)=\frac{(x-x_0)(x-x_2)}{(x_1-x_0)(x_1-x_2)},l_2(x)=\frac{(x-x_0)(x-x_1)}{(x_2-x_0)(x_2-x_1)}$$

称$L_2(x)=l_0(x)y_0+l_1(x)y_1+l_2(x)y_2$为$f(x)$在节点$x_0$、$x_1$和$x_2$的二次Lagrange插值多项式。

3. $n+1$ 个节点的插值

已知 $n+1$ 个互异节点 $(x_0,y_0),(x_1,y_1),\cdots,(x_n,y_n)$，求次数不超过 n 的插值多项式 $L_n(x)$，使得 $L_n(x_i)=y_i(i=0,1,\cdots,n)$。

令 $L_n(x)=\sum_{i=1}^{n}l_i(x)y_i$，其中 $l_i(x_j)=\delta_{ij}=\begin{cases}1,i=j\\0,i\neq j\end{cases}$。根据 $l_i(x)$ 以 $x_0,x_1,\cdots,x_{i-1}$，$x_{i+1},\cdots,x_n$ 为零点，因此，可设

$$l_i(x)=A_i(x-x_0)\cdots(x-x_{i-1})(x-x_{i+1})\cdots(x-x_n) \tag{4-8}$$

再利用 $l_i(x_i)=1$，得到

$$A_i=\frac{1}{(x_i-x_0)\cdots(x_i-x_{i-1})(x_i-x_{i+1})\cdots(x_i-x_n)}\quad(i=0,1,\cdots,n) \tag{4-9}$$

因此，有

$$l_i(x)=\frac{(x-x_0)\cdots(x-x_{i-1})(x-x_{i+1})\cdots(x-x_n)}{(x_i-x_0)\cdots(x_i-x_{i-1})(x_i-x_{i+1})\cdots(x_i-x_n)}\quad(i=0,1,\cdots,n) \tag{4-10}$$

满足插值条件 $L_n(x_i)=y_i(i=0,1,\cdots,n)$ 的插值多项式 $L_n(x)$ 可以表示成基函数 $l_i(x)$ 的线性组合，即

$$L_n(x)=\sum_{i=0}^{n}l_i(x)y_i \tag{4-11}$$

式(4-11)称为 n 次 Lagrange 插值多项式(Lagrange Interpolating Polynomial)或 Lagrange 插值公式(Lagrange Interpolating Formula)，式(4-10)为 Lagrange 插值基函数。

为了简化表示，记

$$\omega_n(x)=(x-x_0)(x-x_1)\cdots(x-x_n)$$

则基函数可以表示成

$$l_i(x)=\frac{\omega_n(x)}{(x-x_i)\omega_i'(x_i)}\quad(i=0,1,2,\cdots,n) \tag{4-12}$$

因此，式(4-11)可表示成

$$L_n(x)=\sum_{i=0}^{n}y_i\frac{\omega_n(x)}{(x-x_i)\omega_n'(x_i)} \tag{4-13}$$

当用式(4-13)计算函数 $f(x)$ 的近似值时，每计算一个函数值大约需要 $2n^2$ 次乘除法运算。

由式(4-11)可知，Lagrange 插值法是直接用基函数与节点处函数值线性组合表示插值多项式。Lagrange 插值基函数结构紧凑、公式对称，与插值节点的编号无关；Lagrange 插值公式为显式表示，对于理论分析是非常方便的。然而，我们也注意到 Lagrange 插值基函数没有承袭性，即每增加一个节点，基函数都要重新计算，增加了计算量。

例 4-2　已知 $f(-1)=-7,f(0)=4,f(1)=5,f(2)=26$，求三次 Lagrange 插值多项

式 $L_3(x)$，并计算 $f(1.5)$ 的近似值。

解 令 $x_0=-1, y_0=-7, x_1=0, y_1=4, x_2=1, y_2=5, x_3=2, y_3=26$。于是，Lagrange 基函数为

$$l_0(x)=\frac{(x-x_1)(x-x_2)(x-x_3)}{(x_0-x_1)(x_0-x_2)(x_0-x_3)}=-\frac{1}{6}(-2+x)(-1+x)x$$

同理，可得

$$l_1(x)=\frac{1}{2}(-2+x)(-1+x)(1+x)$$

$$l_2(x)=-\frac{1}{2}(-2+x)x(1+x)$$

$$l_3(x)=\frac{1}{6}(-1+x)x(1+x)$$

故

$$\begin{aligned}L_3(x)&=\sum_{i=0}^{3}l_i(x)f(x_i)\\&=\frac{7}{6}(-2+x)(-1+x)x+2(-2+x)(-1+x)(1+x)\\&\quad-\frac{5}{2}(-2+x)x(1+x)+\frac{13}{3}(-1+x)(-1+x)(1+x)\\&=4+x-5x^2+5x^3\end{aligned}$$

因此，在 $x=1.5$ 处的近似值为 $f(1.5)\approx L_3(1.5)=11.125$。

这个结果与例 4-1 的结果是一致的，为什么？

Mathematica 程序如下：

```
xn = {-1,0,1,2};yn = {-7,4,5,26};n = Length[xn];
w[x_]: = Product[(x - xn[[i]]),{i,1,n}];
Dw[x_]: = D[w[x],x];
l[i_,x_]: = w[x]/((x - xn[[i]])(Dw[x]/. x -> xn[[i]]));
For[i = 1,i <= n,i ++,Print["3 次 lagarange 插值基函数为 l[",i,",x] = ",l[i,x]]];
L3[x_]: = Sum[l[i,x]yn[[i]],{i,1,n}];
A = Table[{xn[[i]],yn[[i]]},{i,1,n}];
g1 = Graphics[{PointSize[0.02],Blue,Point[A]}];
g2 = Plot[L3[t]/. t -> x,{x,xn[[1]],xn[[n]]},PlotStyle -> {Red,Thickness[0.005]}];
Print["3 次 lagarange 插值基函数为 L3[x] = ",Expand[L3[x]],{i,1,n}];
Print["x = 1.5 近似值为 L3[x] = ",L3[t]/. t -> 1.5];
Print[" 数据点与 3 次 lagarange 插值函数的图像为:"];
Show[g2,g1]
```

运行结果如下：

```
3 次 lagarange 插值基函数为 l[1,x] = -(1/6)(-2 + x)(-1 + x)x
3 次 lagarange 插值基函数为 l[2,x] = 1/2(-2 + x)(-1 + x)(1 + x)
3 次 lagarange 插值基函数为 l[3,x] = -(1/2)(-2 + x)x(1 + x)
3 次 lagarange 插值基函数为 l[4,x] = 1/6(-1 + x)x(1 + x)
3 次 lagarange 插值基函数为 L3[x] = 4 + x - 5 x^2 + 5 x^3
x = 1.5 近似值为 L3[x] = 11.125
```

数据点与 3 次 Lagarange 插值多项式函数曲线如图 4－3 所示。

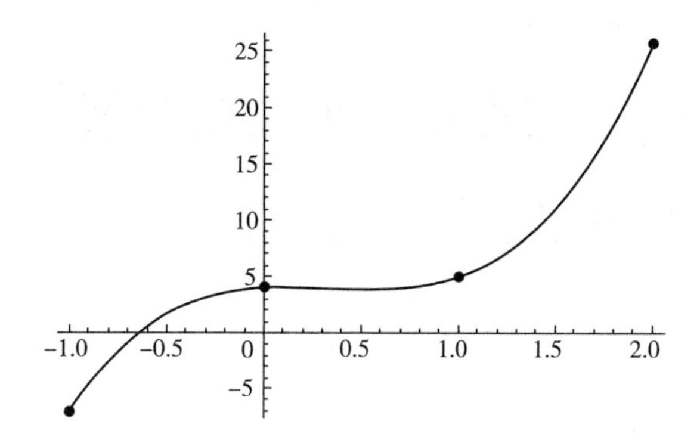

图 4－3　数据点与 3 次 Lagrange 插值多项式曲线

4.2.2　插值余项定理

定理 4－3　设 $x_0, x_1, \cdots, x_n$ 为区间 $[a,b]$ 上 $n+1$ 个互异的节点，$f(x) \in C^{n+1}[a,b]$，存在 $\xi_x \in [x_0, x_1, \cdots, x_n]$，使得误差 $R_n(x) = f(x) - L_n(x)$，且满足

$$R_n(x) = \frac{f^{(n+1)}(\xi_x)}{(n+1)!}\omega_{n+1}(x) \tag{4-14}$$

证明　当 $x = x_i$ 时，$R_n(x_i) = 0$，即 $R_n(x)$ 至少有 $n+1$ 个互异的零点，所以具有以下的形式：

$$R_n(x) = k(x)\omega_{n+1}(x), x \in [a,b]$$

其中 $k(x)$ 为待定系数。引入辅助函数

$$F(t) = f(t) - L_n(t) - k(x)\omega_{n+1}(t)$$

此处，视 x 为异于节点的一固定点。这样，$F(t)$ 至少有 $n+2$ 个互异的零点：$x, x_0, x_1, \cdots, x_n$。假定 $f(t)$ 在 (a,b) 内 $n+1$ 次可微，则 $F(t)$ 在 (a,b) 内也是 $n+1$ 次可微。根据罗尔(Rolle) 定理，$F'(t)$ 在 (a,b) 内至少有 $n+1$ 个互异的零点，$F''(t)$ 在 (a,b) 内至少有 n 个互异的零点，依此类推，$F^{(n+1)}(t)$ 在 (a,b) 上至少有一个零点 ξ。注意到 $L_n^{(n+1)}(t) = 0$，所以有

$$F^{(n+1)}(\xi) = f^{(n+1)}(\xi) - (n+1)!\ k(x) = 0$$

即

$$k(x) = \frac{f^{(n+1)}(\xi)}{(n+1)!}$$

于是，$R_n(x)=\dfrac{f^{(n+1)}(\xi_x)}{(n+1)!}\omega_n(x)$。

一般地，我们不能确定 ξ_x 的具体位置，因而 $f^{(n+1)}(\xi_x)$ 的值也是未知的。然而，如果能够估计 $|f^{(n+1)}(\xi_x)|\leqslant M$，则可以把 $\dfrac{M}{(n+1)!}|\omega_n(x)|$ 作为误差估计上限。

例 4-3 已知 $\sqrt{100}=10$，$\sqrt{121}=11$，$\sqrt{144}=12$，试用 2 次 Lagrange 插值求 $\sqrt{115}$ 的近似值，并估计误差。

解 设 $f(x)=\sqrt{x}$，则

$$L_2(x)=\frac{(x-121)(x-144)}{(100-121)\times(100-144)}\times 10+\frac{(x-100)(x-144)}{(121-100)\times(121-144)}\times 11$$

$$+\frac{(x-100)(x-121)}{(144-100)\times(144-121)}\times 12$$

$$=\frac{660}{161}+\frac{727}{10626}x-\frac{1}{10626}x^2$$

因此，有 $\sqrt{115}\approx L_2(115)\approx 10.72275551$。

又因为 $f'''(x)=\dfrac{3}{8x^2\sqrt{x}}$，并由插值余项公式可得

$$|R_2(115)|=\frac{1}{3!}\left|\frac{3}{8\xi^2\sqrt{\xi}}\right||(115-100)\times(115-121)\times(115-144)|$$

$$\leqslant\frac{15\times 6\times 29\times 3}{4800000}=0.00163125\leqslant 0.5\times 10^{-2}$$

由余项定理可知，若被插值函数不存在或不可导，则无法估计插值余项。下面给出实用的误差估计方法。

假设插值条件中包含 $n+2$ 组数据：$f(x_i)=y_i(i=0,1,\cdots,n+1)$，则有

$$f(x)-L_n(x)=\frac{1}{(n+1)!}f^{(n+1)}(\xi)(x-x_0)(x-x_1)\cdots(x-x_n)\tag{4-15}$$

$$f(x)-L_n^*(x)=\frac{1}{(n+1)!}f^{(n+1)}(\xi^*)(x-x_1)(x-x_2)\cdots(x-x_{n+1})\tag{4-16}$$

设 $f^{(n+1)}(\xi)=f^{(n+1)}(\xi^*)$，由式(4-15)～式(4-16)，得

$$L_n^*(x)-L_n(x)=\frac{1}{(n+1)!}f^{(n+1)}(\xi)(x-x_1)\cdots(x-x_n)(x_{n+1}-x_0)$$

所以，有

$$\frac{1}{(n+1)!}f^{(n+1)}(\xi)(x-x_1)\cdots(x-x_n)=\frac{L_n^*(x)-L_n(x)}{x_{n+1}-x_0}$$

于是，可得

$$R_n(x)=f(x)-L_n(x)\approx\frac{L_n^*(x)-L_n(x)}{x_{n+1}-x_0}(x-x_0)$$

$$R_n^*(x)=f(x)-L_n^*(x)\approx\frac{L_n^*(x)-L_n(x)}{x_{n+1}-x_0}(x-x_{n+1})$$

例 4-4 已知 $f(0)=2,f(1)=3,f(2)=12$，利用 Lagrange 插值法计算未知函数 $y=f(x)$ 在 $x=1.2078$ 处 $f(1.2078)$ 的近似值，并估计误差。

解 利用前两个点，构建一次 Lagrange 插值多项式为

$$L_1(x)=\frac{x-1}{0-1}f(0)+\frac{x-0}{1-0}f(1)=x+2$$

利用后两个点，构建一次 Lagrange 插值多项式为

$$L_1^*(x)=\frac{x-2}{1-2}f(1)+\frac{x-1}{2-1}f(2)=9x-6$$

由于 $1<1.2078<2$，所以选择 $L_1^*(x)$ 作为近似函数，则有

$$\begin{aligned}R_1^*(1.2078)&=f(1.2078)-L_1^*(1.2078)\\&\approx\frac{L_1^*(1.2078)-L_1(1.2078)}{2-1}\times(1.2078-2)\\&=-0.65847664\end{aligned}$$

推论 若 $f(x)$ 是次数不超过 n 次的多项式函数，$L_n(x)$ 为 $f(x)$ 的 n 次 Lagrange 插值多项式，则 $L_n(x)\equiv f(x)$。

定理 4-2 (1) $\sum_{j=0}^{n}l_j(x)\equiv 1$；

(2) $\sum_{j=0}^{n}l_j(x)x_j^k\equiv x^k\quad(k=0,1,\cdots,n)$；

(3) $\sum_{j=0}^{n}(x_j-x)^k l_j(x)\equiv 0\quad(k=0,1,\cdots,n)$。

证明 (1) 令 $f(x)\equiv 1$，则 $y_j=f(x_j)=1\quad(j=0,1,\cdots,n)$，则由上述推论知，$f(x)$ 的 n 次 Lagrange 插值多项式为 $p_n(x)=\sum_{j=0}^{n}y_jl_j(x)\equiv f(x)\equiv 1$，即 $\sum_{j=0}^{n}l_j(x)\equiv 1$。

(2) 对 $k=0,1,\cdots,n$，令 $f(x)\equiv x^k$，则 $y_j=f(x_j)=x_j^k(j=0,1,\cdots,n)$，则由上述推论知，$f(x)$ 的 n 次 Lagrange 插值多项式为 $L_n(x)=\sum_{j=0}^{n}y_jl_j(x)\equiv f(x)=x^k$，即 $\sum_{j=0}^{n}l_j(x)x_j^k\equiv x^k$。

(3) 对 $k=0,1,\cdots,n$，有

$$\begin{aligned}\sum_{j=0}^{n}(x_j-x)^k l_j(x)&=\sum_{j=0}^{n}\left[\sum_{i=0}^{k}C_k^i x_j^i(-x)^{k-i}\right]l_j(x)=\sum_{i=0}^{k}C_k^i(-x)^{k-i}\left[\sum_{j=0}^{n}x_j^i l_j(x)\right]\\&=\sum_{i=0}^{k}C_k^i x^i(-x)^{k-i}=(x-x)^k\equiv 0\end{aligned}$$

Lagrange 插值多项式不用解方程组，而是直接利用求出的插值函数的线性组合来表示插值多项式。Lagrange 插值多项式构造简单，形式对称，它为显式表示，便于理论研究。但是由于 Lagrange 插值基函数不具有继承性，即每增加一个节点，插值基函数要重新计算。

4.3 牛顿插值

4.3.1 差商及其性质

1. 差商的定义

定义 4-2 设 $x_0, x_1, \cdots, x_n$ 是一组互异节点，$y_i = f(x_i)(i=0,1,2,\cdots,n)$，称

$$f[x_0, x_1] = \frac{f(x_1) - f(x_0)}{x_1 - x_0} \tag{4-17}$$

为 $f(x)$ 在 x_0, x_1 处的一阶差商(First Divided Difference)。

$$f[x_0, x_1, x_2] = \frac{f[x_2, x_1] - f[x_1, x_0]}{x_2 - x_0} \tag{4-18}$$

为 $f(x)$ 在 x_0, x_1, x_2 处的二阶差商(Second Divided Difference)。

一般地，$f(x)$ 在 $x_0, x_1, \cdots, x_n$ 处的 $n-1$ 阶差商是 n 阶差商(n - th Divided Difference)，即

$$f[x_0, x_1, \cdots, x_n] = \frac{f[x_1, x_2, \cdots, x_n] - f[x_0, x_1, \cdots, x_{n-1}]}{x_n - x_0} \tag{4-19}$$

2. 差商的性质

(1) 若 $F(x) = Cf(x)$，C 是常数，则 $F[x_0, x_1, \cdots, x_k] = Cf[x_0, x_1, \cdots, x_k]$。

(2) 若 $F(x) = f(x) + g(x)$，则 $F[x_0, x_1, \cdots, x_k] = f[x_0, x_1, \cdots, x_k] + g[x_0, x_1, \cdots, x_k]$。

(3) $f[x_0, x_1, \cdots, x_k] = \sum\limits_{j=0}^{k} \dfrac{f(x_j)}{\omega'_k(x_j)}$ $(k = 1, 2, \cdots, n)$，其中 $\omega_k(x_j) = (x - x_0)(x - x_1)\cdots(x - x_k)$，$\omega'_k(x_j) = (x_j - x_0)\cdots(x_j - x_{j-1})(x_j - x_{j+1})\cdots(x_j - x_k)$。

例如，$f[x_0, x_1, x_2] = \dfrac{f(x_0)}{(x_0 - x_1)(x_0 - x_2)} + \dfrac{f(x_1)}{(x_1 - x_0)(x_1 - x_2)} + \dfrac{f(x_2)}{(x_2 - x_0)(x_2 - x_1)}$。

(4) 差商具有对称性，即当任意调换 k 阶差商 $f[x_0, x_1, \cdots, x_k]$ 中 $x_0, x_1, \cdots, x_k$ 的位置时，其差商值不变。

(5) 若 $f[x, x_0, \cdots, x_k]$ 是关于 x 的 m 次多项式，则 $f[x, x_0, \cdots, x_{k+1}]$ 是关于 x 的 $m-1$ 次多项式。

证明 事实上，

$$f[x,x_0,\cdots,x_{k+1}]=\frac{f[x_0,x_1,\cdots,x_{k+1}]-f[x,x_0,\cdots,x_k]}{x_{k+1}-x}$$

$$=\frac{f[x,x_0,\cdots,x_k]-f[x_0,x_1,\cdots,x_{k+1}]}{x-x_{k+1}}$$

记 $F(x)=f[x,x_0,\cdots,x_k]-f[x_0,x_1,\cdots,x_{k+1}]$，则 $F(x)$ 是关于 x 的 m 次多项式。

因为 $F(x_{k+1})=f[x_{k+1},x_0,\cdots,x_k]-f[x_0,x_1,\cdots,x_{k+1}]=0$，所以 $F(x)=(x-x_{k+1})g(x)$，其中 $g(x)$ 是关于 x 的 $m-1$ 次多项式。于是 $f[x,x_0,\cdots,x_{k+1}]=g(x)$ 是关于 x 的 $m-1$ 次多项式。

(6) 若 $f(x)=\varphi(x)\psi(x)$，$f[x_0,x_1,\cdots,x_k]=\sum_{j=0}^{k}\varphi[x_0,x_1,\cdots,x_j]\psi[x_j,x_{j+1},\cdots,x_k]$。

3. 重节点的差商

$$f[x_0,x_0]=\lim_{x_1\to x_0}f[x_0,x_1]=\lim_{x_1\to x_0}\frac{f(x_1)-f(x_0)}{x_1-x_0}=f'(x_0)$$

一般地，$f[x,x,x_0,\cdots,x_k]=\frac{\mathrm{d}}{\mathrm{d}x}f[x,x_0,\cdots,x_k]$。

4. 差商的计算

实际计算时，一般利用差商表计算差商，见表 4-3 所列。

表 4-3 差商表

x_i	$f(x_i)$	一阶差商	二阶差商		n 阶差商
x_0	$f(x_0)$				
x_1	$f(x_1)$	$f[x_0,x_1]$			
x_2	$f(x_2)$	$f[x_1,x_2]$	$f[x_0,x_1,x_2]$	⋮	
⋮	⋮	⋮	⋮		
x_n	$f(x_n)$	$f[x_{n-1},x_n]$	$f[x_{n-2},x_{n-1},x_n]$		$f[x_0,x_1,x_2,\cdots,x_n]$

例 4-5 已知 $f(x)=2018x^2+2019x+2020$，求差商 $f[2^0,2^1]$，$f[2^0,2^1,2^2]$ 和 $f[2^0,2^1,2^2,2^3]$。

解 由定义可得 $f[2^0,2^1]=\frac{f(2^1)-f(2^0)}{2^1-2^0}=8073$，又 $f'(x)=4036x+2019$，$f''(x)=4036$，$f'''(x)=0$，由性质(5)知，$f[2^0,2^1,2^2]=\frac{f''(x)}{2!}=2018$，$f[2^0,2^1,2^2,2^3]=0$。

例 4-6 已知 $f(-1)=-7$，$f(0)=4$，$f(1)=5$，$f(2)=26$，求 $f[-1,0]$，$f[-1,0,1]$ 和 $f[-1,0,1,2]$。

解 各阶差商见表 4-4 所列。

表 4-4　例 4-6 差商表

x	y	一阶差商	二阶差商	三阶差商
$x_0=-1$	$y_0=\boxed{-7}$			
$x_1=0$	$y_1=4$	$f[x_0,x_1]=\boxed{11}$		
$x_2=1$	$y_2=5$	$f[x_1,x_2]=1$	$f[x_0,x_1,x_2]=\boxed{-5}$	
$x_3=2$	$y_3=26$	$f[x_2,x_3]=21$	$f[x_1,x_2,x_3]=10$	$f[x_0,x_1,x_2,x_3]=\boxed{5}$

所以，$f[-1,0]=11$，$f[-1,0,1]=-5$，$f[-1,0,1,2]=5$。

4.3.2　牛顿插值公式

定理 4-4　设 $x_0,x_1,\cdots,x_n$ 是一组互异的节点，$y_i=f(x_i)(i=0,1,\cdots,n)$，则 n 次多项式

$$N_n(x)=f(x_0)+f[x_0,x_1](x-x_0)+f[x_0,x_1,x_2](x-x_0)(x-x_1)+\cdots+f[x_0,x_1,\cdots,x_n](x-x_0)(x-x_1)\cdots(x-x_{n-1}) \tag{4-20}$$

满足插值条件 $N_n(x_i)=y_i\ (i=0,1,\cdots,n)$，并称式(4-20)为牛顿(Newton)插值多项式(Newton Interpolating Polynomial)，且余项为

$$R_n(x)=f(x)-N_n(x)=f[x_0,x_1,\cdots,x_n,x](x-x_0)(x-x_1)\cdots(x-x_n) \tag{4-21}$$

证明　因为 $f[x_0,x]=\dfrac{f(x)-f(x_0)}{x-x_0}$，所以

$$f(x)=f(x_0)+f[x_0,x](x-x_0) \tag{4-22}$$

其中，$N_0(x)=f(x_0)$，$R_0(x)=f(x)-N_0(x)=f[x_0,x](x-x_0)$。

因为 $f[x_0,x_1,x]=f[x_1,x_0,x]=\dfrac{f[x_0,x]-f[x_1,x_0]}{x-x_1}=\dfrac{f[x_0,x]-f[x_0,x_1]}{x-x_1}$，所以，有 $f[x_0,x]=f[x_0,x_1]+f[x_0,x_1,x](x-x_1)$，代入式(4-22)，得

$$f(x)=f(x_0)+f[x_0,x_1](x-x_0)+f[x_0,x_1,x](x-x_0)(x-x_1) \tag{4-23}$$

其中，$N_1(x)=f(x_0)+f[x_0,x_1](x-x_0)$，$R_1(x)=f(x)-N_1(x)=f[x_0,x_1,x](x-x_0)(x-x_1)$。

依此类推，可得

$$\begin{aligned}f(x)=&f(x_0)+f[x_0,x_1](x-x_0)+f[x_0,x_1,x](x-x_0)(x-x_1)+\cdots\\&+f[x_0,x_1,\cdots,x_n](x-x_0)(x-x_1)\cdots(x-x_{n-1})\\&+f[x_0,x_1,\cdots,x_n,x](x-x_0)(x-x_1)\cdots(x-x_n)\end{aligned}$$

其中，$N_n(x)=f(x_0)+f[x_0,x_1](x-x_0)+f[x_0,x_1,x_2](x-x_0)(x-x_1)+\cdots+f[x_0,x_1,\cdots,x_n](x-x_0)(x-x_1)\cdots(x-x_{n-1})$

$R_n(x)=f(x)-N_n(x)=f[x_0,x_1,\cdots,x_n,x](x-x_0)(x-x_1)\cdots(x-x_n)$

由 4.1 节的插值问题解的唯一性可知，显然，Newton 插值公式与 Lagrange 插值公式

本质上是同一种代数插值多项式，只是形式表达不一样而已。Newton 插值公式既具有 Lagrange 插值公式便于理论上分析的优点，又具有一定继承性。

例 4-7 已知列表函数 $y=f(x)$ 见表 4-5 所列。

表 4-5 列表函数 1

x	-1	0	1	2
y	-7	4	5	26

试求满足上述插值条件的 3 次 Newton 插值多项式 $N_3(x)$，并计算 $f(1.5)$ 的近似值。

解 由例 4-6 可知，

$$y_0=-7, f[x_0,x_1]=11, f[x_0,x_1,x_2]=-5, f[x_0,x_1,x_2,x_3]=5$$

则所求 3 次 Newton 插值多项式为

$$\begin{aligned}N_3(x)&=f(x_0)+f[x_0,x_1](x-x_0)+f[x_0,x_1,x_2](x-x_0)(x-x_1)\\&\quad+f[x_0,x_1,x_2,x_3](x-x_0)(x-x_1)(x-x_2)\\&=-7+11(x+1)-5(x+1)x+5(x+1)x(x-1)\\&=4+x-5x^2+5x^3\end{aligned}$$

因此，在 $x=1.5$ 处的近似值为 $f(1.5)\approx N_3(1.5)=11.125$。

可以看出，例 4-7 的结果与例 4-1 及例 4-2 的结果是一致的。

Mathematica 程序如下：

```
xn = {-1,0,1,2};yn = {-7,4,5,26};n = Length[xn];
CS = Table[0,{i,1,n},{j,1,n}];
For[i = 1,i <= n,i ++,CS[[i,1]] = yn[[i]]];
For[j = 2,j <= n,j ++,For[k = j,k <= n,k ++,CS[[k,j]] = (CS[[k,j - 1]] - CS[[k - 1,j - 1]])/(xn[[k]] - xn[[k - j + 1]])]];
Newton[x_]: = CS[[1,1]] + Sum[CS[[i + 1,i + 1]]Product[(x - xn[[j]]),{j,1,i}],{i,1,n - 1}];
A = Table[{xn[[i]],yn[[i]]},{i,1,n}];
g1 = Graphics[{PointSize[0.02],Red,Point[A]}];
g2 = Plot[Newton[x],{x,xn[[1]],xn[[n]]},PlotStyle -> {Blue,Thickness[0.005]}];
Print[" 差商表:",MatrixForm[CS]];
Print[" 牛顿插值函数为:",Simplify[Newton[x]]//Expand];
Print[" 插值函数在 1.5 的值为:",Newton[1.5]]
```

定理 4-5 设 $f(x)$ 在包含插值节点 $x_0,x_1,\cdots,x_n$ 的区间 $[a,b]$ 上 n 次可微，则存在介于 $x_0,x_1,\cdots,x_n$ 之间的 ξ，使得

$$f[x_0,x_1,\cdots,x_n]=\frac{f^{(n)}(\xi)}{n!} \tag{4-24}$$

证明 Lagrange 插值余项及 Newton 插值余项分别为

$$R_{n-1}(x)=f(x)-L_{n-1}(x)=\frac{f^{(n)}(\xi_1)}{n!}(x-x_0)(x-x_1)\cdots(x-x_{n-1})$$

$$R_{n-1}^*(x)=f(x)-N_{n-1}(x)=f[x_0,x_1,\cdots,x_{n-1},x](x-x_0)(x-x_1)\cdots(x-x_{n-1})$$

其中，ξ_1 介于 x 与 $x_0,x_1,\cdots,x_{n-1}$ 之间，于是可得

$$f[x_0,x_1,\cdots,x_{n-1},x]=\frac{f^{(n)}(\xi_1)}{n!}$$

特别地，当 $x=x_n$ 时，有

$$f[x_0,x_1,\cdots,x_{n-1},x_n]=\frac{f^{(n)}(\xi)}{n!}$$

其中，ξ 介于 $x_0,x_1,\cdots,x_n$ 之间。

注意到 Lagrange 插值余项是用高阶导数表示的，如果被插值函数不可导，则无法估计插值余项，而 Newton 插值余项是用差商表示的，因而即使被插值函数不可导，我们利用差商仍然可以估计余项。

例 4－8 已知列表函数见表 4－6 所列。

表 4－6 列表函数 2

x_i	0.40	0.55	0.65	0.80	0.90
y_i	0.41075	0.57815	0.69675	0.88811	1.02152

写出四次 Newton 插值多项式 $N_4(x)$，计算 $f(0.596)$ 的近似值，并估计误差。

解 先构造差商表见表 4－7 所列。

表 4－7 例 4－8 差商表 1

x_i	y_i	一阶差商	二阶差商	三阶差商	四阶差商
0.40	0.41075				
0.55	0.57815	1.1160			
0.65	0.69675	1.1860	0.28000		
0.80	0.88811	1.1757	0.35893	0.19733	
0.90	1.02652	1.3841	0.43347	0.21295	0.031238

则四次 Newton 插值多项式为

$$\begin{aligned}N_4(x)=&0.41075+1.1160(x-0.4)+0.28(x-0.4)(x-0.55)+0.19733(x-0.4)\\&(x-0.55)(x-0.65)+0.031238(x-0.4)(x-0.55)(x-0.65)(x-0.80)\\=&0.00130497+0.98987\,x+0.0304133\,x^2+0.122362\,x^3+0.0312381\,x^4\end{aligned}$$

所以 $f(0.596)\approx N_4(0.596)=0.63192$。

为了进行误差估计，我们可以在差商表中增加一行，见表 4－8 所列。

表 4-8　例 4-8 差商表 2

x_i	y_i	一阶差商	二阶差商	三阶差商	四阶差商	五阶差商
0.40	0.41075					
0.55	0.57815	1.1160				
0.65	0.69675	1.1860	0.28000			
0.80	0.88811	1.1757	0.35893	0.19733		
0.90	1.02652	1.3841	0.43347	0.21295	0.031238	
0.596	0.63192	1.2980	0.42193	0.21365	0.015062	−0.082532

所以，$f(0.596)$ 的近似值的误差为

$$
\begin{aligned}
R(0.596) &= f(0.596) - N_4(0.596) \\
&= -0.082532 \times (0.596 - 0.4) \times (0.596 - 0.55) \\
&\quad \times (0.596 - 0.65) \times (0.596 - 0.80) \times (0.596 - 0.90) \\
&\approx 0.249192 \times 10^{-6}
\end{aligned}
$$

4.4　埃尔米特插值公式

尽管 Lagrange 插值法和 Newton 插值法所构造的插值多项式都过指定的插值点，但是这两种方法的光滑性较差，即插值节点处插值多项式一般不与被插值函数相切。

在某些问题中，为了保证插值函数能更好地密合原来的函数，不但要求“过点”，即两者在节点处具有相同的函数值，而且要求“相切”，即两者在节点处还具有相同的导数值，这类插值称为埃尔米特(Hermite) 插值。

4.4.1　两个节点的三次 Hermite 插值

已知 $y_0 = f(x_0)$，$y'_0 = f'(x_0)$，$y_1 = f(x_1)$，$y'_1 = f'(x_1)$，求三次多项式 $H_3(x)$，满足

$$H_3(x_0) = y_0, H_3(x_0) = y'_0, H_3(x_1) = y_1, H'_3(x_1) = y'_1 \tag{4-25}$$

式(4-25) 表示代数曲线 $y = H_3(x)$ 与曲线 $y = f(x)$ 不但有两个交点 (x_0, y_0)，(x_1, y_1)，而且在点 (x_0, y_0)，(x_1, y_1) 处两者相切。

为简化计算，先设 $x_0 = 0$，$x_1 = 1$，则插值条件(4-25) 化为

$$H_3(0) = y_0, H_3(0) = y'_0, H_3(1) = y_1, H'_3(1) = y'_1 \tag{4-26}$$

定理 4-6　三次多项式

$$H_3(x) = y_0\alpha_0(x) + y_1\alpha_1(x) + y'_0\beta_0(x) + y'_1\beta_1(x) \tag{4-27}$$

满足插值条件(4-26)，其中

$$\alpha_0(x) = (x-1)^2(2x+1), \alpha_1(x) = x^2(3-2x), \beta_0(x) = x(x-1)^2, \beta_1(x) = x^2(x-1) \tag{4-28}$$

称式(4-27)为三次 Hermite 插值公式(Cubic Hermite Interpolating Formula), $\alpha_0(x)$, $\alpha_1(x)$, $\beta_0(x)$, $\beta_1(x)$ 为三次 Hermite 插值基函数。

证明 作三次多项式 $\alpha_0(x)$, $\alpha_1(x)$, $\beta_0(x)$, $\beta_1(x)$,分别满足

$$\begin{aligned}
&\alpha_0(0)=1,\alpha_0(1)=\alpha_0'(0)=\alpha_0'(1)=0\\
&\alpha_1(1)=1,\alpha_1(0)=\alpha_0'(0)=\alpha_0'(1)=0\\
&\beta_0'(0)=1,\beta_0(0)=\beta_0(1)=\beta_0'(1)=0\\
&\beta_1'(1)=1,\beta_1(0)=\beta_1(1)=\beta_1'(0)=0
\end{aligned} \tag{4-29}$$

由条件(4-29),可设 $\alpha_0(x)=(x-1)^2 l_1(x)$,其中 $l_1(x)=a_1x+b_1$。

因为 $\alpha_0(0)=1$,所以 $b_1=(0-1)^2 l_1(0)=1$。又因为 $\alpha_0'(x)=a_1(x-1)^2+2(x-1)(a_1x+b_1)$,且 $\alpha_0'(0)=0$,即

$$a_1(0-1)^2+2(0-1)(a_1\times 0+1)=0\Rightarrow a_1=2$$

所以 $\alpha_0(x)=(x-1)^2(2x+1)$。

同理,可得 $\alpha_1(x)=x^2(3-2x)$, $\beta_0(x)=x(x-1)^2$, $\beta_1(x)=x^2(x-1)$,且

$$\begin{aligned}
H_3(0)&=y_0\alpha_0(0)+y_1\alpha_1(0)+y_0'\beta_0(0)+y_1'\beta_1(0)=y_0\\
H_3(1)&=y_0\alpha_0(1)+y_1\alpha_1(1)+y_0'\beta_0(1)+y_1'\beta_1(1)=y_1\\
H_3'(0)&=y_0\alpha_0'(0)+y_1\alpha_1(0)+y_0'\beta_0(0)+y_1'\beta_1'(0)=y_0'\\
H_3'(1)&=y_0\alpha_0'(1)+y_1\alpha_1(1)+y_0'\beta_0(1)+y_1'\beta_1'(1)=y_1'
\end{aligned}$$

一般地,设 x_0, x_1 为任意两个节点,则

$$H_3(x)=y_0\alpha_0(x)+y_1\alpha_1(x)+y_0'\beta_0(x)+y_1'\beta_1(x) \tag{4-30}$$

$$\alpha_0(x)=\left(1+2\frac{x-x_0}{x_1-x_0}\right)\left(\frac{x-x_1}{x_0-x_1}\right)^2 \tag{4-31}$$

$$\alpha_1(x)=\left(1+2\frac{x-x_1}{x_0-x_1}\right)\left(\frac{x-x_0}{x_1-x_0}\right)^2 \tag{4-32}$$

$$\beta_0(x)=(x-x_0)\left(\frac{x-x_1}{x_0-x_1}\right)^2 \tag{4-33}$$

$$\beta_1(x)=(x-x_1)\left(\frac{x-x_0}{x_1-x_0}\right)^2 \tag{4-34}$$

例 4-9 求满足插值条件

$$f(1)=1,f(2)=9,f'(1)=4,f'(2)=12$$

的 Hermite 插值多项式。

解 令 $x_0=1$, $x_1=2$, $y_0=f(1)=1$, $y_1=f(2)=9$, $y_0'=f'(1)=4$, $y_1'=f'(2)=12$,利用式(4-23) ~ 式(4-27),则有

$$\alpha_0(x)=\left(1+2\,\frac{x-x_0}{x_1-x_0}\right)\left(\frac{x-x_1}{x_0-x_1}\right)^2=(2x-1)\,(x-2)^2$$

$$\alpha_1(x)=\left(1+2\,\frac{x-x_1}{x_0-x_1}\right)\left(\frac{x-x_0}{x_1-x_0}\right)^2=(\quad 2x+5)\,(x-1)^2$$

$$\beta_0(x)=(x-x_0)\left(\frac{x-x_1}{x_0-x_1}\right)^2=(x-1)\,(x-2)^2$$

$$\beta_1(x)=(x-x_1)\left(\frac{x-x_0}{x_1-x_0}\right)^2=(x-2)\,(x-1)^2$$

从而，可得满足插值条件的 Hermite 插值多项式：

$$\begin{aligned}H_3(x)&=y_0\alpha_0(x)+y_1\alpha_1(x)+y'_0\beta_0(x)+y'_1\beta_1(x)\\&=(2x-1)(x-2)^2+9(-2x+5)(x-1)^2\\&\quad+4(x-1)(x-2)^2+12(x-2)(x-1)^2\\&=4x^2-4x+1\end{aligned}$$

定理 4-7 设 $f(x)$ 在包含插值节点 x_0,x_1 的区间$[a,b]$上 4 次可微，则对 $\forall x\in[a,b]$，存在介于 x_0,x_1 与 x 之间的 ξ，使得

$$R_3(x)=f(x)-H_3(x)=\frac{f^{(4)}(\xi)}{4!}\,(x-x_0)^2\,(x-x_1)^2 \tag{4-35}$$

证明 由插值条件知，x_0 和 x_1 都是 $R_3(x)=f(x)-H_3(x)$ 的二重零点，设

$$R_3(x)=f(x)-H_3(x)=C(x)\,(x-x_0)^2\,(x-x_1)^2 \tag{4-36}$$

构造辅助函数

$$F(t)=f(t)-H(t)-C(x)\,(t-x_0)^2\,(t-x_1)^2$$

显然，$F(t)$ 有 3 个零点 x_0，x 和 x_1，由罗尔(Rolle)定理知，存在 $F'(t)$ 的两个零点 t_0，t_1，满足 $x_0<t_0<x<t_1<x_1$，而 x_0，x 和 x_1 也是 $F'(t)$ 的零点，故 $F'(t)$ 有 4 个相异零点。

反复应用 Rolle 定理，得 $F^{(4)}(t)$ 有一个零点，设为 ξ，使得

$$F^{(4)}(\xi)=f^{(4)}(\xi)-C(x)4!\ =0$$

从而，有

$$C(x)=\frac{f^{(4)}(\xi)}{4!}$$

即 $R_3(x)=f(x)-H_3(x)=\dfrac{f^{(4)}(\xi)}{4!}\,(x-x_0)^2\,(x-x_1)^2$。

4.4.2 $n+1$ 个节点的 Hermite 插值

已知 $y_i=f(x_i)$，$y'_i=f'(x_i)(i=0,1,2,\cdots,n)$，求作 $2n+1$ 次多项式 $H(x)$，使之满足

$$H(x_i)=y_i, H'(x_i)=y'_i \quad (i=0,1,2,\cdots,n) \tag{4-37}$$

类似于三次 Hermite 插值公式的构造过程，得 $2n+1$ 次 Hermite 插值多项式

$$H(x)=\sum_{i=0}^{n}\left[y_i\alpha_i(x)+y'_i\beta_i(x)\right] \tag{4-38}$$

满足插值条件(4-30)，其中

$$\begin{cases}\alpha_i(x)=\left[1-2(x-x_i)\sum\limits_{i\neq j}\dfrac{1}{x_i-x_j}\right]l_i^2(x)\\ \beta_i(x)=(x-x_i)l_i^2(x) \quad (i=0,1,\cdots,n)\end{cases} \tag{4-39}$$

这里 $l_i(x)$ 为 Lagrange 插值基函数，并称式(4-39) 为 $2n+1$ 次 Hermite 插值公式，式(4-39) 为 $2n+1$ 次 Hermite 插值基函数。

定理 4-9 设 $f(x)$ 在包含插值节点 $x_0,x_1,\cdots,x_n$ 的区间 $[a,b]$ 上 $2n+2$ 次可微，则对 $\forall x\in[a,b]$，存在介于 $x_0,x_1,\cdots,x_n$ 与 x 之间的 ξ，使得

$$R(x)=f(x)-H(x)=\frac{f^{(2n+2)}(\xi)}{(2n+2)!}(x-x_0)^2(x-x_1)^2\cdots(x-x_n)^2 \tag{4-40}$$

证略。

例 4-10 求满足插值条件

$$f(1)=0, f(2)=1, f'(1)=0, f'(2)=1$$

的 Hermite 插值多项式。

解 因为 $x=1$ 为二重零点，所以设 $H(x)=(x-1)^2(ax^2+bx+c)$，则有

$$\begin{cases}4a+2b+c=1\\ 36a+12b+4c=1\\ 12a+5b+2c=1\end{cases}$$

解得

$$a=\frac{1}{4}, b=-2, c=4$$

因此，Hermite 插值多项式为

$$H(x)=(x-1)^2\left(\frac{1}{2}x^2-2x+4\right)$$

4.5 分段多项式插值

4.5.1 高次多项式插值的龙格现象

我们已经知道插值有 Lagrange 插值、Newton 插值、Hermite 插值等多种方法。插值

是数值逼近的一种手段，而数值逼近是为了得到一个数学问题的精确解或足够精确的解。那么，是否插值多项式的次数越高，越能够达到这个目的呢？现在我们来讨论一下这个问题。

我们已经知道 $f(x)$ 在 $n+1$ 个节点 $x_i(i=0,1,2,\cdots,n)$ 上的 n 次插值多项式 $P_n(x)$ 的余项为

$$R(x)=f(x)-P_n(x)=\frac{f^{(n+1)}(\xi)}{(n+1)!}\prod_{i=0}^{n}(x-x_i) \tag{4-41}$$

当 $f(x)$ 充分光滑时，余项随 n 增大而趋于 0 时，说明插值效果是好的，但是当节点增加时，插值多项式的次数随着节点的个数的增加而升高，高次多项式插值的逼近效果往往并不理想。事实上，插值节点的增多，尽管使插值多项式在更多的插值节点上与函数 $f(x)$ 的值相等，但在两个节点之间 $P_n(x)$ 不一定能很好地逼近 $f(x)$，有时误差会大得惊人，著名的龙格（Runge）现象证实了这个观点。

1901 年，Runge 就发现，随着节点的加密，采用高次多项式插值，当 n 增大时，插值函数 $P_n(x)$ 在两端会发生激烈的振荡。这就是所谓的 Runge 现象。

如图 4-4 所示，在$[-5,5]$上考察 $f(x)=\dfrac{1}{1+x^2}$，取节点 $x_i=-5+\dfrac{10}{n}i\ (i=0,1,\cdots,n)$ 的 $L_n(x)$。图中的 1、2、3 线的节点分别表示节点个数为 3、6 和 11 时插值多项式函数曲线。当节点取 11 个时，在远离中心的地方，插值曲线发生巨大偏移。

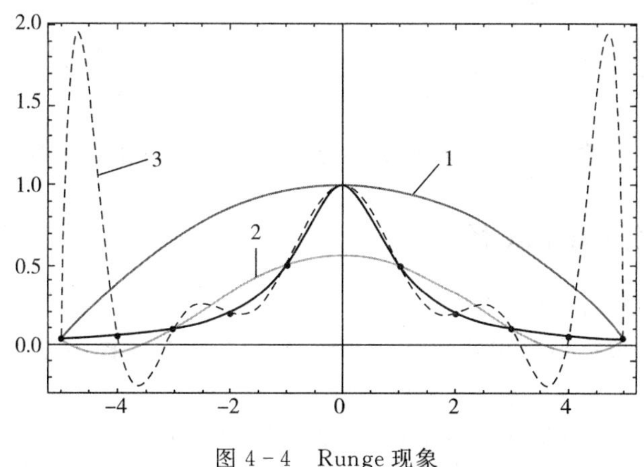

图 4-4 Runge 现象

为了克服插值过程的不稳定性和发散性，在实际应用中一般采用分段低次多项式插值。

4.5.2 分段线性插值

定义 4-6 设 $f(x)$ 是定义在$[a,b]$上的函数，在节点

$$a=x_0<x_1<\cdots<x_n=b$$

的函数值为 $y_0,y_1,\cdots,y_n$，若函数 $\varphi(x)$ 满足条件：

(1) $\varphi(x)$ 在每个子区间$[x_i,x_{i+1}](i=0,1,\cdots,n)$上是线性插值多项式；

(2)$\varphi(x_i)=y_i(i=0,1,\cdots,n)$；

(3)$\varphi(x)$ 在区间$[a,b]$上连续；

则称 $\varphi(x)$ 是 $f(x)$ 在$[a,b]$上的分段线性插值多项式(Piecewise linear Interpolating Polynomial)。

由定义可知,$\varphi(x)$ 在每个子区间$[x_i,x_{i+1}](i=0,1,\cdots,n)$ 上是一次插值多项式,即

$$\varphi(x)=\sum_{i=0}^{n-1}\left(\frac{x-x_{i+1}}{x_i-x_{i+1}}y_i+\frac{x-x_i}{x_{i+1}-x_i}y_{i+1}\right),x_i\leqslant x\leqslant x_{i+1}$$

定理 4-9 设 $f(x)$ 在$[a,b]$上有二阶连续导数 $f''(x)$，且$|f''(x)|\leqslant M$，记 $h=\max\limits_{0\leqslant i\leqslant n}|x_{i+1}-x_i|$,则有分段线性插值的误差估计

$$|R(x)|=|f(x)-\varphi(x)|\leqslant\frac{1}{8}Mh^2,x\in[a,b]$$

例 4-11 设 $f(x)=\mathrm{e}^x$,在$[0,1]$上给出 $f(x)$ 的 $n+1$ 个等距节点 x_i 处的函数值表,这时

$$0=x_0<x_1<\cdots<x_n=1,x_i-x_{i-1}=\frac{1}{n},i=0,1,2,\cdots,n$$

若用线性插值求 $e^x(0\leqslant x\leqslant 1)$ 的近似值,使得误差不超过$\frac{1}{2}\times 10^{-6}$,问 n 至少应取多大?

解 因为$\max\limits_{0\leqslant x\leqslant 1}|f''(x)|=\max\limits_{0\leqslant x\leqslant 1}\mathrm{e}^x\leqslant\mathrm{e}$，而$|R(x)|\leqslant\frac{\mathrm{e}}{8n^2}\leqslant\frac{1}{2}\times 10^{-6}$，解得 $n\geqslant 824.261$,即区间$[0,1]$至少分成 825 等份才能使得误差不超过$\frac{1}{2}\times 10^{-6}$。

4.5.3 分段三次 Hermite 插值

分段线性插值函数在节点处左右导数不相等,因而不够光滑。如果要求曲线在节点处光滑,就必须要求分段插值多项式在节点处导数存在,因此要提供在节点处的函数值及其导数值。

定义 4-6 设 $f(x)$ 是定义在$[a,b]$上的函数,在节点

$$a=x_0<x_1<\cdots<x_n=b$$

的函数值为 $y_0,y_1,\cdots,y_n$ 及其导数值 $y'_0,y'_1,\cdots,y'_n$,若函数 $h_3(x)$ 满足条件

(1)$h_3(x)$ 在每个子区间$[x_i,x_{i+1}](i=0,1,\cdots,n)$ 上是三次代数多项式；

(2)$h_3(x_i)=y_i;h'_3(x_i)=y'_i,i=0,1,\cdots,n$；

(3)$h_3(x)$ 在区间$[a,b]$上 C^1 连续；

则称 $h_3(x)$ 是 $f(x)$ 在$[a,b]$上的分段三次 Hermite 插值函数(Piecewise Cubic Hermite Interpolating Functions)。

由定义可知,$h_3(x)$ 在每个子区间$[x_i,x_{i+1}](i=0,1,\cdots,n)$ 上是三次 Hermite 插值多项式,

$$h_3(x)=\sum_{i=0}^{n-1}\alpha_i(x)y_i+\sum_{i=0}^{n-1}\beta_i(x)y_i' \tag{4-42}$$

其中，

$$a_i(x)=\left(1+2\frac{x-x_i}{x_{i+1}-x_i}\right)\left(\frac{x-x_{i+1}}{x_i-x_{i+1}}\right)^2,\beta_i(x)=(x-x_i)\left(\frac{x-x_{i+1}}{x_i-x_{i+1}}\right)^2$$

$$a_{i+1}(x)=\left(1+2\frac{x-x_{i+1}}{x_i-x_{i+1}}\right)\left(\frac{x-x_i}{x_{i+1}-x_i}\right)^2,\beta_{i+1}(x)=(x-x_{i+1})\left(\frac{x-x_i}{x_{i+1}-x_i}\right)^2$$

定理 4-10 设 $f(x)$ 在区间$[a,b]$上 4 次可微，则对 $\forall x\in[a,b]$，有

$$|f(x)-h_3(x)|\leqslant\frac{h^4}{384}\max_{a\leqslant x\leqslant b}|f^{(4)}(x)| \tag{4-43}$$

其中，$h=\max\limits_{0\leqslant i\leqslant n-1}h_i$，若 $f(x)\in C^4[a,b]$，则当 $h\to 0$ 时，$h_3(x)$ 在区间$[a,b]$上一致收敛到 $f(x)$。

证 记$M_4=\max\limits_{a\leqslant x\leqslant b}|f^{(4)}(x)|$，对 $\forall x\in[x_i,x_{i+1}](i=0,1,\cdots,n-1)$，由三次 Hermite 插值余项定理可得

$$|f(x)-h_3(x)|\leqslant\left|\frac{f^{(4)}(\xi)}{4!}(x-x_0)^2(x-x_1)^2\right|\leqslant\frac{M_4}{4!}(x-x_0)^2(x-x_1)^2 \tag{4-44}$$

结合高等数学中求最大值的方法，容易求得，当 $x=\dfrac{x_0+x_1}{2}$ 时，$(x-x_0)^2(x-x_1)^2$ 在区间$[a,b]$上达到最大值$\left(\dfrac{x_i+x_{i+1}}{2}-x_i\right)^2\left(\dfrac{x_i+x_{i+1}}{2}-x_{i+1}\right)^2=\dfrac{1}{16}(x_{i+1}-x_i)^4$，由式(4-44)得

$$|f(x)-h_3(x)|\leqslant\frac{M_4}{4!}\times\frac{1}{16}(x_{i+1}-x_i)^4\leqslant\frac{h^4}{384}M_4=\frac{h^4}{384}\max_{a\leqslant x\leqslant b}|f^{(4)}(x)|$$

若 $f(x)\in C^4[a,b]$，则$M_4=\max\limits_{a\leqslant x\leqslant b}|f^{(4)}(x)|<\infty$，故当$h\to 0$时，$h_3(x)$在区间$[a,b]$上一致收敛到 $f(x)$。

例 4-12 设 $f(x)=e^x$，在$[0,1]$上给出 $f(x)$ 的 $n+1$ 个等距节点 x_i 处的函数值表，这时，$0=x_0<x_1<\cdots<x_n=1$，$x_i-x_{i-1}=\dfrac{1}{n}(i=0,1,2,\cdots,n)$，若用分段三次 Hermite 插值求 $e^x(0\leqslant x\leqslant 1)$ 的近似值，使得误差不超过$\dfrac{1}{2}\times 10^{-6}$，则 n 至少应取多大？

解 因为 $\max\limits_{0\leqslant x\leqslant 1}|f''(x)|=\max\limits_{0\leqslant x\leqslant 1}e^x\leqslant e$，而$|f(x)-h_3(x)|\leqslant\dfrac{1}{384n^2}\times e\leqslant\dfrac{1}{2}\times 10^{-6}$，解得 $n\geqslant 10.9081$，即区间$[0,1]$至少分成 11 等份才能使得误差不超过$\dfrac{1}{2}\times 10^{-6}$。

分段低次多项式插值是一种显式算法，算法简单，收敛性和稳定性都比较好。只要节点间距充分小，总能获得所要求的精度，且不会出现 Runge 现象。例如，在区间$[-5,5]$上，

分别考察 $f(x)=\dfrac{1}{1+x^2}$，节点取 $x_i=-5+i(i=0,1\cdots,10)$ 的分段线性插值和分段 Hermite 插值。图 4－5 中粗实线、细实线分别为分段线性和分段 Hermite 插值曲线，可以看出，这两种插值都没有出现 Runge 现象。

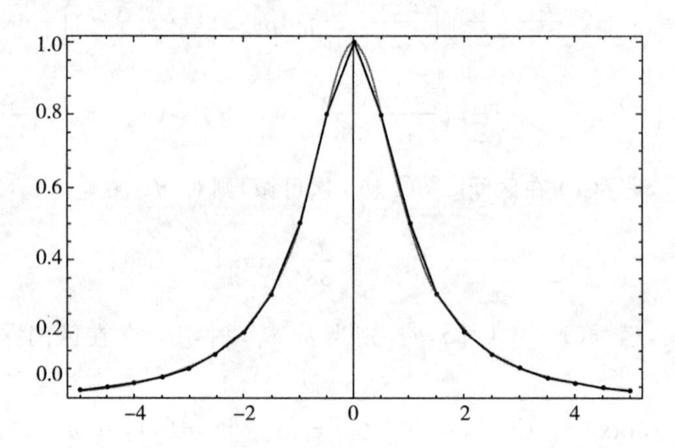

图 4－5　分段线性插值和分段 Hermite 插值曲线

分段插值在每一个子区间上的插值函数只依赖于本区间上的一些特定的节点值，而与其他的节点无关，如果要修改某个数据，插值曲线仅仅在某个局部范围内受到影响，而 Newton 插值和 Lagrange 插值却会影响到整个插值区间。但是，采用分段线性插值的光滑度不高，相邻两段只能是 C^0 连续，而分段 Hermite 插值也只达到 C^1 连续。若要提高光滑度，可采用下一节的分段三次样条函数方法。

4.6　分段三次样条插值

4.6.1　基本概念

定义 4－7　设在区间 $[a,b]$ 上给定一个分划：

$$\Delta: a=x_0<x_1<x_2<\cdots<x_N<x_{N+1}=b \tag{4-45}$$

$s(x)$ 为实值函数，如果它满足条件：

(1) $s(x)$ 在子区间 $[x_i,x_{i+1}]$ $(i=0,1,\cdots,N)$ 上是 n 次多项式；

(2) $s(x)$ 在 $[a,b]$ 上具有直到 $n-1$ 阶连续导数；

即 $s(x)\in C^{n-1}[a,b]$，则称 $y=s(x)$ 为 n 次样条函数。常把以式(4－45)为节点的 n 次样条函数的总体记为 $S_n(x_1,\cdots,x_N)$ 或者 $S_n(\Delta)$，$x_1,x_2,\cdots,x_N$ 为样条节点。

下面将主要研究三次样条插值函数。

4.6.2　分段三次样条插值函数

定义 4-8　设 $[a,b]$ 上给出一组节点 $a=x_0<x_1<x_2<\cdots<x_n=b$，若函数 $s(x)$ 满足条件：

(1)$s(x) \in C^2[a,b]$；

(2)$s(x)$ 在每个小区间$[x_i, x_{i+1}]$$(i=0,1,\cdots,n-1)$ 上是三次多项式。

则称 $s(x)$ 是节点 $x_1, x_2, \cdots, x_n$ 上的三次样条函数。

(3) 若 $s(x)$ 在节点上还满足插值条件

$$s(x_i) = f(x_i) = f_i \quad (i=0,1,\cdots,n) \tag{4-46}$$

则称 $s(x)$ 为$[a,b]$上的分段三次样条插值函数。

由定义 4-8 可知，$s(x)$ 在每个小区间$[x_i, x_{i+1}]$$(i=0,1,\cdots,n-1)$ 上是三次多项式，它有 4 个待定系数，$[a,b]$ 中共有 n 个小区间，故待定的系数为 $4n$ 个，而由定义给出的条件 $s(x) \in C^2[a,b]$，在 $x_1, x_2, \cdots, x_{n-1}$ 这 $n-1$ 个内点上应满足

$$\begin{cases} s(x_i - 0) = s(x_i + 0) \\ s'(x_i - 0) = s'(x_i + 0) \quad (i=1,2\cdots,n-1) \\ s''(x_i - 0) = s''(x_i + 0) \end{cases} \tag{4-47}$$

它给出了 $3(n-1)$ 个条件，此外由插值条件(4-46) 给出了 $n+1$ 个条件，共有 $4n-2$ 个条件，求三次样条插值函数 $s(x)$ 尚缺两个条件。为此要根据问题要求补充两种边界条件，它们分别是：

(1) 第一类边界条件：

$$s'(x_0) = f'_0, s'(x_n) = f'_n \tag{4-48}$$

(2) 第二类边界条件：

$$s''(x_0) = f'_0, s''(x_n) = f'_n \tag{4-49}$$

特别地，当 $s''(x_0) = s''(x_n) = 0$ 时，称之为自然边界条件，满足自然边界条件的样条函数 $s(x)$ 称为自然样条函数。

当 $f(x)$ 为周期函数时，边界条件可以写成第三类边界条件。

(3) 第三类边界条件：

$$s(x_0) = s(x_n), s'(x_0) = s'(x_n), s''(x_0) = s''(x_n) \tag{4-50}$$

由此看到针对不同类型问题，补充相应边界条件后完全可以求得三次样条插值函数 $s(x)$。下面分别针对第一类、第二类和第三类边界条件介绍三次样条插值函数的计算方法。

设三次样条插值函数 $s(x)$ 在节点 $a = x_0 < x_1 < x_2 < \cdots < x_n = b$ 上的一阶导数值 $s'(x_i) = m_i (i=0,1,\cdots,n)$，根据 Hermite 插值函数的唯一性，可以设 $s(x)$ 在$[x_i, x_{i+1}]$$(i=0,1,\cdots,n-1)$ 上的表达式为

$$s(x) = \frac{[h_i + 2(x - x_i)](x - x_{i+1})^2}{{h_i}^3} f_i + \frac{[h_i + 2(x_{i+1} - x)](x - x_i)^2}{{h_i}^3} f_{i+1} + \frac{(x - x_i)(x - x_{i+1})^2}{{h_i}^2} m_i + \frac{(x - x_{i+1})(x - x_i)^2}{{h_i}^2} m_{i+1} \tag{4-51}$$

其中，$h_i = x_{i+1} - x_i$。

对式(4-51)求二阶导数，得

$$s''(x) = \frac{6x - 2x_i - 4x_{i+1}}{h_i^2} m_i + \frac{6x - 4x_i - 2x_{i+1}}{h_i^2} m_{i+1} + \frac{6(x_i + x_{i+1} - 2x)}{h_i^3}(f_{i+1} - f_i) \tag{4-52}$$

则有

$$s''(x_i + 0) = -\frac{4}{h_i} m_i - \frac{2}{h_i} m_{i+1} + \frac{6}{h_i^2}(f_{i+1} - f_i)$$

同理，考虑 $s(x)$ 在 $[x_{i-1}, x_i]$ 上的表达式，可以得到

$$s''(x_i - 0) = \frac{2}{h_{i-1}} m_{i-1} + \frac{4}{h_{i-1}} m_i - \frac{6}{h_{i-1}^2}(f_i - f_{i-1})$$

利用条件 $s''(x_i + 0) = s''(x_i - 0)$，得到关于 m_i 的方程组，即

$$\lambda_i m_{i-1} + 2m_i + \mu_i m_{i+1} = d_i \quad (i = 1, 2, \cdots, n-1) \tag{4-53}$$

其中，$\mu_i = \frac{h_{i-1}}{h_{i-1} + h_i}, \lambda_i = 1 - \mu_i = \frac{h_i}{h_{i-1} + h_i}, d_i = 3(\lambda_i f[x_{i-1}, x_i] + \mu_i f[x_i, x_{i+1}])$。

对于第一类边界条件，可直接由条件(4-48)，得 $m_0 = f'_0, m_n = f'_n$。

$m_1, m_2, \cdots, m_{n-1}$ 满足方程组

$$\begin{bmatrix} 2 & \mu_1 & & & \\ \lambda_2 & 2 & \mu_2 & & \\ & \ddots & \vdots & \ddots & \\ & & \lambda_{n-2} & 2 & \mu_{n-2} \\ & & & \lambda_{n-1} & 2 \end{bmatrix} \begin{bmatrix} m_1 \\ m_2 \\ \vdots \\ m_{n-2} \\ m_{n-1} \end{bmatrix} = \begin{bmatrix} d_1 - \lambda_1 f'_0 \\ d_2 \\ \vdots \\ d_{n-2} \\ d_{n-1} - \mu_{n-1} f'_n \end{bmatrix} \tag{4-54}$$

由此可解得 $m_1, m_2, \cdots, m_{n-1}$，从而得 $s(x)$ 的表达式。

对于第二类边界条件，则可导出两个方程

$$\begin{cases} 2m_0 + m_1 = 3f[x_0, x_1] - \frac{h_0}{2} f''_0 \\ m_{n-1} + 2m_n = 3f[x_{n-1}, x_n] + \frac{h_{n-1}}{2} f''_n \end{cases} \tag{4-55}$$

由式(4-53)和式(4-55)可解得 $m_i (i = 0, 1, \cdots, n)$。若令

$$d_0 = 3f[x_0, x_1] - \frac{h_0}{2} f''_0, d_n = 3f[x_{n-1}, x_n] + \frac{h_{n-1}}{2} f''_n$$

则由式(4-53)和式(4-55)可写出如下矩阵形式：

$$
\begin{bmatrix} 2 & 1 & & & \\ \lambda_1 & 2 & \mu_1 & & \\ & \ddots & \vdots & \ddots & \\ & & \lambda_{n-1} & 2 & \mu_{n-1} \\ & & & 1 & 2 \end{bmatrix} \begin{bmatrix} m_0 \\ m_1 \\ \vdots \\ m_{n-1} \\ m_n \end{bmatrix} = \begin{bmatrix} d_0 \\ d_1 \\ \vdots \\ d_{n-1} \\ d_n \end{bmatrix} \tag{4-56}
$$

它是关于 $m_0, m_1, \cdots, m_n$ 的三对角方程组。

对于第三类边界条件,可得

$$
\begin{cases} m_0 = m_n \\ \mu_n m_1 + \lambda_n m_{n-1} + 2m_n = d_n \end{cases} \tag{4-57}
$$

其中,$\lambda_n = \dfrac{h_0}{h_{n-1} + h_0}, \mu_n = \dfrac{h_{n-1}}{h_{n-1} + h_0}, d_n = 3(\mu_n f[x_0, x_1] + \lambda_n f[x_{n-1}, x_n])$。

由式(4-46)和式(4-50)可解得 $m_i (i = 0, 1, \cdots, n)$,方程组的矩阵形式为

$$
\begin{pmatrix} 2 & \mu_1 & & & \lambda_1 \\ \lambda_2 & 2 & \mu_2 & & \\ & \ddots & \vdots & \ddots & \\ & & \lambda_{n-1} & 2 & \mu_{n-1} \\ \mu_n & & & \lambda_n & 2 \end{pmatrix} \begin{pmatrix} m_1 \\ m_2 \\ \vdots \\ m_{n-1} \\ m_n \end{pmatrix} = \begin{pmatrix} d_1 \\ d_2 \\ \vdots \\ d_{n-1} \\ d_n \end{pmatrix} \tag{4-58}
$$

式(4-54)、式(4-56)和式(4-58)都是严格对角占优矩阵,可用追赶法求解。将所求得 $m_0, m_1, \cdots, m_n$ 代入式(4-48),则得到$[a,b]$上的三次样条插值函数。

上面介绍的计算三次样条插值方法,是从分段三次 Hermite 插值出发求得的,这种方法称为三转角方法,也可以从二阶导数是线性函数出发建立三次样条插值的计算方法,读者可以自己完成。

例 4-13 给定数据表见表 4-9 所列。

表 4-9 例 4-13 数据表

x_i	0.25	0.30	0.39	0.45	0.53
y_i	0.5000	0.5477	0.6245	−0.6708	0.7280

试求三次插值样条插值 $s(x)$,并满足边界条件:

(Ⅰ) $s'(0.25) = -1.0000, s'(0.53) = 0.6868$;

(Ⅱ) $s''(0.25) = s''(0.53) = 0$。

解 由给定数据知

$$
h_0 = 0.30 - 0.25 = 0.05, h_1 = 0.39 - 0.30 = 0.09
$$

$$h_2=0.45-0.39=0.06, h_3=0.53-0.45=0.08$$

由 $\mu_i=\dfrac{h_{i-1}}{h_{i-1}+h_i}, \lambda_i=\dfrac{h_i}{h_{i-1}+h_i}$，得

$$\mu_1=\frac{5}{14}, \mu_2=\frac{3}{5}, \mu_3=\frac{3}{7}, \lambda_1=\frac{9}{14}, \lambda_2=\frac{2}{5}, \lambda_3=\frac{4}{7}$$

建立差商表，见表 4-10 所列。

表 4-10　例 4-13 差商表

x	y	一阶差商
0.25	0.5000	
0.25	0.5000	$-1.0000=f'(x_0)$
0.30	0.5477	$0.9540=f[x_0,x_1]$
0.39	0.6245	$0.8533=f[x_1,x_2]$
0.45	-0.6708	$-21.5883=f[x_2,x_3]$
0.53	0.7280	$17.4850=f[x_3,x_4]$
0.53	0.7280	$0.6868=f'(x_4)$

(1) 对于第一类边界条件：

$$m_0=f'_0=s'(0)=-1.0000, m_4=f'_4=s'(0.53)=0.6868$$

由式(4-54)，所得方程组为

$$\begin{pmatrix} 2 & \frac{5}{14} & 0 \\ \frac{2}{5} & 2 & \frac{3}{5} \\ 0 & \frac{4}{7} & 2 \end{pmatrix}\begin{pmatrix} m_1 \\ m_2 \\ m_3 \end{pmatrix}=\begin{pmatrix} 3.3970 \\ -37.8350 \\ -14.8222 \end{pmatrix}$$

用追赶法解得

$$m_1=5.1607, m_2=-19.3881, m_3=-1.8716$$

由式(4-51)，求得的三次插值样条函数为

$$s(x)=\begin{cases} -13.7025+170.937x-681.774x^2+901.067x^3, x\in[0.25,0.30) \\ 63.7401-603.489x+1899.65x^2-1967.18x^3, x\in[0.30,0.39) \\ -414.087+3072.1x-7524.94x^2+6088.03x^3, x\in[0.39,0.45) \\ 655.467-4058.26x+8320.3x^2-5649.19x^3, x\in[0.45,0.53] \end{cases}$$

其图像如图 4-6 所示。

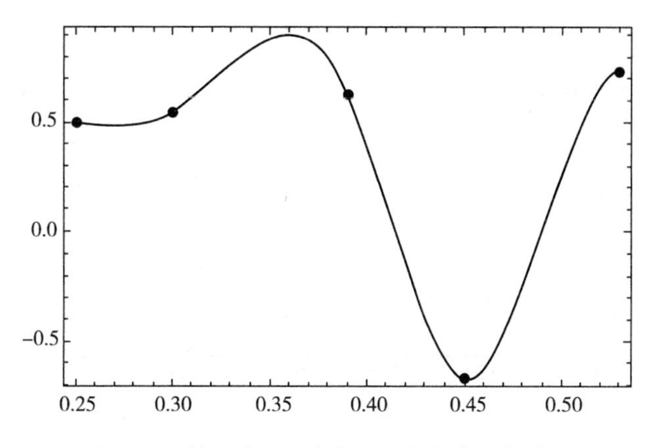

图 4－6　第一类边界条件的三次插值样条曲线

(2) 对第二类边界条件：$s''(0.25)=s''(0.53)=0$，由式(4－56)，可得方程组

$$\begin{pmatrix} 2 & 1 & & & \\ \frac{9}{14} & 2 & \frac{5}{14} & & \\ & \frac{2}{5} & 2 & \frac{3}{5} & \\ & & \frac{4}{7} & 2 & \frac{3}{7} \\ & & & 1 & 2 \end{pmatrix}\begin{pmatrix} m_0 \\ m_1 \\ m_2 \\ m_3 \\ m_4 \end{pmatrix}=\begin{pmatrix} 2.8619 \\ 2.7541 \\ -37.8350 \\ -14.8222 \\ 52.4550 \end{pmatrix}$$

用追赶法解得

$$m_0=-1.17933, m_1=5.2207, m_2=-19.4013, m_3=-1.8679, m_4=27.1614$$

由式(4－51)，可得三次插值样条函数为

$$s(x)=\begin{cases} -12.5385+158.82x-639.998x^2+853.33x^3, x\in[0.25,0.30) \\ 63.4591-601.155x+1893.25x^2-1961.39x^3, x\in[0.30,0.39) \\ -413.87+3070.61x-7521.52x^2+6085.42x^3, x\in[0.39,0.45) \\ 211.426-1246.95x+2403.99x^2-1511.94x^3, x\in[0.45,0.53] \end{cases}$$

其图像如图 4－7 所示。

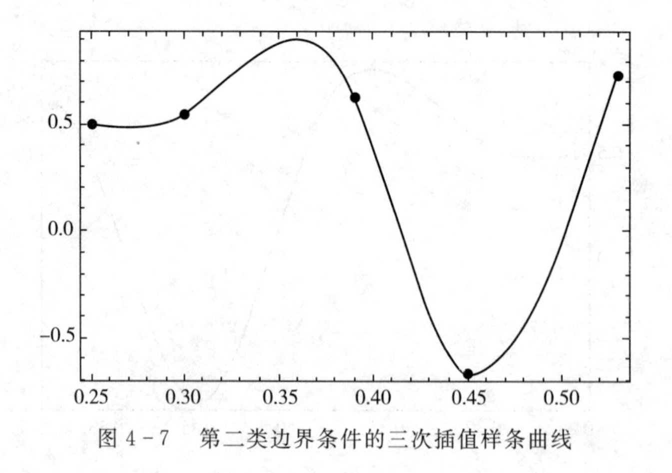

图 4-7 第二类边界条件的三次插值样条曲线

4.6.3 误差估计与收敛性

定理 4-11 设 $f(x)\in C^4[a,b]$，$s(x)$ 满足第一或第二边界条件，令 $h=\max\limits_{0\leqslant i\leqslant n-1} h_i$，$h_i=x_{i+1}-x_i(i=0,1,\cdots,n-1)$，则有估计式

$$\max_{a\leqslant x\leqslant b}|f^{(k)}(x)-s^{(k)}(x)|\leqslant C_k\max_{a\leqslant x\leqslant b}|f^4(x)|h^{4-k}\quad(k=0,1,2)$$

其中，$C_0=\frac{5}{384}$，$C_1=\frac{1}{24}$，$C_2=\frac{3}{8}$。

小结及评注

本章主要介绍插值函数的构造与误差。构造插值函数的主要方法是用插值基函数与待定系数法。所介绍的 3 种多项式插值各有其优缺点：Lagrange 插值结构紧凑、思想清晰、显式表示、形式对称，其缺点是没有承袭性。借助差商构造的 Newton 插值则克服了 Lagrange 插值无承袭性的缺点，从而在需要增加节点时，可大大减少计算量。在实际应用时，应根据插值节点的情况选取不同的插值方法。例如，当插值节点非等距时，用 Lagrange 插值比较合适；对等距节点最好选用 Newton 向前或向后插值；如果知道插值节点处的函数值和导数值，通常采用 Hermite 插值。由于所谓的 Runge 现象，在实际应用中，一般不采用高次多项式插值，常采用分段低次插值。

自主学习要点

1. 插值法的背景是什么？
2. 什么是插值法？什么是插值条件？
3. 什么是简单函数？它有什么优势？
4. 什么是代数多项式插值？对一定的插值条件，代数多项式插值多项式存在吗？如存在，这样的多项式是唯一的吗？
5. 用不同的插值方法得到的代数多项式会是一样的吗？为什么？
6. Lagrange 插值的方法是什么？其函数如何构造？有什么性质？
7. Lagrange 插值的优点和缺点是什么？

8. Lagrange 插值余项是什么？有什么不足之处？

9. 当被插值函数的表达式不存在时，如何估计 Lagrange 插值的误差大小？

10. 什么是差商？如何构造差商表？

11. Newton 插值是如何构造的？与差商是什么关系？

12. Newton 插值多项式与 Lagrange 插值多项式有什么关系？它们的余项呢？

13. 什么是 Hermite 插值？有什么优点？

14. 为什么要引进分段低次插值法？

15. 分段线性插值有什么优缺点？

16. 三次样条插值有什么优缺点？

17. 如何利用插值法实现曲线的构造和修改生成的曲线？

习　题

1. 构造一个二次 Lagrange 插值多项式 $L_2(x)$，使得

$$L_2(-1)=1, L_2(0)=-1, L_2(1)=1$$

2. 已知 $\sin(0.32)=0.314567$，$\sin(0.34)=0.333487$ 有 6 位有效数字。

(1) 用线性插值求 $\sin(0.33)$ 的近似值；

(2) 证明在$[0.32, 0.34]$之间用线性插值计算 $\sin x$ 的近似值至少有 4 位有效数字。

3. 令 $x_0=0, x_1=1$，写出 $y(x)=e^{-x}$ 的一次插值多项式 $L_1(x)$，并估计插值误差。

4. 取节点 $x_0=0, x_1=1, x_2=\dfrac{1}{2}$，对 $y=e^{-x}$ 建立 Lagrange 公式，并估计误差。

5. 已知多项式 $p(x)=x^4-x^3+x^2-x+1$ 通过表 4-11 所列的点。

表 4-11　习题 4 数据 1

x	-2	-1	0	1	2	3
$p(x)$	31	5	1	1	11	61

试构造一多项式 $q(x)$ 通过表 4-12 所列的各点。

表 4-12　习题 4 数据 2

x	-2	-1	0	1	2	3
$q(x)$	31	5	1	1	11	1

6. 对于任意实数 $\lambda\neq 0$ 及任意正整数 r 和 s，$r+s$ 次多项式

$$q(x)=\lambda(x-x_0)^r(x-x_1)^s+\frac{x-x_1}{x_0-x_1}f(x_0)+\frac{x-x_0}{x_1-x_0}f(x_1)$$

满足

$$q(x_0)=f(x_0)q(x_1)=f(x_1)$$

它说明了什么问题？

8. 设 $x_0,x_1,\cdots,x_n$ 为 $n+1$ 个互异节点，$l_i(x)(i=0,1,\cdots,n)$ 为这组节点上的 n 次 Lagrange 插值基函数，$p(x)$ 是任意一个最高次项系数为 1 的 $n+1$ 次多项式，证明：

$$p(x)-\sum_{i=0}^{n}p(x_i)l_i(x)\equiv\omega_{n+1}(x)=\prod_{i=0}^{n}(x-x_i)$$

9. 给定数据见表 4－13 所列。

表 4－13　习题 4 数据 3

x	0	1	2
$f(x)$	0	16	46

求二次 Newton 插值多项式。

7. 已知函数 $y=f(x)$ 的数据见表 4－14 所列。

表 4－14　习题 4 数据 4

x	1	2	4	-5
y	3	4	1	0

(1) 求 y 的三次 Lagrange 插值多项式；

(2) 求 y 的三次 Newton 插值多项式；

(3) 写出插值余项。

11. 设 $f(x)=x^7+5x^3+1$，求差商 $f[2^0,2^1]$，$f[2^0,2^1,2^2]$，$f[2^0,2^1,\cdots,2^7]$ 和 $f[2^0,2^1,\cdots,2^7,2^8]$.

12. 设 $f(x)=(x-x_0)(x-x_1)\cdots(x-x_n)$，$x_i$ 互异，求差商 $f[x_0,x_1,\cdots,x_p](p\leqslant n+1)$。

13. 设 $f(x)=\dfrac{1}{a-x}$，$x_0,x_1,\cdots,x_n$ 互异且不等于 a，求 $f[x_0,x_1,\cdots,x_k](k=1,2,\cdots,n)$，并写出 $f(x)$ 的 n 次 Newton 插值多项式。

14. 有表 4－15 所列的函数表。

表 4－15　习题 4 函数表

x	0	1	2	3	4
$f(x)$	3	6	11	18	27

试计算此列表函数的差分表，并利用 Newton 前插公式给出它的插值多项式。

15. 按表 4－16 求 Hermite 插值多项式。

表 4－16　习题 4 数据 5

x_i	0	1	2
y_i	0	1	1
y_i'	0	1	

16. 设已知函数 $f(x)$ 有如下值：

$$f(-1)=-2, f(0)=-1, f(1)=0, f'(0)=0$$

求不超过三次的多项式 $p_3(x)$，使得其满足插值条件：

$$p_3(-1)=f(-1), p_3(0)=f(0), p_3(1)=f(1), p_3'(0)=f'(0)$$

实验题

1. 已知一组数据 $f(-1)=-7, f(0)=4, f(1)=5, f(2)=26$，用三次 Lagrange 和 Newton 插值多项式实现插值，当 $x=98798778776^{87863243387}$，比较耗时情况，并解释原因。

2. 已知 $f(x)=x\sin x$，给定插值区间为[1,8]，节点为 $x_i=i(i=1,2\cdots,8)$，分别用分段线性和分段 Hermite 多项式进行插值，并与 7 次 Lagrange 或 Newton 多项式进行比较。

3. 给定海拔 ym 处的重力加速度，如表 4－17 所示。

表 4－17　海拔 ym 处的重力加速度

y(m)	0	30000	60000	90000	120000
g(m/s^2)	9.8100	9.7487	9.6879	9.6278	9.5682

用分段线性插值方法计算 $y=55000$m 处的重力加速度。

第 5 章　曲线拟合与函数逼近

5.1　问题背景

在科学技术的很多领域里，往往要从一组实验数据$(x_i, y_i)(i=0,1,\cdots,m)$出发，寻找自变量$x$与因变量$y$之间的函数关系$y=f(x)$。由于所观察数据量大而且带有误差，所以没有理由要求函数$y=f(x)$经过所有的点(x_i, y_i)。人们需要求出在确定意义下的"整体"近似，这就是数据逼近研究的主要内容。

函数逼近的一类问题是已知函数的表达式，希望用较简单的函数(如多项式)逼近已知的复杂函数。用插值方法求函数$y=f(x)$的多项式函数逼近，在某些插值点处可能误差为0，但在整个区间上误差可能很大，如 Runge 现象。实际应用中，有时不要求具体某些点误差为0，而要求考虑整体的误差限制。如何在给定精度下，求出计算量最小的近似式，这就函数逼近要解决的问题。

【案例 1】　曲线拟合:某乡镇企业 2015—2021 年的生产利润见表 5-1 所列，试预测 2022 年和 2023 年的生产利润。

表 5-1　生产利润表

年份	2015	2016	2017	2018	2019	2020	2021
利润/万元	80	116	144	158	174	196	201

【案例 2】　机翼断面的下轮廓线如图 5-1 所示，并且表 5-2 给出了下轮廓线的部分数据，试利用多项式最小二乘曲线拟合求加工所需的数据。

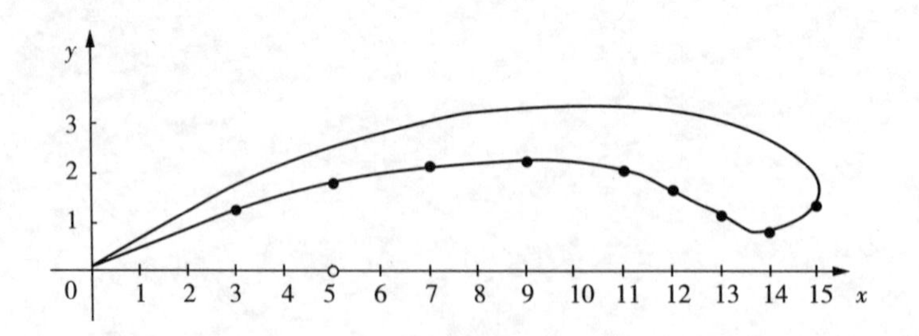

图 5-1　机翼断面的下轮廓线

表 5-2　下轮廓线的部分数据

x_i	0	3	5	7	9	11	12	13	14	15
y_i	0	1.2	1.7	2.0	2.1	2.0	1.8	1.2	1.0	1.6

【案例 3】 函数逼近:在区间$[0,1]$上,寻找 $f(x)=\arctan x$ 的一次逼近函数 $\varphi(x)$。

解法 1 考虑 $f(x)$ 在 $x_0=0$ 处的泰勒(Taylor)展开式:$\arctan x=x-\frac{x^3}{3}+\frac{x^5}{5}+\cdots$,取一次式 $\varphi(x)=x$,此时误差为 $R_1(x)=\arctan x-x$,$R_1(0)=0$,但最大误差的绝对值在 $x=1$ 处:$|R_1(1)|=\max\limits_{x\in[0,1]}|R_1(x)|=1-\frac{\pi}{4}\approx 0.2146$,Taylor 近似只是在展开点附近精度较高,不能满足在整个区间上的逼近要求。

解法 2 考虑以 $x_0=0$,$x_1=1$ 为节点做线性插值,得 $\varphi(x)=\frac{\pi}{4}x$,此时误差为 $R_2(x)=\arctan x-\frac{\pi}{4}x$,有 $R_2(0)=R_2(1)=0$,但在区间$(0,1)$中,误差均为非 0,且由 $R'_2(x)=\frac{1}{1+x^2}-\frac{\pi}{4}=0$,得极值点 $\bar{x}=\sqrt{\frac{4}{\pi}-1}\approx 0.52272$,在 $\bar{x}$ 处,$|R_2(\bar{x})|\approx 0.0711$,由于 $R''_2(\bar{x})<0$,故 $\bar{x}$ 为极大值点,即 $\max\limits_{x\in[0,1]}|R_2(x)|=|R_2(\bar{x})|\approx 0.0711$,其整体效果比解法 1 更加显著。还有比以上两种方法逼近效果更好的函数吗?

5.2 数据拟合

5.2.1 数据拟合的基本概念

常见的数据拟合问题可描述为,给定离散数据表,见表 5-2 所列。

表 5-2 离散数据表

x	x_1	x_2	$\cdots$	x_m
y	y_1	y_2	$\cdots$	y_m

寻求函数

$$\varphi(x)=a_0\varphi_0(x)+a_1\varphi_1(x)+\cdots+a_n\varphi_n(x)=\sum_{j=0}^{n}a_j\varphi_j(x)\quad(i=0,1,\cdots,m)\tag{5-1}$$

使得

$$\sum_{i=1}^{m}[\varphi(x_i)-y_i]^2=\sum_{i=1}^{m}[\sum_{j=0}^{n}a_j\varphi(x_i)-y_i]^2\tag{5-2}$$

达到最小。这里的函数 $\varphi(x)$ 称为拟合函数(Fitting Function),式(5-2)称为拟合条件(Fitting Condition)。

通常假设式(5-1)中 $\varphi_0(x),\varphi_1(x),\cdots,\varphi_n(x)$ 是已给定的函数,拟合函数是一元函数时,所对应的函数图像是平面曲线。数据拟合的几何背景是寻找一条近似通过给定离散点的曲线,故称为曲线拟合问题,如图 5-2 所示。

设函数$\{\varphi_0(x),\varphi_1(x),\cdots,\varphi_n(x)\}$已选定,根据拟合条件(5-2)确定拟合函数(5-1)

中系数的方法称为最小二乘法（Least Square Method）。

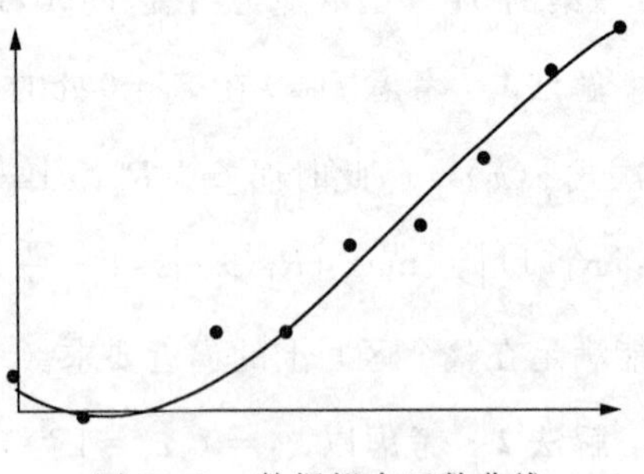
图 5-2　数据拟合函数曲线

拟合函数与数据表中函数在各节点上的差值

$$r_i=\varphi(x_i)-y_i \quad (i=1,2,\cdots m)$$

组成的向量称为残差向量，记为

$$\boldsymbol{r}=[\varphi(\boldsymbol{x}_1)-\boldsymbol{y}_1,\varphi(\boldsymbol{x}_2)-\boldsymbol{y}_2,\cdots,\varphi(\boldsymbol{x}_m)-\boldsymbol{y}_m]^{\mathrm{T}}$$

残差向量 $\boldsymbol{r}$ 的分量平方和为

$$S(a_0,a_1,\cdots,a_n)=\sum_{i=1}^{m}[\varphi(x_i)-y_i]^2=\sum_{i=1}^{m}[\sum_{j=0}^{n}a_j\varphi(x_i)-y_i]^2$$

现在确定 $a_0,a_1,\cdots,a_n$，使残差平方和最小，可令$\frac{\partial S}{\partial a_i}=0(i=0,1,\cdots,n)$，即

$$\sum_{i=1}^{m}\varphi_k(x_i)[\sum_{j=0}^{n}a_j\varphi(x_i)-y_i]=0 \quad (k=0,1,\cdots,n) \tag{5-3}$$

方程组(5-3)称为**正规方程组**，由它的解 $a_0,a_1,\cdots,a_n$ 可以确定拟合函数$\varphi(x)=a_0\varphi_0(x)+a_1\varphi_1(x)+\cdots+a_n\varphi_n(x)$。

5.2.2　线性多项式拟合

在实际问题中常用的拟合函数类有指数函数类、三角函数类等，可以根据实验数据的分布特点来选取。为了确定数据拟合问题，首先要选取适当的函数类$\{\varphi_0(x),\varphi_1(x),\cdots,\varphi_n(x)\}$。

例如，选用幂函数类$\{1,x,x^2,\cdots,x^n\}$，则拟合函数

$$\varphi(x)=\boldsymbol{a}_0+\boldsymbol{a}_1x+\boldsymbol{a}_2x^2+\cdots+\boldsymbol{a}_nx^n \quad (n+1<m)$$

称为线性多项式拟合函数。

对于 m 组数据$\{(x_i,y_i)\}(i=0,1,\cdots,m)$ 多项式拟合问题，由式(5-3)可得如下正规方程组：

$$\begin{pmatrix} m+1 & \sum_{i=0}^{m}x_i & \sum_{i=0}^{m}x_i^2 & \cdots & \sum_{i=0}^{m}x_i^n \\ \sum_{i=0}^{m}x_i & \sum_{i=0}^{m}x_i^2 & \sum_{i=0}^{m}x_i^3 & \cdots & \sum_{i=0}^{m}x_i^{n+1} \\ \vdots & \vdots & \vdots & & \vdots \\ \sum_{i=0}^{m}x_i^{n+1} & \sum_{i=0}^{m}x_i^{n+2} & \sum_{i=0}^{m}x_i^{n+3} & \cdots & \sum_{i=0}^{m}x_i^{2n} \end{pmatrix}\begin{pmatrix} a_0 \\ a_1 \\ \vdots \\ a_n \end{pmatrix}=\begin{pmatrix} \sum_{i=0}^{m}y_i \\ \sum_{i=0}^{m}x_iy_i \\ \vdots \\ \sum_{i=0}^{m}x_i^ny_i \end{pmatrix} \tag{5-4}$$

且方程组的系数矩阵可表示为

$$\begin{pmatrix} m+1 & \sum_{i=0}^{m} x_i & \sum_{i=0}^{m} x_i^2 & \cdots & \sum_{i=0}^{m} x_i^n \\ \sum_{i=0}^{m} x_i & \sum_{i=0}^{m} x_i^2 & \sum_{i=0}^{m} x_i^3 & \cdots & \sum_{i=0}^{m} x_i^{n+1} \\ \vdots & \vdots & \vdots & & \vdots \\ \sum_{i=0}^{m} x_i^{n+1} & \sum_{i=0}^{m} x_i^{n+2} & \sum_{i=0}^{m} x_i^{n+3} & \cdots & \sum_{i=0}^{m} x_i^{2n} \end{pmatrix} = \begin{pmatrix} 1 & 1 & \cdots & 1 \\ x_0 & x_1 & \cdots & x_m \\ \vdots & \vdots & & \vdots \\ x_0^n & x_1^n & \cdots & x_m^n \end{pmatrix} \begin{pmatrix} 1 & x_0 & \cdots & x_0^n \\ 1 & x_1 & \cdots & x_1^n \\ \vdots & \vdots & & \vdots \\ 1 & x_m & \cdots & x_m^n \end{pmatrix}$$

而方程组右端项可表示为

$$\begin{pmatrix} \sum_{i=0}^{m} y_i \\ \sum_{i=0}^{m} x_i y_i \\ \vdots \\ \sum_{i=0}^{m} x_i^n y_i \end{pmatrix} = \begin{pmatrix} 1 & 1 & \cdots & 1 \\ x_0 & x_1 & \cdots & x_m \\ \vdots & \vdots & & \vdots \\ x_0^n & x_1^n & \cdots & x_m^n \end{pmatrix} \begin{pmatrix} y_0 \\ y_1 \\ y_2 \\ \vdots \\ y_m \end{pmatrix}$$

记

$$\boldsymbol{G} = \begin{pmatrix} 1 & x_0 & \cdots & x_0^n \\ 1 & x_1 & \cdots & x_1^n \\ \vdots & \vdots & & \vdots \\ 1 & x_m & \cdots & x_m^n \end{pmatrix}, \boldsymbol{X} = (a_0, a_1, \cdots, a_n)^{\mathrm{T}}, \boldsymbol{F} = (y_0, y_1, \cdots, y_m)^{\mathrm{T}}$$

则式(5-4)可表示为 $\boldsymbol{G}^{\mathrm{T}}\boldsymbol{G}\boldsymbol{X} = \boldsymbol{G}^{\mathrm{T}}\boldsymbol{F}$,即正规方程组可由 $\boldsymbol{G}\boldsymbol{X} = \boldsymbol{F}$ 两边同乘以 $\boldsymbol{G}^{\mathrm{T}}$ 得到。

若拟合函数取 $\varphi(x) = a + bx$,则这种一次线性多项式拟合是一种简单的数据拟合方法,称为对数据的线性拟合(Linear Fitting),如图 5-3 所示。

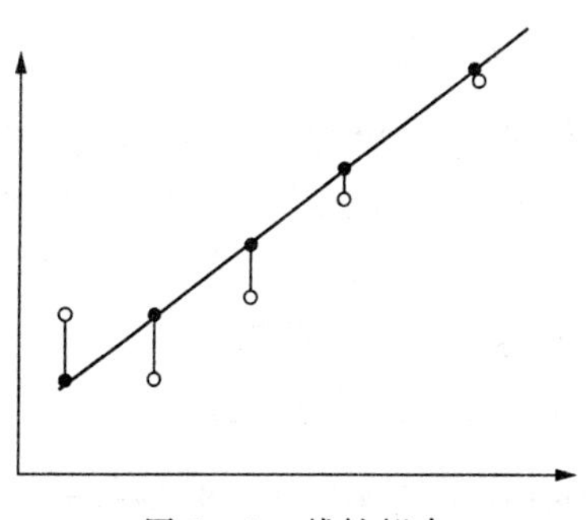

图 5-3　线性拟合

例 5-1　已知实验数据见表 5-3 所列,求一次线性拟合函数。

表 5-3　实验数据

x	1	2	3	4	5
y	4	4.5	6	8	9

解　设线性拟合函数为 $\varphi(x)=a_0+a_1x$,则

$$\begin{cases} a_0+a_1=4 \\ a_0+2a_1=4.5 \\ a_0+3a_1=6 \\ a_0+4a_1=8 \\ a_0+5a_1=9 \end{cases}$$

即

$$\begin{pmatrix} 1 & 1 \\ 1 & 2 \\ 1 & 3 \\ 1 & 4 \\ 1 & 5 \end{pmatrix}\begin{pmatrix} a_0 \\ a_1 \end{pmatrix}=\begin{pmatrix} 4 \\ 4.5 \\ 6 \\ 8 \\ 9 \end{pmatrix}$$

显然该方程组为矛盾方程组。

将上式两端左乘$\begin{pmatrix} 1 & 1 & 1 & 1 & 1 \\ 1 & 2 & 3 & 4 & 5 \end{pmatrix}$,得正规方程组

$$\begin{pmatrix} 5 & 15 \\ 15 & 55 \end{pmatrix}\begin{pmatrix} a_0 \\ a_1 \end{pmatrix}=\begin{pmatrix} 31.5 \\ 108 \end{pmatrix}$$

解得

$$\begin{cases} a_0=2.25 \\ a_1=1.35 \end{cases}$$

所求的一次拟合函数为 $\varphi(x)=2.25+1.35x$,如图 5-4 所示。残差向量为 $\boldsymbol{r}=(0.40,0.45,0.30,-0.35,0)$,即误差为 $\|\boldsymbol{r}\|_2\approx 0.7583$。

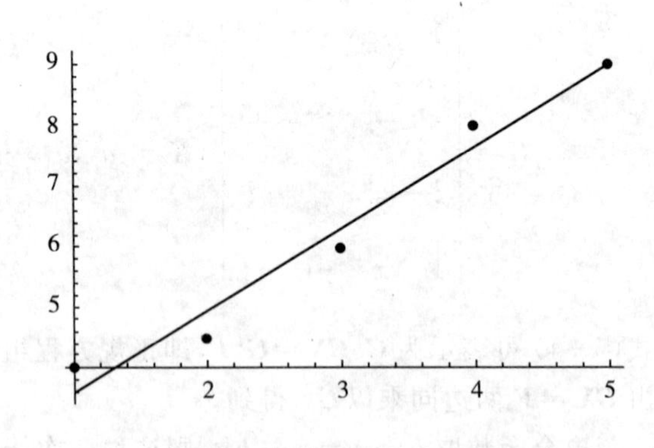

图 5-4　一次线性拟合曲线

Mathematica 程序如下:

```
xn = {1,2,3,4,5};(* 横坐标;*);
yn = {4,4.5,6,8,9};(* 纵坐标;*);
n = Length[xn];(* 数据点的个数 *)
```

```
data = Table[{xn[[i]],yn[[i]]},{i,1,n}];(* 数据点集;*)
A1 = ListPlot[data,PlotStyle -> PointSize[0.015]];(*// 画出数据点;*)
A = Table[{1,xn[[i]]},{i,1,n}];(*// 矛盾方程组的系数矩阵;*)
B = Transpose[A].A;(* 系数矩阵左乘以系数矩阵的逆 *);
CC = Transpose[A].yn;(* 常数项左乘以系数矩阵的转置;*)
DD = Inverse[B].CC;(* 解方程得解向量 *);
k = Length[B];(* 解的维数;*)
φ[x_]: = Sum[DD[[i]]x^i - 1,{i,1,k}]; Σ_{i=1}^{k} DD[[i]]x^{i-1};(* 一次拟合多项式 *);
Print["一次拟合多项式为 φ[x] = ",φ[x]];(* 显示一次拟合多项式;*)
EE = Table[φ[xn[[i]]] - yn[[i]],{i,1,n}];(* 残差向量;*)
WC = Sum[EE[[i]],{i,1,n}];(* 残差向量的 2 范数的平方 -- 即拟合误差 *)
Print["误差大小为 = ",WC];(* 算出拟合误差;*)
A2 = Plot[φ[x],{x,1,5},PlotStyle -> Red];(* 画出一次拟合多项式的图像;*)
Print["数据点与一次拟合多项式图像如下"]
Show[A1,A2](* 在同一个坐标系下显示数据点与一次拟合多项式;*)
```

例 5-2 给定离散数据，见表 5-4 所列，求这组数的二次拟合函数 $P(x)=a_0+a_1x+a_2x^2$。

表 5-4 离散数据

x	1	2	3	4	5
y	4	4.5	6	8	9

解 设二次拟合函数 $\varphi(x)=a_0+a_1x+a_2x^2$，则有

$$\begin{cases} a_0+a_1+a_2=4 \\ a_0+2a_1+4a_2=4.5 \\ a_0+3a_1+9a_2=6 \\ a_0+4a_1+16a_2=8 \\ a_0+5a_1+25a_2=9 \end{cases}$$

即

$$\begin{pmatrix} 1 & 1 & 1 \\ 1 & 2 & 4 \\ 1 & 3 & 9 \\ 1 & 4 & 16 \\ 1 & 5 & 25 \end{pmatrix} \begin{pmatrix} a_0 \\ a_1 \\ a_2 \end{pmatrix} = \begin{pmatrix} 4 \\ 4.5 \\ 6 \\ 8 \\ 9 \end{pmatrix}$$

上式两边同时左乘$\begin{pmatrix}1&1&1&1&1\\1&2&3&4&5\\1&4&9&16&25\end{pmatrix}$，得正规方程组

$$\begin{pmatrix}5&15&55\\15&55&225\\55&225&976\end{pmatrix}\begin{pmatrix}a_0\\a_1\\a_2\end{pmatrix}=\begin{pmatrix}31.5\\108\\429\end{pmatrix}$$

解得

$$\begin{cases}a_0=3\\a_1=0.7011\\a_2=0.1071\end{cases}$$

所以，二次拟合函数为 $\varphi(x)=3+0.7011x+0.1071x^2$，如图 5-5 所示。

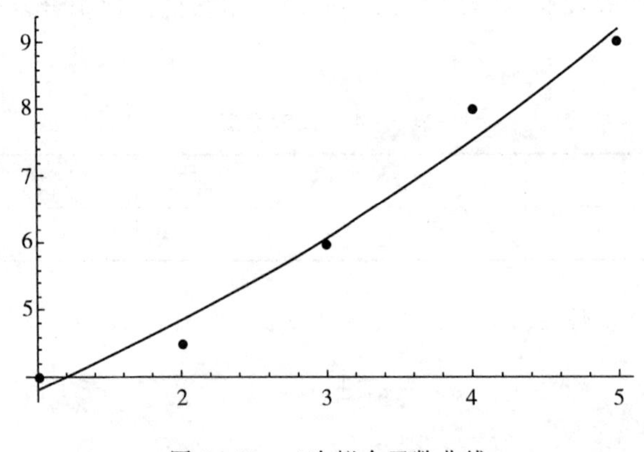

图 5-5　二次拟合函数曲线

残差向量为 $\boldsymbol{r}=(-0.1857,0.3428,0.08571,-0.4517,0.2142)$，即误差为 $\|\boldsymbol{r}\|_2\approx 0.414286$。

从例 5-1 和例 5-2 可知，对同一组数据，二次拟合比一次拟合效果要好。

例 5-3　淘宝天猫历年双十一销售额情况一览表见表 5-5 所列。

表 5-5　历年双十一销售额　　单位：亿元

2009	2010	2011	2012	2013	2014	2015	2016	2017
0.5	9.36	52	191	350	521	912	1207	1682

试预测 2018 年的销售额。

解　由题意画出散点图如图 5-6 所示。

由图 5-6，可设拟合多项式为 $P(x)=a_0+a_1x+a_2x^2$，则

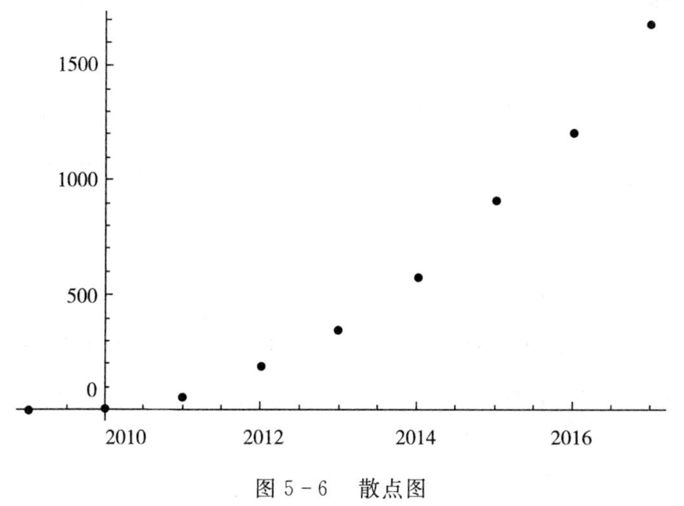

图 5-6　散点图

$$\begin{cases}a_0+2009a_1+2009^2a_2=0.5\\a_0+2010a_1+2010^2a_2=9.36\\a_0+2011a_1+2011^2a_2=52\\a_0+2012a_1+2012^2a_2=191\\a_0+2013a_1+2013^2a_2=350\\a_0+2014a_1+2014^2a_2=521\\a_0+2015a_1+2015^2a_2=912\\a_0+2016a_1+2016^2a_2=1207\\a_0+2017a_1+2017^2a_2=1682\end{cases}$$

即

$$\begin{pmatrix}1&2009&2009^2\\1&2010&2010^2\\1&2011&2011^2\\1&2012&2012^2\\1&2013&2013^2\\1&2014&2014^2\\1&2015&2015^2\\1&2016&2016^2\\1&2017&2017^2\end{pmatrix}\begin{pmatrix}a_0\\a_1\\a_2\end{pmatrix}=\begin{pmatrix}0.5\\9.36\\52\\191\\350\\521\\912\\1207\\1682\end{pmatrix}$$

上式两边同时左乘

$$\begin{pmatrix} 1 & 1 & 1 & 1 & 1 & 1 & 1 & 1 & 1 \\ 2009 & 2010 & 2011 & 2012 & 2013 & 2014 & 2015 & 2016 & 2017 \\ 2009^2 & 2010^2 & 2011^2 & 2012^2 & 2013^2 & 2014^2 & 2015^2 & 2016^2 & 2017^2 \end{pmatrix}$$

可得

$$\begin{pmatrix} 9 & 18117 & 36469581 \\ 18117 & 36469581 & 73413508113 \\ 36469581 & 73413508113 & 147782121222597 \end{pmatrix} \begin{pmatrix} a_0 \\ a_1 \\ a_2 \end{pmatrix} = \begin{pmatrix} 4974.86 \\ 1.00268107 \\ 2.02091010 \end{pmatrix}$$

解得

$$\begin{cases} a_0 = 1.22195108 \\ a_1 = -121612 \\ a_2 = 30.2581 \end{cases}$$

所以二次多项式为

$$p(x) = 1.22195108 - 121612.x + 30.2581x^2$$

因此,预测 2018 年成交额为 $p(2018) \approx 2142.52$ 亿元。

Mathematica 程序如下:

```
xn = {2009,2010,2011,2012,2013,2014,2015,2016,2017};
yn = {0.5,9.36,52,191,350,571,912,1207,1682};
n = Length[xn];
data = Table[{xn[[i]],yn[[i]]},{i,1,n}];
A = Table[{1,xn[[i]],xn[[i]]^2},{i,1,n}];
B = Transpose[A].A;CC = Transpose[A].yn;
DD = Inverse[B].CC;k = Length[B];
φ[x_]: = Sum[DD[[i]]x^(i-1),{i,1,k}];
Print[" 二次拟合多项式为 φ[x] =",φ[x]];
Print[" 预测 2018 双十一成交额大约为:  ",j[2018]," 亿元"]
```

5.2.3 数据拟合的一般形式

为了进一步理解数据拟合,设拟合函数为

$$\varphi(x) = a_0\varphi_0(x) + a_1\varphi_1(x) + \cdots + a_n\varphi_n(x)$$

则有

$$\begin{cases} \varphi(x_1) = y_1 \\ \varphi(x_2) = y_2 \\ \quad \cdots\cdots \\ \varphi(x_m) = y_m \end{cases}$$

即

$$\begin{pmatrix} \varphi_0(x_1) & \varphi_1(x_1) & \cdots & \varphi_n(x_1) \\ \varphi_0(x_2) & \varphi_1(x_2) & \cdots & \varphi_n(x_2) \\ \vdots & \vdots & & \vdots \\ \varphi_0(x_m) & \varphi_1(x_n) & \cdots & \varphi_n(x_m) \end{pmatrix} \begin{pmatrix} a_0 \\ a_1 \\ \vdots \\ a_n \end{pmatrix} = \begin{pmatrix} y_0 \\ y_1 \\ \vdots \\ y_n \end{pmatrix} \tag{5-5}$$

由于 m 的个数远远大于未知数的个数，上面的方程组也称为超定方程组。

令

$$\vec{\varphi}_0 = \begin{pmatrix} \varphi_0(x_1) \\ \varphi_0(x_2) \\ \vdots \\ \varphi_0(x_m) \end{pmatrix}, \vec{\varphi}_1 = \begin{pmatrix} \varphi_1(x_1) \\ \varphi_1(x_2) \\ \vdots \\ \varphi_1(x_m) \end{pmatrix}, \cdots, \vec{\varphi}_n = \begin{pmatrix} \varphi_0(x_1) \\ \varphi_0(x_2) \\ \vdots \\ \varphi_0(x_m) \end{pmatrix}, \bar{\mathbf{y}} = \begin{pmatrix} \mathbf{y}_1 \\ \mathbf{y}_2 \\ \vdots \\ \mathbf{y}_m \end{pmatrix}$$

则式(5－5)式可表示为

$$(\bar{\varphi}_0, \bar{\varphi}_1, \cdots, \bar{\varphi}_n) \begin{pmatrix} a_0 \\ a_1 \\ \vdots \\ a_n \end{pmatrix} = \bar{\mathbf{y}}$$

上式两边同乘以 $(\bar{\varphi}_0, \bar{\varphi}_1, \cdots, \bar{\varphi}_n)^{\mathrm{T}}$，可得如下正规方程组：

$$\begin{pmatrix} (\bar{\varphi}_0, \bar{\varphi}_0) & (\bar{\varphi}_0, \bar{\varphi}_1) & \cdots & (\bar{\varphi}_0, \bar{\varphi}_n) \\ (\bar{\varphi}_1, \bar{\varphi}_0) & (\bar{\varphi}_1, \bar{\varphi}_1) & \cdots & (\bar{\varphi}_1, \bar{\varphi}_n) \\ \vdots & \vdots & & \vdots \\ (\bar{\varphi}_n, \bar{\varphi}_0) & (\bar{\varphi}_n, \bar{\varphi}_1) & \cdots & (\bar{\varphi}_n, \bar{\varphi}_n) \end{pmatrix} \begin{pmatrix} a_0 \\ a_1 \\ \vdots \\ a_n \end{pmatrix} = \begin{pmatrix} (\bar{\varphi}_0, \vec{y}) \\ (\bar{\varphi}_1, \vec{y}) \\ \vdots \\ (\bar{\varphi}_n, \vec{y}) \end{pmatrix}$$

从上面的正规方程组可解它的解 $a_0, a_1, \cdots, a_n$。正规方程组的解称为超定方程组的最小二乘解（Least Square Solution），从而可以确定拟合函数

$$\varphi(x)=a_0\varphi_0(x)+a_1\varphi_1(x)+\cdots+a_n\varphi_n(x)$$

用最小二乘法解决实际问题的过程包含3个步骤：

(1) 由观测数据表中的数值点，画出未知函数的粗略图形 —— 散点图；

(2) 从散点图中确定拟合函数类型 Φ；

(3) 通过最小二乘原理，确定拟合函数 $\varphi(x)\in\Phi$ 中的未知参数。

例 5－4 已知经实验取得一组数据，见表 5－6 所列。

表 5－6 实验数据

x_i	1	2	5	7
y_i	9	4	2	1

试求它的最小二乘拟合曲线。

解 取

$$x_0=1,\quad x_1=2,\quad x_2=5,\quad x_3=7$$

$$y_0=9,\quad y_1=4,\quad y_2=2,\quad y_3=1$$

画出散点图，如图 5－7 所示，可见这些点基本位于一条双曲线附近。

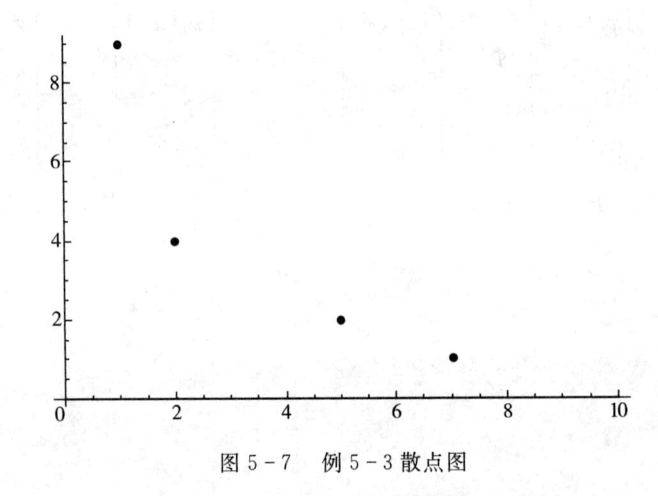

图 5－7 例 5－3 散点图

于是，可取拟合函数类 $\Phi=\mathrm{span}\{1,1/x\}$，选取拟合函数为

$$\varphi(x)=a_0\varphi_0(x)+a_1\varphi_1(x)=a_0+\frac{a_1}{x}$$

则有

$$(\varphi_0,\varphi_0)=\sum_{i=0}^{3}1\times1=4,\quad(\varphi_1,\varphi_0)=\sum_{i=0}^{3}\frac{1}{x_i}\times1\approx1.842857$$

$$(f,\varphi_0)=\sum_{i=0}^{4}y_i\times1=16,\quad(\varphi_0,\varphi_1)=\sum_{i=0}^{4}1\times\frac{1}{x_i}\approx1.842857$$

$$(\varphi_1,\varphi_1)=\sum_{i=0}^{4}\frac{1}{x_i}\times\frac{1}{x_i}\approx 1.310408,(f,\varphi_1)=\sum_{i=0}^{4}y_i\times\frac{1}{x_i}\approx 11.542857$$

得正规方程组

$$\begin{pmatrix} 4 & 1.842857 \\ 1.842857 & 1.310408 \end{pmatrix}\begin{pmatrix} a_0 \\ a_1 \end{pmatrix}=\begin{pmatrix} 16 \\ 11.542857 \end{pmatrix}$$

解得 $a_0\approx-0.165432$，$a_1\approx 9.041247$，于是所求拟合函数为

$$\varphi^*(x)=-0.165432+\frac{9.041247}{x}$$

其图像如图 5 - 8 所示。

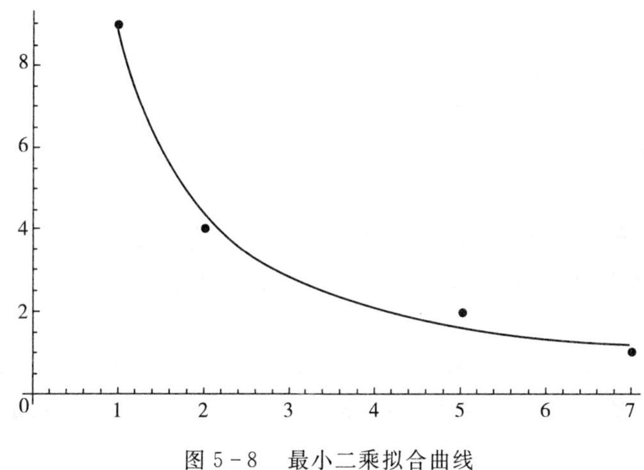

图 5 - 8　最小二乘拟合曲线

Mathematica 程序如下：

```
xn = {1,2,5,7};yn = {9.,4,2,1};n = Length[xn];
data = Table[{xn[[i]],yn[[i]]},{i,1,n}];
φ0[x_]: = 1;φ1[x_]: = 1/x;
φ0 = Table[φ0[xn[[i]]],{i,1,n}];j
φ1 = Table[φ1[xn[[i]]],{i,1,n}];
A = Inverse[{{φ0.φ0,φ0.φ1},{φ1.φ0,φ1.φ1}}].{φ0.yn,φ1.yn};
φ[x_]: = A[[1]] + A[[2]]1/x;
Print[" 拟合函数为 φ[x] = ",φ[x]];
EE = Table[φ[xn[[i]]] - yn[[i]],{i,1,n}];
WC = Sum[(EE[[i]])^2,{i,1,n}];
Print[" 误差大小为 = ",WC]
A1 = ListPlot[data,PlotStyle -> PointSize[0.015]];
A2 = Plot[φ[x],{x,1,7},PlotStyle -> Red];
Print[" 数据点与拟合函数图像如下"]
Show[A1,A2]
```

在计算机上求数据$\{(x_i,y_i)\}_{i=1}^m$的形如

$$\varphi(x)=a_0\varphi_0(x)+a_1\varphi_1(x)+\cdots+a_n\varphi_n(x)\quad(n<m)$$

的最小二乘拟合的算法如下：

(1) 输入数据 x_i,y_i 和 m,n；

(2) 生成计算系数矩阵 $\boldsymbol{G}$ 的元素及右端的分量：

$$(\varphi_j,\varphi_k)=\sum_{i=1}^{m}\varphi_j(x_i)\varphi_k(x_i)\quad(j,k=0,1,\cdots,n)$$

$$(y,\varphi_j)=\sum_{i=1}^{m}\varphi_j(x_j)y_i\quad(j=0,1,\cdots,n)$$

(3) 输出正规方程组。

(4) 输出 $a_0,a_1,\cdots,a_n$。

由于正规方程组的系数矩阵是对称的，因此在第(2)步中只要生成系数矩阵的上(或下)三角部分(包括主对角线)即可。

5.2.4 非线性拟合

前面所讨论的最小二乘问题都是线性的，即 $\varphi(x)$ 关于待定系数 $a_0,a_1,\cdots,a_m$ 是线性的。若$\varphi(x)$的待定系数$a_0,a_1,\cdots,a_m$是非线性的，则往往先用适当的变换把非线性问题线性化后，再求解。

如对 $y=\varphi(x)=a_0e^{a_1x}$，取对数，得 $\ln y=\ln a_0+a_1x$，$A_0=\ln a_0$，$A_1=a_1$，则有 $u=A_0+A_1x$，它关于待定系数 A_0,A_1 是线性的，于是 A_0,A_1 满足的正规方程组是

$$\begin{pmatrix}(\varphi_0,\varphi_0) & (\varphi_1,\varphi_0)\\ (\varphi_0,\varphi_1) & (\varphi_1,\varphi_1)\end{pmatrix}\begin{pmatrix}A_0\\ A_1\end{pmatrix}=\begin{pmatrix}(u,\varphi_0)\\ (u,\varphi_1)\end{pmatrix}$$

其中，$\varphi_0(x)=1$，$\varphi_1(x)=x$。由上述方程组解得 A_0,A_1 后，再由 $a_0=e^{A_0}$，$a_1=A_1$，求得

$$\varphi^*(x)=a_0e^{a_1x}$$

例 5-5 由实验得到一组离散数据，见表 5-7 所列。

表 5-7 离散数据

x_i	0	0.5	1	1.5	2	2.5
y_i	2.0	1.0	0.9	0.6	0.4	0.3

试求它的最小二乘拟合曲线。

解 取

$$x_0=0,\quad x_1=0.5,\quad x_2=1,\quad x_3=1.5,\quad x_4=2,\quad x_5=2.5$$

$$y_0=2.0,\quad y_1=1.0,\quad y_2=0.9,\quad y_3=0.6,\quad y_4=0.4,\quad y_5=0.3$$

画出散点图，如图 5-9 所示。

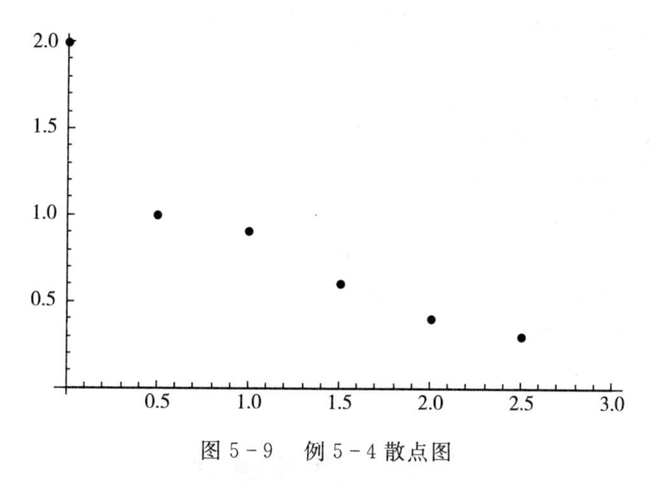

图 5－9　例 5－4 散点图

由图 5－9 可见这些点近似于一条指数曲线 $y=a_0\mathrm{e}^{a_1x}$，记

$$A_0=\ln a_0, A_1=a_1, u=\ln y, x=x$$

则有

$$u=A_0+A_1x$$

记 $\varphi_0(x)=1,\varphi_1(x)=x$，则

$$(\varphi_0,\varphi_0)=\sum_{i=0}^{5}1\times 1=6,\quad (\varphi_1,\varphi_0)=\sum_{i=0}^{5}x_i\times 1=7.5$$

$$(u,\varphi_0)=\sum_{i=0}^{4}\ln y_i\times 1\approx -2.043302,\quad (\varphi_0,\varphi_1)=\sum_{i=0}^{4}1\times x_i=7.5$$

$$(\varphi_1,\varphi_1)=\sum_{i=0}^{4}x_i\times x_i=13.75,\quad (u,\varphi_1)=\sum_{i=0}^{4}\ln y_i\times x_i\approx -5.714112$$

得正规方程组

$$\begin{pmatrix}6 & 7.5\\ 7.5 & 13.75\end{pmatrix}\begin{pmatrix}A_0\\ A_1\end{pmatrix}=\begin{pmatrix}-2.043302\\ -5.714112\end{pmatrix}$$

解得 $A_0\approx 0.562302, A_1\approx -0.722282$，于是 $a_0=\mathrm{e}^{A_0}\approx 1.754708, a_1=A_1\approx -0.722282$，故所求拟合函数为 $\varphi^*(x)=1.754708\mathrm{e}^{-0.722282}$。

Mathematica 程序如下：

```
xn = {0,0.5,1,1.5,2,2.5};
yn = {2,1,0.9,0.6,0.4,0.3};
n = Length[xn];
data = Table[{xn[[i]],yn[[i]]},{i,1,n}];
φ0[x_]: = 1;φ1[x_]: = x;
φ0 = Table[φ0[xn[[i]]],{i,1,n}];j
φ1 = Table[φ1[xn[[i]]],{i,1,n}];
```

```
A = Inverse[{{φ0. φ0,φ0. φ1},{φ1. φ0,φ1. φ1}}].{φ0. yn,φ1. yn};
φ[x_]: = E^A[[1]] E^(A[[2]]x);
Print[" 拟合函数为 φ[x] = ",φ[x]];
EE = Table[φ[xn[[i]]] - yn[[i]],{i,1,n}];
WC = Sum[(EE[[i]])^2,{i,1,n}];
Print[" 误差大小为 = ",WC]
A1 = ListPlot[data,PlotStyle -> PointSize[0.015]];
A2 = Plot[φ[x],{x,1,7},PlotStyle -> Red];
Print[" 数据点与拟合函数图像如下"]
Show[A1,A2]
```

5.3 函数逼近

对于离散点的最小二乘拟合方法,可以推广到连续函数的逼近上去。下面先给出正交多项式的概念。

5.3.1 正交多项式

定义 5-1 如果函数系$\{\varphi_k(x)\}$中每个函数$\varphi_k(x)$在区间$[a,b]$上连续,不恒等于零,且满足条件

$$\begin{cases}(\varphi_i,\varphi_j)=\int_a^b\rho(x)\varphi_i(x)\varphi_j(x)\mathrm{d}x=0,i\neq j\\(\varphi_i,\varphi_j)=\int_a^b\rho(x)[\varphi_i^2(x)]\mathrm{d}x>0\end{cases}\tag{5-6}$$

那么称函数系$\{\varphi_k(x)\}$在$[a,b]$上关于权函数$\rho(x)$为正交函数系(Orthogonal System of Functions)。当$\rho_k(x)$是k次多项式时,称$\varphi(x)=\sum\limits_{i=1}^{n}\alpha_i\varphi_i(x)$为正交多项式(Orthogonal Polynomial)。

例如,三角函数系$1,\cos x,\sin x,\cos 2x,\sin 2x,\cdots$在$[-\pi,\pi]$上关于权函数$\rho(x)\equiv 1$是正交函数系。

式(5-6)中的$(\varphi_i,\varphi_j)=\int_a^b\rho(x)\varphi_i(x)\varphi_j(x)\mathrm{d}x$称为$\varphi_i(x)$与$\varphi_j(x)$的内积(Scalar Product)。对于离散情形,$\varphi_i(x)$与$\varphi_j(x)$的内积为

$$(\varphi_i,\varphi_j)=\sum_{k=1}^{m}\rho_k\varphi_i(x_k)\varphi_j(x_k)$$

显然,如果内积$(f,g)=0$,则称f与g正交(Orthogonality)。

下面介绍几个最常用的正交多项式。

1. 勒让德多项式

定义 5-2 在区间$[-1,1]$上关于权函数$\rho(x)\equiv 1$构成正交系的多项式$\{p_n(x)\}$:

$$p_0(x)=1, p_1(x)=x, p_2(x)=\frac{1}{2}(3x^2-1)$$

$$p_3(x)=\frac{1}{2}(5x^3-3x), p_4(x)=\frac{1}{8}(35x^4-30x^2+3)$$

$$p_5(x)=\frac{1}{8}(63x^5-70x^3+15x)$$

……

$$p_n(x)=\frac{1}{2^n n!}\left(\frac{\mathrm{d}}{\mathrm{d}x}\right)^n(x^2-1)^n$$

即

$$p_n(x)=\frac{1}{2^n n!}\left(\frac{\mathrm{d}}{\mathrm{d}x}\right)^n(x^2-1)^n \quad (n=0,1,\cdots) \tag{5-7}$$

称为勒让德多项式（Legendre Polynomial）。

2. 切巴雪夫多项式

定义 5-3 称多项式系$\{T_n(x)\}$：

$$T_0(x)=1$$

$$T_1(x)=x$$

$$T_2(x)=2x^2-1$$

$$T_3(x)=4x^3-3x$$

$$T_4(x)=8x^4-8x^2+1$$

$$T_5(x)=16x^5-20x^3+5x$$

$$T_6(x)=32x^6-48x^4+18x^2-1$$

……

$$T_n(x)=\cos(n\arccos x)$$

即

$$T_n(x)=\cos(n\arccos x), -1\leqslant x\leqslant 1 \quad (n=0,1,\cdots) \tag{5-8}$$

为n次切比雪夫多项式（Chebyshev Polynomial），它是在$[-1,1]$上关于权函数$\rho(x)=\frac{1}{\sqrt{1-x^2}}$的正交多项式系。

3. 拉盖尔多项式

定义 5-4 称

$$L_n(x)=\mathrm{e}^x\left(\frac{\mathrm{d}}{\mathrm{d}x}\right)^n(x^n\mathrm{e}^{-x}) \quad (n=0,1,\cdots) \tag{5-9}$$

为拉盖尔多项式（Laguerre Polynomial），它是在$[0,+\infty)$上关于权$\rho(x)=\mathrm{e}^{-x}$的正交多项式系。

4. 艾米特多项式

定义 5-5 称

$$H_n(x)=\mathrm{e}^{x^2}\left(\frac{\mathrm{d}}{\mathrm{d}x}\right)^n(\mathrm{e}^{-x^2})\quad(n=0,1,\cdots)\tag{5-10}$$

为艾米特多项式（Hermite Polynomial），它是在$(-\infty,+\infty)$上关于权函数$\rho(x)=\mathrm{e}^{-x^2}$的正交多项式系。

5.3.2 最佳平方逼近

设$\varphi_0(x),\varphi_1(x),\cdots,\varphi_n(x)$是一族在$[a,b]$上线性无关的连续函数，以它们为基底构成的线性空间为$\Phi=\mathrm{span}\{\varphi_0,\varphi_1,\cdots,\varphi_n\}$。所谓最佳平方逼近问题（the Best Square Approximation Problem）就是求广义多项式$p(x)\in\Phi$，即确定

$$p(x)=a_0\varphi_0(x)+a_1\varphi_1(x)+\cdots+a_n\varphi_n(x)\tag{5-11}$$

的系数$a_j(j=0,1,\cdots,n)$，使函数

$$s(a_0,a_1,\cdots,a_n)=\int_a^b\rho(x)\,(p(x)-f(x))^2\mathrm{d}x\tag{5-12}$$

取极小值，这里$\rho(x)$为权函数。

显然，使s达到最小的$\alpha_0,\alpha_1,\cdots,\alpha_n$必须满足方程组，即对每个变量求导数，得

$$\frac{1}{2}\frac{\partial s}{\partial a_k}=\int_a^b\rho(x)(p(x)-f(x))\varphi_k(x)\mathrm{d}x=0\tag{5-13}$$

或写成

$$\int_a^b\rho(x)p(x)\varphi_k(x)\mathrm{d}x=\int_a^b\rho(x)f(x)\varphi_k(x)\mathrm{d}x\quad(k=0,1,\cdots,n)\tag{5-14}$$

把式(5-11)代入式(5-14)，得

$$\sum_{j=0}^n a_j\int_a^b\rho(x)\varphi_j(x)\varphi_k(x)\mathrm{d}x=\int_a^b\rho(x)f(x)\varphi_k(x)\mathrm{d}x\quad(k=0,1,\cdots,n)\tag{5-15}$$

利用内积定义，则式(5-12)及式(5-13)可以写成

$$\sum_{j=0}^n a_j(\varphi_j,\varphi_k)=(f,\varphi_k)\quad(k=0,1,\cdots,n)\tag{5-16}$$

所以若$p(x)$使s为极小，其系数a_j必满足方程组(5-14)。方程组(5-14)的系数行列式为

$$G(\varphi_0,\varphi_1,\cdots,\varphi_n)=\begin{vmatrix}(\varphi_0,\varphi_0)&(\varphi_0,\varphi_1)&\cdots&(\varphi_0,\varphi_n)\\(\varphi_1,\varphi_0)&(\varphi_1,\varphi_1)&\cdots&(\varphi_1,\varphi_n)\\\vdots&\vdots&&\vdots\\(\varphi_n,\varphi_0)&(\varphi_n,\varphi_1)&\cdots&(\varphi_n,\varphi_n)\end{vmatrix}$$

且必不等于0。事实上,因为 $\varphi_0(x),\cdots,\varphi_n(x)$ 线性无关,所以 $\sum_{j=0}^{n} a_j\varphi_j(x) \neq 0$。二次型

$$\sum_{i=0}^{n}\sum_{j=0}^{n}(\varphi_i,\varphi_j)a_ia_j = (\sum_{i=0}^{n}a_i\varphi_i,\sum_{j=0}^{n}a_j\varphi_j) = (\sum_{j=0}^{n}a_j\varphi_j,\sum_{j=0}^{n}a_j\varphi_j) > 0$$

因此,此二次型正定,其系数矩阵即方程组(5-15)的系数矩阵的行列式大于0,从而方程组(5-14)有唯一解。此外,容易证明 $p(x)$ 就是使 s 取极小值的函数。特别是当 $\{\varphi_k(x)\}$ 为 $[a,b]$ 上关于权函数 $\rho(x)$ 的正交函数系时,可由方程组(5-16)立刻求出

$$a_i = \frac{(f,\varphi_i)}{(\varphi_i,\varphi_i)} \quad (i=0,1,\cdots,n) \tag{5-17}$$

从而,最佳平方逼近函数为

$$p(x) = \sum_{i=0}^{n} \frac{(f,\varphi_i)}{(\varphi_i,\varphi_i)}\varphi_i(x) \tag{5-18}$$

我们也称方程组(5-16)为正规方程组(Normal System of Equations)。

在计算机上应用正交多项式的方法求函数的最佳平方逼近多项式的步骤如下:

(1) 取 $\varphi_0(x),\varphi_0(x),\cdots,\varphi_n(x)$ 作为拟合基函数;

(2) 计算 $(\varphi_i(x),\varphi_j(x)),(\varphi_i(x),f)(i,j=0,1,\cdots,n)$;

(3) 将步骤(2)的计算结果代入式(5-16)的系数行列式,输出方程组;

(4) 输出 $a_0,a_1,\cdots,a_n$。

由于正规方程组的系数矩阵是对称的,因此在步骤(2)中只需生成的矩阵的上(或下)三角部分(包括主对角线)元素即可。

例5-6 求函数 $y=\arctan x$ 在 $[0,1]$ 上的一次和二次最佳平方逼近多项式,其中 $\rho(x)=1$。

解 (1) 先求一次最佳平方逼近多项式 $p(x)=a_0\varphi_0(x)+a_1\varphi_1(x)$,其中 $\varphi_0(x)=1$,$\varphi_1(x)=x$。首先算出

$$(\varphi_0,\varphi_0)=\int_0^1 1\mathrm{d}x=1,(\varphi_0,\varphi_1)=\int_0^1 x\mathrm{d}x=\frac{1}{2}$$

$$(\varphi_1,\varphi_1)=\int_0^1 x^2\mathrm{d}x=\frac{1}{3}$$

$$(\varphi_0,y)=\int_0^1 \arctan x\mathrm{d}x=\frac{\pi}{4}-\frac{1}{2}\ln 2$$

$$(\varphi_1,y)=\int_0^1 x\arctan x\mathrm{d}x=\frac{\pi}{4}-\frac{1}{2}$$

代入式(5-16),得正规方程组为

$$\begin{cases} a_0+\frac{1}{2}a_1=\frac{\pi}{4}-\frac{1}{2}\ln 2 \\ \frac{1}{2}a_0+\frac{1}{3}a_1=\frac{\pi}{4}-\frac{1}{2} \end{cases}$$

解此方程组，得

$$a_0 = 3 - 2\ln 2 - \frac{\pi}{2} \approx 0.042909$$

$$a_1 = \frac{3}{2}\pi - 6 + 3\ln 2 \approx 0.791831$$

故一次最佳平方逼近多项式为

$$p(x) = 0.042909 + 0.791831x$$

其误差为

$$s = \int_0^1 (\arctan x - (0.042909 + 0.791831x))^2 \mathrm{d}x \approx 0.000464566$$

其图像如图 5-10 所示，其中虚线表示一次最佳平方逼近多项式，实线为被逼近函数。

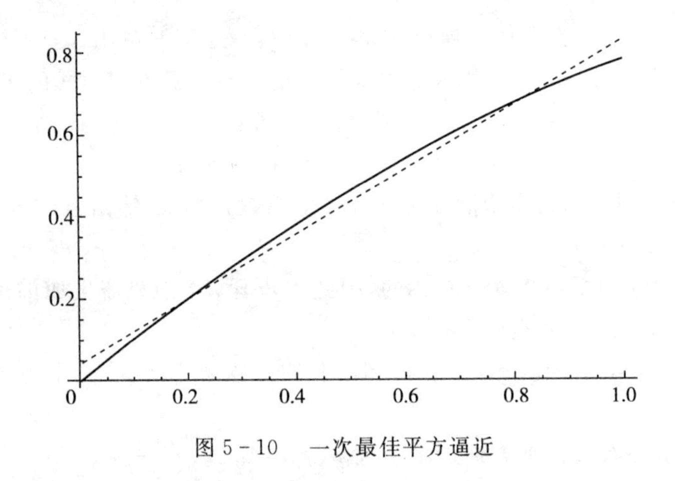

图 5-10　一次最佳平方逼近

对于二次最佳平方逼近多项式 $p(x) = a_0\varphi_0(x) + a_1\varphi_1(x) + a_2\varphi_2(x)$，其中 $\varphi_0(x) = 1$，$\varphi_1(x) = x$，$\varphi_2(x) = x^2$，用类似的方法可以求出

$$a_0 = -0.00519519, a_1 = 1.08046, a_2 = -0.288627$$

故二次最佳平方逼近多项式为

$$p(x) = -0.00519519 + 1.08046x - 0.288627x^2$$

其误差为

$$s = \int_0^1 (\arctan x - (-0.00519519 + 1.08046x - 0.288627x^2))^2 \mathrm{d}x \approx 1.75761 \times 10^{-6}$$

显然二次多项式的误差比一次多项式的误差要小得多。

一次最佳平方逼近多项式 Mathematica 程序如下：

```
f[x_]: = ArcTan[x];(* 被逼近函数 *)
```

```
φ0[x_]: = 1;φ1[x_]: = x;(* 拟合基函数 *)
A = {{∫_0^1 φ0[x]^2 dx,∫_0^1 φ0[x]φ1[x]dx},{∫_0^1 φ0[x]φ1[x]dx,∫_0^1 φ1[x]φ1[x]dx}};(* 函数做内积,得正规方程组系数矩阵 *)
B = {∫_0^1 φ0[x]f[x]dx,∫_0^1 φ1[x]f[x]dx};
CC = Inverse[A].B;(* 求解向量 *)
p[x_]: = CC[[1]]φ0[x] + CC[[2]]φ1[x];(* 一次最佳平方逼近函数 *)
Print["一次最佳平方逼近函数 φ(x) =",φ[x]]
Print["拟合函数(x)的误差:",N[∫_0^1 (φ[x] - f[x])^2 dx]]
a0 = Plot[p[x],{x,0,1},PlotStyle -> {Dashed}];
a1 = Plot[f[x],{x,0,1},PlotStyle -> {Black}];
Show[a1,a0,PlotRange -> All,AxesOrigin -> {0,0}](* PlotRange -> All 画出的图的全部范围,坐标轴的原点取(0,0) *)
```

例 5-7 用 Legendre 多项式求函数 $y=e^x$ 在$[-1,1]$上的二次最佳平方逼近多项式。

解 设所求的二次最佳平方逼近 $p(x)=a_0\varphi_0(x)+a_1\varphi_1(x)+a_2\varphi_2(x)$,其中 $\varphi_0(x)=1$,$\varphi_1(x)=x$,$\varphi_2(x)=\frac{1}{2}(3x^2-1)$,则由式(5-17)可得

$$a_0=\frac{(f,\varphi_0)}{(\varphi_0,\varphi_0)}\approx 1.1752,a_1=\frac{(f,\varphi_1)}{(\varphi_1,\varphi_1)}\approx 1.10364,a_2=\frac{(f,\varphi_2)}{(\varphi_2,\varphi_2)}\approx 0.357814$$

故所求的二次最佳平方逼近 $p(x)=1.1752+1.10364x+0.357814x^2$。

小结及评注

离散数据的拟合是在工程技术与科学实验中经常遇到的问题,它实质上是连续函数子空间上的极值问题。本章介绍的最佳平方逼近,特别是其中的最小二乘法是计算机数据处理的重要内容,在工程技术与科学实验中被广泛采用。为了保证解的存在性,本章只讨论线性最小二乘问题。当最小二乘多项式次数较高时,正规方程组往往是病态的,解决的方法是采用正交多项式。因此本章简要介绍了几种常见的正交多项式及其有关性质。正交多项式在数值分析中有广泛的应用。

自主学习要点

1. 什么样的数据处理用插值法和拟合法?
2. 什么是线性拟合?什么是线性多项式拟合?
3. 什么是最小二乘法?其基本思想是什么?
4. 什么是正规方程组?

5. 什么是超定方程组？如何求解？

6. 当拟合函数类型为非线性形式时如何求解？

7. 对于实际给定的数据如何求拟合函数？选择拟合函数类型的依据是什么？

8. 最佳平方逼近是针对哪种类型的数据进行逼近？

9. 什么是最佳平方逼近？其基本思想是什么？

10. 为什么说插值法和拟合法都是函数逼近方法？

11. 如何描述一种逼近方法的优劣？

12. 为什么要函数逼近？

13. 你还了解哪些函数逼近方法？

习 题

1. 求以表 5-8 所列数据做一次多项式 $y=ax+b$ 拟合的最小二乘拟合函数。

表 5-8 习题 5 数据 1

x_i	-2	-1	0	1	2
y_i	0	0.2	0.5	0.8	1

2. 已知$(x_i,y_i)(i=1,2,3,4)$的观测值见表 5-9 所列。

表 5-9 习题 5 数据 2

x_i	1	2	3	4
y_i	1	2	4	9

用最小二乘法求与这些数据拟合的二次曲线 $f(x)=b_0+b_1+b_2x^2$。

3. 在某个低温过程中，函数 y 依赖于温度 θ(℃) 的试验数据见表 5-10 所列。

表 5-10 习题 5 数据 3

θ	1	2	3
y	0.8	1.5	1.8

已知经验公式的形式为 $y=a\theta+b\theta^2$，试用最小二乘法求出 a,b。

4.（线性化拟合）已知 $x_1,\cdots,x_n$ 及 $y_i=f(x_i)(i=1,\cdots,n)$，用最小二乘法求 $f(x)$ 的拟合曲线 $\varphi(x)=a\mathrm{e}^{bx}$。

5. 求下列超定线性方程组的近似解：

$$(\text{Ⅰ})\begin{cases}x_1+2x_2=1\\2x_1+x_2=0;\\x_1+x_2=0\end{cases}\qquad(\text{Ⅱ})\begin{cases}2x+4y=11\\3x-5y=3\\x+2y=6\\2x+y=7\end{cases}。$$

(1) 用最小二乘原理求解，并求其平方误差；

(2) 直接由法方程组 $\boldsymbol{A}^{\mathrm{T}}\boldsymbol{A}\boldsymbol{x}=\boldsymbol{A}^{\mathrm{T}}\boldsymbol{b}$ 求解。

6. 设 $f(x)=\sin(x)x \in \left[0,\frac{\pi}{2}\right]$。

(1) 试求 $f(x)$ 的一次最佳平方逼近多项式；

(2) 试求 $f(x)$ 的一次最佳一致逼近多项式。

7. 求函数 $f(x)=\sqrt{x}$ 在 $\left[\frac{1}{4},1\right]$ 上的一次最佳一致逼近多项式 $p_1^*(x)=a_0^*+a_1^*x$。

8. 设 $\varphi_1=\mathrm{span}\{1,x\}$，$\varphi_2=\mathrm{span}\{x^{100},x^{101}\}$，分别在 φ_1 和 φ_2 中求[0,1]上的连续函数 $f(x)=x^2$ 的最佳平方逼近函数，并比较其结果。

9. 设 $H_n=\mathrm{span}\{1,x,x_2,\cdots,x^n\}$。

(1) 试证：若 $f(x)\in C[a,b]$，则其逼近多项式 $p_n^*(x)\in H_n$ 就是 $f(x)$ 的一个 Lagrange 插值多项式；

(2) 设 $f(x)\in C^2[a,b]$，$f''(x)$ 在 (a,b) 内不变号，试求最佳一次逼近多项式 $p_1(x)=a_0+a_1x$。

实验题

1. 设经实验取得一组数据见表 5-11 所列。

表 5-11　实验题 1 数据

x_i	1	2	5	7
y_i	9	4	2	1

试按照一般步骤，选择适当函数进行拟合。

2. 已知 $f(x)=\arcsin x$，给定插值区间为[0,1]，用一次（二次或三次）最佳平方逼近。

第6章 数值微分与数值积分

6.1 问题背景

在实际问题中所遇到的函数关系往往只知道一组离散数据，而解析表达式是未知的。有的函数关系虽然有解析表达式，但很复杂，不便于计算。对于定积分而言，有的函数其原函数不能用初等函数表示，而在科学技术和生产实践中又需要求出函数的微积分，这就产生了利用离散数据求函数的数值积分（Numerical Integration）及数值微分（Numerical Differentiation）的思想方法。本章主要介绍数据微积分的基本思想方法及常用的数值微分与数值积分公式。

【案例 1】 战斗机着舰：某喷气式战斗机在航空母舰的飞机跑道上降落过程的相关数据见表 6-1 所列，已知 x 为战斗机与航空母舰末端的距离，试估计战斗机的飞行速度 $\left(v=\dfrac{\mathrm{d}x}{\mathrm{d}t}\right)$ 和加速度 $\left(a=\dfrac{\mathrm{d}v}{\mathrm{d}t}\right)$。

表 6-1　战斗机着舰降落过程数据表

t/s	0	0.52	1.04	1.75	2.37	3.25	3.83
x/m	153	185	208	249	261	271	273

【案例 2】 人造卫星轨道：人造地球卫星轨道可视为平面上的椭圆，我国第一颗人造地球卫星近地点距离地球表面 439km，远地点距离地球表面 1384km，试测定该卫星的运行轨道。

卫星运行的轨道是椭圆，根据弧长的计算公式，椭圆轨道长度可表示为积分 $L=4\int_0^{\frac{\pi}{2}}\sqrt{x^2+y^2}\,\mathrm{d}t$，称为椭圆积分。椭圆积分计算时需要化成相应的参数方程，它的被积函数结构较为复杂，求解原函数非常困难，这种情况下解析法无能为力，所以采用数值方法计算定积分是有效且必要的。

6.2 数值微分

如果函数 $f(x)$ 是以表格形式给出，或者表达式很复杂，但是可以用该点附近节点的函数值的线性组合来近似表示函数在某点的导数值，则这种方法称为数值微分（Numerical Differentiation）。本节主要介绍两种方法：差商型求导法和插值型求导法，并给出几个常用的数值微分公式。

6.2.1 差商型求导公式

由导数定义知，$\lim\limits_{\Delta x \to 0} \dfrac{f(x_i+h)-f(x_i)}{h}=f'(x_i)$，当 h 较小时，用向前差商（Forward Difference Quotient）替代导数，即

$$f'(x_i) \approx \frac{f(x_i+h)-f(x_i)}{h} \tag{6-1}$$

将 $f(x_i+h)$ 在 $x=x_i$ 处 Taylor 展开，即

$$f(x_i+h)=f(x_i)+hf'(x_i)+\frac{h^2}{2}f''(x_i+\theta_1 h),0 \leqslant \theta_1 \leqslant 1$$

由上式及式(6-1)，得

$$f'(x_i)-\frac{f(x_i+h)-f(x_i)}{h}=-\frac{h}{2}f''(x_i+\theta_1 h) \tag{6-2}$$

用完全类似的方法可得向后差商（Backward Difference Quotient）替代导数，即

$$f'(x_i) \approx \frac{f(x_i)-f(x_i-h)}{h} \tag{6-3}$$

误差为

$$f'(x_i)-\frac{f(x_i)-f(x_i-h)}{h}=\frac{h}{2}f''(x_i-\theta_2 h),0 \leqslant \theta_2 \leqslant 1 \tag{6-4}$$

而中心差商（Center Difference Quotient）替代导数为

$$f'(x_i) \approx \frac{f(x_i+h)-f(x_i-h)}{2h} \tag{6-5}$$

其误差为

$$f'(x_i)-\frac{f(x_i+h)-f(x_i-h)}{2h}=-\frac{h^2}{6}f''(x_i-\theta_3 h),0 \leqslant \theta_3 \leqslant 1 \tag{6-6}$$

可以看出中心差商是向前差商和向后差商的算术平均值。从式(6-2)、式(6-4)和式(6-6)来看，误差大小除与函数本身性质有关外，主要取决于 h 的大小。上述3种方法的截断误差分别为 $O(h)$、$O(h)$ 和 $O(h^2)$。

如图6-1所示，前述3种导数的近似值分别表示弦线 AB、AC 和 BC 的斜率，将这三斜率与切线 AT 的斜率进行比较。

可见弦 BC 的斜率更接近于切线 AT 的斜率 $f'(x_0)$，因此从精度方面看，用中心差商近似代替导数值更可取，则称 $G(h) \approx \dfrac{f(x_i+h)-f(x_i-h)}{2h}$ 为求 $f'(x_0)$ 的中点方法（Midpoint Method）。

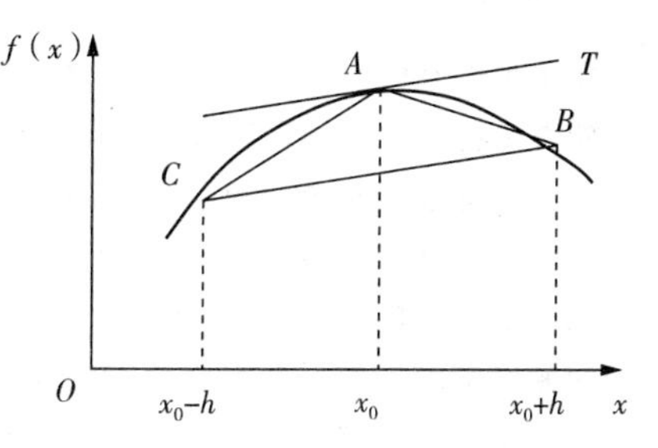

图6-1 3种导数的近似值

利用中点公式计算导数 $f'(x)$，首先必须选取合适的步长，为此需要进行误差分析。由式(6-6)可知，步长越小，截断误差就越小，计算结果越准确。但从舍入误差角度看，h 越小，$f'(x_0+h)$ 与 $f'(x_0-h)$ 越接近，直接相减会造成有效数字的严重损失。就舍入误差而言，步长是不宜太小的。怎样选择最佳步长，使截断误差与舍入误差之和最小呢？

记 $G(h)=\dfrac{f(x_i+h)-f(x_i-h)}{2h}$，由式(6-5)知，当 h 减半时，有

$$f'(x_0)-G\left(\frac{h}{2}\right)\approx\frac{\left(\frac{h}{2}\right)^2}{3!}f'''(x_0)$$

因而

$$f'(x_0)-G\left(\frac{h}{2}\right)\approx\frac{1}{4}[f'(x_0)-G(h)]$$

对上式两边同乘$\frac{4}{3}$，并移项后得

$$f'(x_0)-G\left(\frac{h}{2}\right)\approx\frac{1}{3}\left[G\left(\frac{h}{2}\right)-G(h)\right]$$

由此可以看出，只要当二分前后的两个近似值 $G(h)$ 和 $G\left(\frac{h}{2}\right)$ 很接近，就可以保证 $G\left(\frac{h}{2}\right)$ 的截断误差很小，大致等于$\frac{1}{3}\left[G\left(\frac{h}{2}\right)-G(h)\right]$。

所以，比较二分前后所得的 $G(h)$ 和 $G\left(\frac{h}{2}\right)$，若 $\left|G\left(\frac{h}{2}\right)-G(h)\right|<3\varepsilon$，则$\frac{h}{2}$ 为所取的合适步长，且 $f'(x_0)\approx G\left(\frac{h}{2}\right)$；否则将步长再二等分，继续进行计算。

例 6-1 求 $f(x)=x^3$ 在 $x=2$ 处的导数。

解 用向前差商公式验证步长与导数的关系，取步长 $h=\frac{100^{-2}}{2^{i-1}}$，步数为 40。

Mathematica 程序如下：

```
M = 40;For[i = 1,i£M,i + +,h = 100^2/2^(i - 1);T = ((2 + h)3 - 8)/h;
Print[" 第",i," 步长为",h," 的导数值:",T]]
```

运行结果如下：

第 1 步长为 0.0001 的导数值:12.0006
第 2 步长为 0.00005 的导数值:12.0003
第 3 步长为 0.000025 的导数值:12.0002
第 4 步长为 0.0000125 的导数值:12.0001
第 5 步长为 6.25 * 10^ - 6 的导数值:12.
第 6 步长为 3.125 * 10^ - 6 的导数值:12.
第 7 步长为 1.5625 * 10^ - 6 的导数值:12.
第 8 步长为 7.8125 * 10^ - 7 的导数值:12.

第 9 步长为 3.90625 * 10^ - 7 的导数值:12.
第 10 步长为 1.95313 * 10^ - 7 的导数值:12.
第 11 步长为 9.76563 * 10^ - 8 的导数值:12.
第 12 步长为 4.88281 * 10^ - 8 的导数值:12.
第 13 步长为 2.44141 * 10^ - 8 的导数值:12.
第 14 步长为 1.2207 * 10^ - 8 的导数值:12.
第 15 步长为 6.10352 * 10^ - 9 的导数值:12.
第 16 步长为 3.05176 * 10^ - 9 的导数值:12.
第 17 步长为 1.52588 * 10^ - 9 的导数值:12.
第 18 步长为 7.62939 * 10^ - 10 的导数值:12.
第 19 步长为 3.8147 * 10^ - 10 的导数值:12.
第 20 步长为 1.90735 * 10^ - 10 的导数值:12.
第 21 步长为 9.53674 * 10^ - 11 的导数值:12.
第 22 步长为 4.76837 * 10^ - 11 的导数值:12.
第 23 步长为 2.38419 * 10^ - 11 的导数值:12.
第 24 步长为 1.19209 * 10^ - 11 的导数值:12.0002
第 25 步长为 5.96046 * 10^ - 12 的导数值:12.0002
第 26 步长为 2.98023 * 10^ - 12 的导数值:12.0002
第 27 步长为 1.49012 * 10^ - 12 的导数值:11.9984
第 28 步长为 7.45058 * 10^ - 13 的导数值:12.002
第 29 步长为 3.72529 * 10^ - 13 的导数值:12.002
第 30 步长为 1.86265 * 10^ - 13 的导数值:11.9877
第 31 步长为 9.31323 * 10^ - 14 的导数值:12.0163
第 32 步长为 4.65661 * 10^ - 14 的导数值:12.0163
第 33 步长为 2.32831 * 10^ - 14 的导数值:11.9019
第 34 步长为 1.16415 * 10^ - 14 的导数值:11.9019
第 35 步长为 5.82077 * 10^ - 15 的导数值:11.9019
第 36 步长为 2.91038 * 10^ - 15 的导数值:12.8174
第 37 步长为 1.45519 * 10^ - 15 的导数值:10.9863
第 38 步长为 7.27596 * 10^ - 16 的导数值:14.6484
第 39 步长为 3.63798 * 10^ - 16 的导数值:14.6484
第 40 步长为 1.81899 * 10^ - 16 的导数值:0.

此例说明不是步长越小,由差商公式计算的导数值就越精确。为了能逼近真实的导数值,通常设定一个指定的误差项,当相邻两次的导数之差小于指定的误差时,用最后一次的导数值来代替真实的导数值。把例 6 - 1 中的程序稍加改动,即

```
M = 10;h[i_]: = 100^ - 2/2.^(i - 1);
T[i_]: = ((2 + h[i])^3 - 8)/h[i];
For[i = 1,i < M,i + +,T[i];If[Abs[T[i + 1] - T[i]] < 10^ - 6,Break[]];
Print[" 第",i," 步,步长为",h[i]," 的导数值为",SetPrecision[T[i],12]]];
Print[" 用第",i - 1," 步"," 的数值表示导数值为",SetPrecision[T[i - 1],12]];
Print[" 用计算的近值代替真正导数值产生的误差为:",SetPrecision[T[i] - 12,12]];
```

运行结果如下：

```
第 1 步,步长为 0.0001 的导数值为 12.0006000100
第 2 步,步长为 0.00005 的导数值为 12.0003000025
第 3 步,步长为 0.000025 的导数值为 12.0001500006
第 4 步,步长为 0.0000125 的导数值为 12.0000750002
第 5 步,步长为 6.25 * 10^ - 6 的导数值为 12.0000375006
第 6 步,步长为 3.125 * 10^ - 6 的导数值为 12.0000187502
第 7 步,步长为 1.5625 * 10^ - 6 的导数值为 12.0000093750
第 8 步,步长为 7.8125 * 10^ - 7 的导数值为 12.0000046854
第 9 步,步长为 3.90625 * 10^ - 7 的导数值为 12.0000023389
用第 9 步的数值表示导数值为 12.0000023389
用计算的近似值代替真正导数值产生的误差为:1.17023591883 * 10^ - 6
```

根据式(6-6),用中心差商公式求导数的近似的精度更高,意思是说,在用相同步长的情况下,用中心差商公式求得的导数值比前面两个公式精度好。再对上面公式做进一步修改,使用中心差商算法,程序如下：

```
M = 10;
h[i_]: = 100^ - 2/2.^(i - 1);
T[i_]: = ((2 + h[i])^3 - (2 - h[i])^3)/(2h[i]);
For[i = 1,i < M,i + +,T[i];If[Abs[T[i + 1] - T[i]] < 10^ - 6,Break[]];
Print[" 第",i," 步,步长为",h[i]," 的导数值为",SetPrecision[T[i],12]]];
Print[" 用第",i," 步"," 的数值表示导数值为",SetPrecision[T[i],12]];
Print[" 用计算的近值代替真正导数值产生的误差为:",SetPrecision[T[i] - 12,12]];
```

运行结果如下：

```
用第 1 步的数值表示导数值为 12.0000000100
用计算的近值代替真正导数值产生的误差为:1.00084491805 * 10^ - 8
```

达到相同精度的导数值,用中心差商公式的步长为 0.0001,而向前差商公式的步长为 3.90625×10^{-7}。

6.2.2 插值型求导公式

函数 $f(x)$ 的导数也可以用插值多项式 $P(x)$ 的导数来近似代替,即

$$f'(x) \approx P'(x) \tag{6-7}$$

这样建立的数值微分公式统称为插值型求导公式,应当指出的是即使 $P(x)$ 与 $f(x)$ 处处相差不多,但 $f'(x)$ 与 $P'(x)$ 在某些点仍然可能出入很大,因而在使用插值求导公式时要注意误差的分析。

由插值余项公式

$$R(x) = f(x) - p_n(x) = \frac{f^{(n+1)}(\xi)}{(n+1)!}\omega(x), \xi \in (a,b)$$

得求导公式(6－7)的余项为

$$f'(x)-p'_n(x)-\frac{f^{(n+1)}(\xi)}{(n+1)!}\omega'(x)+\frac{\omega(x)}{(n+1)!}\left[\frac{\mathrm{d}}{\mathrm{d}x}f^{(n+1)}(\xi)\right]$$

其中，$\omega(x)=\prod_{i=0}^{n}(x-x_i)$。因为 ξ 是 x 的未知函数，所以无法对上式右端的第二项做出判断，故对于任意给定的点 x，误差 $f'(x)-p'_n(x)$ 是无法预估的。但是，如果只是求某个节点 $x_i(i=0,1,\cdots,n)$ 上的导数值，这时有余项为

$$f'(x_i)-p'_n(x_i)=\frac{f^{(n+1)}(\xi)}{(n+1)!}\omega'(x_i) \tag{6-8}$$

下面给出实用的两点公式和三点公式。

1. 两点公式

已知 $x_0, x_1=x_0, f(x_0), f(x_1)$，做线性插值

$$p(x)=\frac{(x-x_1)}{(x_0-x_1)}f(x_0)+\frac{(x-x_0)}{(x_1-x_0)}f(x_1)$$

对上式两端求导，记 $h=x_1-x_0$，则有

$$P'(x)=\frac{1}{h}[-f(x_1)+f(x_0)]$$

注意到 $f'(x)\approx P'(x)$，于是有下列求导的两点公式

$$f'(x_0)\approx\frac{1}{h}[f(x_1)-f(x_0)]$$

$$f'(x_1)\approx\frac{1}{h}[f(x_1)-f(x_0)]$$

而利用余项公式知，带余项的两点公式为

$$f'(x_0)=\frac{1}{h}[f(x_1)-f(x_0)]-\frac{h}{2}f''(\xi)$$

$$f'(x_1)=\frac{1}{h}[f(x_1)-f(x_0)]+\frac{h}{2}f''(\xi)$$

2. 三点公式

已知 $x_0, x_1=x_0+h, x_2=x_0+2h, f(x_0), f(x_1), f(x_2)$，做二次插值，可得满足上述插值条件的二次多项式为

$$\begin{aligned}p_2(x)=&\frac{(x-x_1)(x-x_2)}{(x_0-x_1)(x_0-x_2)}f(x_0)+\frac{(x-x_0)(x-x_2)}{(x_1-x_0)(x_1-x_2)}f(x_1)\\&+\frac{(x-x_0)(x-x_1)}{(x_2-x_0)(x_2-x_1)}f(x_2)\\=&\frac{(x-x_1)(x-x_2)}{2h^2}f(x_0)+\frac{(x-x_0)(x-x_2)}{-h^2}f(x_1)\end{aligned}$$

$$+\frac{(x-x_0)(x-x_1)}{2h^2}f(x_2)$$

令 $x=x_0+th$,上式可表示为

$$p(x_0+th)=\frac{1}{2}(t-1)(t-2)f(x_0)-t(t-2)f(x_1)+\frac{1}{2}(t-1)tf(x_2)$$

两端对 t 求导,有

$$p'(x_0+th)=\frac{1}{2h}[(2t-3)f(x_0)-(4t-4)f(x_1)+(2t-1)tf(x_2)]$$

对上式分别取 $t=0,1,2$,得到 3 种三点公式

$$f'(x_0)\approx p'_2(x_0)=\frac{1}{2h}[-3f(x_0)+4f(x_1)-f(x_2)]$$

$$f'(x_1)\approx p'_2(x_1)=\frac{1}{2h}[-f(x_0)+f(x_2)]$$

$$f'(x_2)\approx p'_2(x_2)=\frac{1}{2h}[f(x_0)-4f(x_1)+3f(x_2)]$$

而带余项的三点公式如下:

$$f'(x_0)\approx p'_2(x_0)=\frac{1}{2h}[-3f(x_0)+4f(x_1)-f(x_2)]+\frac{h^2}{3}f''(\xi)$$

$$f'(x_1)\approx p'_2(x_1)=\frac{1}{2h}[-f(x_0)+f(x_2)]-\frac{h^2}{6}f''(\xi)$$

$$f'(x_2)\approx p'_2(x_2)=\frac{1}{2h}[f(x_0)-4f(x_1)+3f(x_2)]+\frac{h^2}{3}f''(\xi)$$

其中,$\xi\in[x_0,x_1]$,截断误差是 $O(h^2)$,用插值多项式 $P(x)$ 作为 $f(x)$ 的近似函数,还可以建立高阶数值求导公式 $f^{(k)}(x)\approx P^{(k)}(x)(k=0,1,\cdots,n)$。

例 6-2 从函数 $y=1-\cos x$ 在$[-1,1]$上采样一组数据,见表 6-2 所列。

表 6-2 采样数据

x	-1	-0.5	0	0.5	1
y	0.4597	0.1224	0	0.1224	0.4597

利用三点求导公式计算 $x=0$ 处的导数的近似值,计算结果保留 4 位小数。

解 取 $x=0,0.5,1.0$,$h=0.5$,则

$$f'(0)\approx\frac{1}{2h}[-3f(0)+4f(0.5)-f(1)]=0.0299$$

取 $x=-0.5,0,0.5$,$h=0.5$,则

$$f'(0) \approx \frac{1}{2h}[f(0.5) - f(-0.5)] = 0$$

取 $x = -1, -0.5, 0, h = 0.5$，则

$$f'(0) \approx \frac{1}{2h}[f(-1) - 4f(-0.5) + f(0)] = 0.0299$$

取 $x = -1, 0, 1, h = 1$，则

$$f'(0) \approx \frac{1}{2h}[f(1) - f(-1)] = 0$$

6.3 数值积分

牛顿-莱布尼茨（Newton - Leibniz）公式：

$$\int_a^b f(x)\mathrm{d}x = F(x)\big|_a^b = F(b) - F(a)$$

其中，$F(x)$ 是 $f(x)$ 的一个原函数，可用来计算定积分，但在工程技术和科学研究中常遇到以下情况：

（1）被积函数 $f(x)$ 并不一定能够找到原函数 $F(x)$，如 $\int_0^1 \frac{\sin x}{x}\mathrm{d}x$ 和 $\int_0^1 \mathrm{e}^{-x^2}\mathrm{d}x$；

（2）被积函数 $f(x)$ 的原函数能用初等函数表示，但表达式太复杂，例如，函数 $f(x) = x^2\sqrt{2x^2+3}$ 并不复杂，但积分后其表达式却很复杂，积分后其原函数为 $F(x) = \frac{1}{4}x^2\sqrt{2x^2+3} + \frac{3}{16}x\sqrt{2x^2+3} - \frac{9}{16\sqrt{2}}\ln(\sqrt{2}x + x^2\sqrt{2x^2+3})$；

（3）被积函数 $f(x)$ 没有具体的解析表达式，其函数关系由表格或图形表示。

针对以上情况，如何计算给定区域上的定积分？受数值微分思想的启发，我们也可以用区域上的函数值的线性组合来近似表示定区域上的定积分。

6.3.1 数值求积公式及代数精度

定义 6-1 设 $x_0, x_1, \cdots, x_n \in [a,b]$，函数 $f(x)$ 在$[a,b]$上可积，称

$$\int_a^b f(x)\mathrm{d}x \approx \sum_{i=0}^{n} A_i f(x_i) \tag{6-9}$$

为数值求积（Numerical Quadrature）公式，简称求积公式。称

$$R(f) = I(f) - I_n(f) \tag{6-10}$$

为求积公式(6-9)的余项或误差。x_i 及 $A_i(i=0,1,\cdots,n)$ 分别称为求积公式(6-9)的求积节点及求积系数。这里求积系数 $A_i(i=0,1,\cdots,n)$ 只与积分区间$[a,b]$有关，而与 $f(x)$ 无关。

数值求积公式直接利用某些节点处的函数值的线性组合来计算积分值，从而将求积分

的问题转化为函数值的计算。这就避免了 Newton - Leibniz 公式需要寻求原函数的困难。这里需要解决的问题：

(1) 衡量求积公式"好"与"坏"的标准；

(2) 求积公式的构造；

(3) 误差估计。

定义 6-2 如果当 $f(x)=x^k(k=0,1,\cdots,m)$ 或 $f(x)=a_0+a_1x+\cdots+a_mx^m$ 时，求积公式(6-9)精确成立；而当 $f(x)=x^{m+1}$ 时，求积公式(6-9)不精确成立，那么称求积公式(6-9)具有 m 次代数精度（Algebraic Precision）。

求解代数精度算法的步骤如下：

(1) 取 $f(x)=x^k$，代入公式；

(2) 验算两端是否相等；

(3) 若相等重复第一步，若不相等结束。

例 6-2 验证梯形公式 $\int_a^b f(x)\mathrm{d}x \approx \frac{b-a}{2}[f(a)+f(b)]$ 的代数精度 $m=1$。

解 当 $f(x)=1$ 时，左端 $=\int_a^b 1\mathrm{d}x=b-a$，右端 $=\frac{b-a}{2}[1+1]=b-a$，表明梯形公式对 $f(x)=1$ 精确成立。

当 $f(x)=x$ 时，左端 $=\int_a^b x\,\mathrm{d}x=\frac{1}{2}(b^2-a^2)$，右端 $=\frac{b-a}{2}[a+b]=\frac{b^2-a^2}{2}$，表明梯形公式对 $f(x)=x$ 精确成立。

当 $f(x)=x^2$ 时，左端 $=\int_a^b x^2\mathrm{d}x=\frac{1}{3}(b^3-a^3)$，右端 $=\frac{b-a}{2}[a^2+b^2]$，左端 $\neq$ 右端（设 $a\neq b$）。

故梯形公式的代数精度为 $m=1$。

例 6-3 试确定求积系数 A,B,C，使 $\int_{-1}^1 f(x)\mathrm{d}x\approx Af(-1)+Bf(0)+Cf(1)$ 具有最高的代数精度。

解 将 $f(x)=1,x,x^2$ 分别代入求积公式，有

$$\begin{cases} A+B+C=\int_{-1}^1 1\mathrm{d}x=2 \\ -A+C=\int_{-1}^1 x\mathrm{d}x=0 \\ A+0+C=\int_{-1}^1 x^2\mathrm{d}x=\frac{2}{3} \end{cases}$$

解得 $A=\frac{1}{3},B=\frac{4}{3},C=\frac{1}{3}$。

令 $f(x)=x^3$，则左端 $=\int_{-1}^1 x^3\mathrm{d}x=0$，右端 $=\frac{1}{3}\times(-1)+\frac{1}{3}=0$。

又令 $f(x)=x^4$，则左端 $=\int_{-1}^1 x^4\mathrm{d}x=\frac{2}{5}$，右端 $=\frac{1}{3}+\frac{1}{3}\times 0+\frac{1}{3}=\frac{2}{3}$。

故上述求积公式具有最高代数精度为 $m=3$。

6.3.2 插值型求积公式

定义 6-3 设 $p_n(x)$ 是 $f(x)$ 关于节点 $x_0,x_1,\cdots,x_n$ 的 n 次 Lagrange 插值多项式，即 $p_n(x)=\sum_{i=0}^{n}l_i(x)f(x_i)$，其中 $l_i(x)=\prod_{n}\frac{x-x_j}{x_i-x_j}(i=0,1,\cdots,n)$ 是 Lagrange 插值基函数，则

$$\int_a^b f(x)\mathrm{d}x\approx\int_a^b\sum_{i=0}^{n}l_i(x)f(x_i)\mathrm{d}x=\sum_{i=0}^{n}f(x_i)\int_a^b l_i(x)\mathrm{d}x=\sum_{i=0}^{n}A_if(x_i)\quad(6-11)$$

称为插值型求积公式（Integration Formula of Interpolation）。其中，

$$A_i=\int_a^b l_i(x)\mathrm{d}x,i=0,1,\cdots,n\quad(6-12)$$

设插值求积公式的余项为 $R(f)$，由插值余项定理，得

$$R(f)=\int_a^b[f(x)-p(x)]\mathrm{d}x=\int_a^b\frac{f^{(n+1)}(\xi)}{(n+1)!}\omega(x)\mathrm{d}x,\omega(x)=\prod_{i=0}^{n}(x-x_i)$$

其中，$\xi\in[a,b]$。当 $f(x)$ 是次数不高于 n 的多项式时，有 $f^{(n+1)}(x)=0,R(f)=0$，求积公式能成为准确的等式。

定理 6-1 形如式(6-9)的求积公式至少具有 n 次代数精度的充要条件是它是插值型求积公式。

证明 设形如式(6-9)的求积公式是插值型求积公式。下证该求积公式至少具有 n 次代数精度。根据题意，有

$$\int_a^b f(x)\mathrm{d}x\approx\sum_{i=0}^{n}A_if(x_i)=\int_a^b p_n(x)\mathrm{d}x$$

其中，$A_i=\int_a^b l_i(x)\mathrm{d}x(i=0,1,\cdots,n)$，$f(x)=p_n(x)+r_n(x)$，于是

$$\int_a^b f(x)\mathrm{d}x=\int_a^b\sum_{i=0}^{n}l_i(x)f(x_i)+\int_a^b r_n(x)\mathrm{d}x$$

则

$$\int_a^b f(x)\mathrm{d}x=\sum_{i=0}^{n}A_if(x_i)+\int_a^b r_n(x)\mathrm{d}x$$

设 $f(x)$ 是次数不超过 n 的多项式，则 $f(x)\equiv p_n(x)$，这意味着 $r_n(x)\equiv 0$，于是 $\int_a^b p(x)r_n(x)\mathrm{d}x=0$，从而

$$\int_a^b f(x)\mathrm{d}x=\sum_{i=0}^{n}A_if(x_i)$$

即形如式(6-9)的求积公式至少具有 n 次代数精度。

设形如式(6-9)的求积公式至少具有 n 次代数精度，因为 Lagrange 插值基函数 $l_j(x) \in P_n(x)(j=0,1,\cdots n)$，所以

$$\int_a^b l_j(x)\mathrm{d}x = \sum_{i=0}^{n} A_i l_j(x_i) = A_j \quad (j=0,1,\cdots,n)$$

故求积公式(6-9)是插值型求积公式。

例 6-4 考察求积公式

$$\int_{-1}^{1} f(x)\mathrm{d}x \approx \frac{1}{2}[f(-1)+2f(0)+f(1)]$$

的代数精度。

解 当 $f(x)=1$ 时，左端 $=\int_{-1}^{1} 1\mathrm{d}x = 2$，右端 $=\frac{1}{2}[1+1\times 2+1]=2$。

当 $f(x)=x$ 时，左端 $=\int_{-1}^{1} x\mathrm{d}x = 0$，右端 $=\frac{1}{2}[-1+1\times 0+1]=0$。

当 $f(x)=x^2$ 时，左端 $=\int_{-1}^{1} x^2\mathrm{d}x = \frac{2}{3}$，右端 $=\frac{1}{2}[1+1\times 2+1]=2$。

故求积公式的最高代数精度 $m=1$。

例 6-5 给定求积公式如下：$\int_0^1 f(x)\mathrm{d}x \approx \frac{1}{6}f(0)+\frac{2}{3}f(\frac{1}{2})+\frac{1}{6}f(1)$，试证此求积公式是插值型的求积公式。

解 设令 $x_0=0, x_1=\frac{1}{2}, x_2=1$，则

$$l_0(x)=\frac{(x-x_1)(x-x_2)}{(x_0-x_1)(x_0-x_2)}=2x^2-3x+1$$

$$l_1(x)=\frac{(x-x_0)(x-x_2)}{(x_1-x_0)(x_1-x_2)}=-4x^2+4x$$

$$l_2(x)=\frac{(x-x_0)(x-x_1)}{(x_2-x_0)(x_2-x_1)}=2x^2-x$$

所以

$$A_0=\int_0^1 l_1(x)\mathrm{d}x=\frac{1}{6}, A_1=\int_0^1 l_2(x)\mathrm{d}x=\frac{2}{3}, A_2=\int_0^1 l_2(x)\mathrm{d}x=\frac{1}{6}$$

又当 $f(x)=1$ 时，左端 $=\int_0^1 1\mathrm{d}x=1$，右端 $=\frac{1}{6}\times 1+\frac{2}{3}\times 1+\frac{1}{6}\times 1=1$。

当 $f(x)=x$ 时，左端 $=\int_0^1 x\mathrm{d}x=\frac{1}{2}$，右端 $=\frac{1}{6}\times 0+\frac{2}{3}\times\frac{1}{2}+\frac{1}{6}\times 1=\frac{1}{2}$。

当 $f(x)=x^2$ 时，左端 $=\int_0^1 x^2\mathrm{d}x=\frac{1}{3}$，右端 $=\frac{1}{6}\times 0+\frac{2}{3}\times\frac{1}{4}+\frac{1}{6}\times 1=\frac{1}{3}$。

当 $f(x)=x^3$ 时，左端 $=\int_0^1 x^3\mathrm{d}x=\frac{1}{4}$，右端 $=\frac{1}{6}\times 0+\frac{2}{3}\times\frac{1}{8}+\frac{1}{6}\times 1=\frac{1}{4}$。

当 $f(x)=x^4$ 时,左端 $=\int_0^1 x^4\mathrm{d}x=\frac{1}{5}$,右端 $=\frac{1}{6}\times 0+\frac{2}{3}\times\frac{1}{16}+\frac{1}{6}\times 1=\frac{5}{24}$。

故具有最高代数精度 $m=3$,由定理 6-1 知,该求积公式是插值型求积公式。

插值求积公式有如下特点:

(1) 求积系数 A_k 只与积分区间及节点 x_k 有关,而与被积函数 $f(x)$ 无关,可以不管 $f(x)$ 如何,预先算出 A_k 的值;

(2)$n+1$ 个节点的插值求积公式至少具有 n 次代数精度求积系数之和 $\sum_{i=0}^{n}A_i=b-a$,可用此检验计算求积系数的正确性。

构造插值求积公式的步骤如下:

(1) 在积分区间$[a,b]$上选取节点 x_k;

(2) 求出 $f(x_k)$ 及利用 $A_i=\int_a^b l_i(x)\mathrm{d}x$ 或者解关于 A_k 的线性方程组求出 A_k,得到 $\int_a^b f(x)\mathrm{d}x\approx\sum_{i=0}^{n}A_i f(x_i)$;

(3) 利用 $f(x)=x^k$,验算代数精度。

从上面介绍可以了解到插值型求积公式的系数不是固定的,而且精度不是固定的,这与节点的选择有关,这在应用上是不方便的,也不是通用的。是否有一种求积算法能避免这一点?下节介绍等距节点的求积公式:牛顿-柯特斯(Newton - Cotes)公式。

6.4 Newton - Cotes 公式

6.4.1 Newton - Cotes 公式

在插值求积公式 $\int_a^b f(x)\mathrm{d}x\approx\int_a^b P(x)\mathrm{d}x=\sum_{i=0}^{n}A_i f(x_i)$ 中,当所取节点等距时,称为 Newton - Cotes 公式,其中插值多项式 $P(x)=\sum_{i=0}^{n}l_i(x)f(x_i)$ 的求积系数 $A_i=\int_a^b l_i(x)\mathrm{d}x$。这里 $l_i(x)$ 为插值基函数,即

$$A_i=\int_a^b l_i(x)\mathrm{d}x=\int_a^b\prod_{i=0,j\neq k}^{n}\frac{x-x_i}{x_k-x_i}\mathrm{d}x$$

设$[a,b]$是一个有限区间,求积节点为 $x_i=a+ih(i=0,1,\cdots,n)$,步长 $h=\frac{b-a}{n}$,则 $x_k-x_i=(k-i)h,(x_k-x_0)(x_k-x_1)\cdots(x_k-x_{k-1})(x_k-x_{k+1})\cdots(x_k-x_n)=(-1)^{n-k}k!(n-k)!\,h^n$。做变量代换 $x_i=a+ih$,当 $x\in[a,b]$ 时,有 $t\in[0,n]$,于是

$$A_i=\int_a^b l_i(x)\mathrm{d}x=\int_a^b\prod_{i=0,j\neq k}^{n}\frac{x-x_i}{x_k-x_i}\mathrm{d}x$$

$$=(b-a)\frac{(-1)^{n-k}}{k!\ (n-k)!\ n}\int_0^n \prod_n (t-j)\mathrm{d}t \quad (k=0,1,\cdots,n)$$

引进记号

$$C_k^{(n)}=\frac{(-1)^{n-k}}{k!\ (n-k)!\ n}\int_0^n \prod_n (t-j)\mathrm{d}t \quad (k=0,1,\cdots,n)$$

则

$$A_k=C_k^{(n)}(b-a)$$

代入插值求积公式$\int_a^b f(x)\mathrm{d}x \approx \int_a^b P(x)\mathrm{d}x=\sum_{i=0}^n A_k f(x_k)$，有

$$\int_a^b f(x)\mathrm{d}x \approx (b-a)\sum_{i=0}^n C_k f(x_k)$$

$C_k^{(n)}$ 称为 Cotes 系数。

容易验证：$\sum_{k=0}^n C_k^{(n)}=1$。事实上，因为 $C_k=\frac{1}{b-a}$，$A_i=\int_a^b l_i(x)\mathrm{d}x$，所以

$$\sum_{k=0}^n C_k=\sum_{k=0}^n \frac{1}{b-a}\int_a^b l_k(x)\mathrm{d}x=\frac{1}{b-a}\sum_{k=0}^n \int_a^b l_k(x)\mathrm{d}x=\frac{1}{b-a}\int_a^b 1\mathrm{d}x=1$$

$C_k^{(n)}$ 是不依赖于积分区间$[a,b]$及被积函数 $f(x)$ 的常数，只要给出 n，就可以算出 Cotes 系数。例如，当 $n=1$ 时

$$C_0^{(1)}=\frac{-1}{1\times 0!\ \times 1!}\int_0^1 (t-1)\mathrm{d}t=\frac{1}{2},C_0=\int_0^1 t\mathrm{d}t=\frac{1}{2}$$

当 $n=2$ 时，有

$$C_0^{(2)}=\frac{(-1)^2}{2\times 0!\ \times 2!}\int_0^2 (t-1)(t-2)\mathrm{d}t=\frac{1}{6}$$

$$C_1^{(2)}=\frac{(-1)^1}{2\times 1!\ \times 1!}\int_0^2 t(t-2)\mathrm{d}t=\frac{2}{3}$$

$$C_2^{(2)}=\frac{(-1)^0}{2\times 2!\ \times 0!}\int_0^2 (t-1)t\mathrm{d}t=\frac{1}{6}$$

下面给出 Newton－Cotes 求积公式系数表，见表 6－3 所列。

表 6－3　牛顿-柯特斯求积公式系数表

n	$C_k^{(n)}$
1	$\frac{1}{2}$ $\frac{1}{2}$
2	$\frac{1}{6}$ $\frac{2}{3}$ $\frac{1}{6}$

（续表）

n	$C_k^{(n)}$
3	$\frac{1}{8}$ $\frac{3}{8}$ $\frac{3}{8}$ $\frac{1}{8}$
4	$\frac{7}{90}$ $\frac{16}{45}$ $\frac{2}{15}$ $\frac{16}{45}$ $\frac{7}{90}$
5	$\frac{19}{288}$ $\frac{25}{96}$ $\frac{25}{144}$ $\frac{25}{144}$ $\frac{25}{96}$ $\frac{19}{288}$
6	$\frac{41}{840}$ $\frac{9}{35}$ $\frac{9}{280}$ $\frac{34}{105}$ $\frac{9}{280}$ $\frac{9}{35}$ $\frac{41}{840}$

从 Newton－Cotes 求积公式系数表可以看出，随着节点的增加，Newton－Cotes 求积公式系数越来越复杂，通常我们只要记住前 4 个系数。同时，我们也看到，只要给定插值节点处的函数值，利用上面的 Newton－Cotes 求积公式系数，即可计算积分的近似值。

6.4.2 几种常用的 Newton－Cotes 公式

在 Newton－Cotes 求积公式中，当 $n=1,2,4$ 时，可分别得到下面的梯形公式、辛卜生(Simpson) 公式和 Cotes 公式。

1. 梯形公式

当 $n=1$ 时，Newton－Cotes 公式

$$\int_a^b f(x)\mathrm{d}x \approx \frac{b-a}{2}[f(a)+f(b)] \tag{6-13}$$

为梯形公式 (Trapezoidal Formula)，相应的 Cotes 系数为 $C_0^{(1)}=C_1^{(1)}=\frac{1}{2}$，并记

$$T=\frac{b-a}{2}[f(a)+f(b)]$$

直接验算知，梯形公式具有 1 次代数精度。

2. Simpson 公式

当 $n=2$ 时，Newton－Cotes 公式

$$\int_a^b f(x)\mathrm{d}x \approx \frac{b-a}{6}[f(a)+4f(c)+f(b)],c=\frac{b-a}{2} \tag{6-14}$$

为 Simpson 公式，相应的 Cotes 系数为 $C_0^{(2)}=\frac{1}{6}$，$C_1^{(2)}=\frac{4}{6}$，$C_2^{(2)}=\frac{1}{6}$，并记

$$S=\frac{b-a}{6}[f(a)+4f(c)+f(b)]$$

直接验算知，Simpson 公式具有 3 次代数精度。

3. Cotes 公式

当 $n=4$ 时，Newton－Cotes 公式

$$\int_a^b f(x)\mathrm{d}x \approx \frac{b-a}{90}[7f(x_0)+32f(x_1)+12f(x_2)+32f(x_3)+7f(x_4)] \quad (6-15)$$

为 Cotes 公式，其中，$x_i = a + ih, h = \frac{b-a}{4} \quad (i=0,1,2,3,4)$，相应的 Cotes 系数为

$$C_0^{(4)} = \frac{7}{90}, C_1^{(4)} = \frac{32}{90}, C_2^{(4)} = \frac{12}{90}, C_3^{(4)} = \frac{32}{90}, C_4^{(4)} = \frac{7}{90}$$

并记

$$C = \frac{b-a}{90}[7f(x_0)+32f(x_1)+12f(x_2)+32f(x_3)+7f(x_4)]$$

直接验算知，Cotes 公式具有 5 次代数精度。

定理 6-2 当 n 是偶数时，Newton-Cotes 公式至少具有 $n+1$ 次代数精度。

6.4.3 低阶求积公式的误差

由多项式插值的余项可导出求积公式的余项表达式，为了计算方便，我们采用 Newton 插值余项公式

$$r_n(x) = f(x) - p_n(x) = f[x_0, x_1, \cdots, x_n]\omega(x) \quad (6-16)$$

其中，$\omega(x) = (x-x_0)(x-x_1)\cdots(x-x_n)$，$f[x_0, x_1, \cdots, x_n]$ 表示 $f(x)$ 关于点 $x, x_0, x_1, \cdots, x_n$ 的 $n+1$ 阶差商，$p_n(x)$ 是被积函数 $f(x)$ 关于节点 $x_0, x_1, \cdots, x_n$ 的 n 次插值多项式。于是

$$\begin{aligned} R(f) &= \int_a^b f(x)\mathrm{d}x - (b-a)\sum_{i=0}^{n} C_i^{(n)} f(x_i) = \int_a^b f(x)\mathrm{d}x - \int_a^b p_n(x)\mathrm{d}x \\ &= \int_a^b f[x_0, x_1, \cdots, x_n]\omega(x)\mathrm{d}x \end{aligned} \quad (6-17)$$

如果 $f(x)$ 在区间$[a,b]$上具有 $n+1$ 阶导数，那么

$$f[x_0, x_1, \cdots, x_n] = \frac{f^{(n+1)}(\xi)}{(n+1)!}, \xi \in (a,b) \quad (6-18)$$

下面导出梯形公式、Simpson 公式和 Cotes 公式的余项表达式。

(1) 设 $f(x)$ 在区间$[a,b]$上具有二阶连续导数，则梯形公式的余项为

$$R_T(f) = \int_a^b f(x)\mathrm{d}x - T = -\frac{(b-a)^2}{12}hf''(\xi) \quad (6-19)$$

其中，$h = b-a, \xi \in (a,b)$。

事实上，由式(6-17)，得

$$R_T(f) = \int_a^b f(x)\mathrm{d}x - T = \int_a^b f[x,a,b](x-a)(x-b)\mathrm{d}x \quad (6-20)$$

当 $a \leqslant x \leqslant b$ 时，$(x-a)(x-b) \leqslant 0$，对式(6-20)应用积分中值定理，则存在 $\xi_1 \in [a,b]$，使得

$$R_T(f)=f[\xi_1,a,b]\int_a^b(x-a)(x-b)\mathrm{d}x=f[\xi_1,a,b]\left(-\frac{1}{6}(b-a)^3\right)\quad(6-21)$$

再由式(6－17)，存在 $\xi\in[a,b]$，使得 $f[\xi_1,a,b]=\frac{1}{2!}f''(\xi)$，代入式(6－21)即得梯形公式的余项式(6－19)。

(2) 设 $f(x)$ 在区间 $[a,b]$ 上具有四阶连续导数，则 Simpson 公式的余项为

$$R_S(f)=\int_a^b f(x)\mathrm{d}x-S=-\frac{(b-a)^5}{2880}f^{(4)}(\xi)\quad(6-22)$$

其中，$h=\frac{b-a}{2}$，$\xi\in(a,b)$。

事实上，由式(6－17)得

$$R_S(f)=\int_a^b f(x)\mathrm{d}x-S=\int_a^b f[x,a,b,c](x-a)(x-b)(x-c)\mathrm{d}x\quad(6-23)$$

因为 $c=\frac{1}{2}(a+b)$，所以 $(x-c)\mathrm{d}x=\frac{1}{2}\mathrm{d}[(x-a)(x-b)]$，于是有

$$R_S(f)=\frac{1}{4}\int_a^b f[x,a,b,c]\mathrm{d}\,[(x-a)(x-b)]^2\quad(6-24)$$

我们知道

$$f'(x)=\lim_{\Delta x\to 0}\frac{f(x+\Delta x)-f(x)}{\Delta x}=\lim_{\Delta x\to 0}f[x+\Delta x,x]=f[x,x]$$

一般地，有 $f'[x,x_0,x_1,\cdots,x_n]=f[x,x,x_0,x_1,\cdots,x_n]$。

对式(6－24)进行分部积分，再应用积分中值定理，得

$$\begin{aligned}R_S(f)&=-\frac{1}{4}\int_a^b f[x,x,a,b,c]\,(x-a)^2\,(x-b)^2\mathrm{d}x\\&=-\frac{1}{4}f[\zeta_1,\zeta_1,a,b,c]\int_a^b(x-a)^2\,(x-b)^2\mathrm{d}x\\&=-\frac{(b-a)^5}{2880}f^{(4)}(\xi),\xi\in(a,b)\end{aligned}$$

(3) 设 $f(x)$ 在区间 $[a,b]$ 上具有六阶连续导数，同理可得 Cotes 公式的余项不

$$R_C(f)=\int_a^b f(x)\mathrm{d}x-C=-\frac{2(b-a)}{945}h^6f^{(6)}(\xi)\quad(6-25)$$

其中，$h=\frac{b-a}{4}$，$\xi\in(a,b)$。

例 6－6　分别用梯形公式、Simpson 公式和 Cotes 公式计算定积分 $\int_{0.5}^1\sqrt{x}\,\mathrm{d}x$ 的近似值(计算结果取 5 位有效数字)。

解 (1) 利用梯形公式计算：

$$\int_{0.5}^{1} \sqrt{x}\,\mathrm{d}x \approx \frac{1-0.5}{2}[f(0.5)+f(1)] = 0.25 \times (0.70711+1) \approx 0.42678$$

(2) 利用 Simpson 公式计算：

$$\int_{0.5}^{1} \sqrt{x}\,\mathrm{d}x \approx \frac{1-0.5}{6} \times \left[f(0.5)+4f\left(\frac{0.5+1}{2}\right)+f(0.1)\right]$$

$$= \frac{1}{12} \times (0.70711 + 4 \times 0.86603 + 1) \approx 0.43093$$

(3) 利用 Cotes 公式计算

$$\int_{0.5}^{1} \sqrt{x}\,\mathrm{d}x \approx \frac{1-0.5}{90} \times (7 \times \sqrt{0.5} + 32\sqrt{0.625} + 12\sqrt{0.75} + 32\sqrt{0.875} + 7)$$

$$\approx \frac{1}{180} \times (4.94975 + 25.29822 + 10.39223 + 29.93326 + 7)$$

$$\approx 0.43096$$

积分的准确值为$\int_{0.5}^{1} \sqrt{x}\,\mathrm{d}x = \frac{2}{3}x^{\frac{2}{3}}\Big|_{0.5}^{1} = 0.43096441\cdots$,可见,3 个求积公式的精度逐渐提高。

例 6-7 用 Simpson 公式和 Cotes 公式计算定积分$\int_{1}^{3}(x^3-2x^2+7x-5)\mathrm{d}x$ 的近似值,并估计其误差。

解 由 Simpson 公式,可得

$$S \approx \frac{b-a}{6}\left[f(a)+4f\left(\frac{a+b}{2}\right)+f(b)\right] = \frac{3-1}{6}[1+4\times 9+25] = \frac{62}{3}$$

由于 $f(x)=x^3-2x^2+7x-5$,$f^{(4)}(x)=0$,因此,Simpson 余项为$-\frac{(b-a)^5}{2880}f^{(4)}(\xi)$,$\xi \in (a,b)$,即其误差为 0。

由 Cotes 公式,可得

$$C \approx \frac{3-1}{90}[7f(1)+32f(1.5)+12f(2)+32f(25)+7f(3)]$$

$$= \frac{3-1}{90}\left[7+32\times\frac{35}{8}+12\times 9+32\times\frac{125}{8}+7\times 9\right] = \frac{62}{3}$$

即其误差为 0。

故该定积分的准确值 $I = \frac{62}{3}$。

例 6-7 告诉我们,对于同一个积分,由于 Simpon 公式和 Cotes 公式的代数精度达到或超过五次代数精度,它们对被积函数为三次多项式当然是精确成立的。

6.5　复化求积公式

所谓复化求积法（Composite Numerical Integration），就是在每个子区间$[x_i,x_{i+1}]$ $(i=0,1,\cdots,n-1)$上用低阶求积公式。

6.5.1　复化梯形公式

将积分区间$[a,b]$分为n等分，$x_i=a+ih(i=0,1,\cdots,n)$，其中步长$h=\dfrac{b-a}{n}$，在每个小区间$[x_k,x_{k+1}]$上应用梯形公式$\int_k^{k+1}f(x)\mathrm{d}x\approx\dfrac{h}{2}[f(x_k)+f(x_{k+1})]$求得$I_i$的近似值，然后将它们累加求和得$I_i(i=0,1,\cdots,n-1)$，用$\sum\limits_{i=0}^{n}I_i$作为所求积分$I=\int_a^b f(x)\mathrm{d}x$的近似值，即

$$I=\int_a^b f(x)\mathrm{d}x=\sum_{i=0}^{n-1}\int_{x_i}^{x_{i+1}}f(x)\mathrm{d}x\approx\sum_{i=0}^{n-1}\frac{h}{2}[f(x_i)+f(x_{i+1})]$$

$$=\frac{h}{2}[f(x_0)+2(f(x_1)+f(x_2)+\cdots+f(x_{n-1}))+f(x_n)]$$

$$=\frac{h}{2}[f(x_0)+2\sum_{i=1}^{n-1}[f(x_i)+f(x_n)]$$

记

$$T_n=\sum_{i=0}^{n-1}\frac{h}{2}[f(x_i)+f(x_{i+1})]=\frac{h}{2}[f(a)+2\sum_{i=1}^{n-1}f(x_i)+f(b)]\qquad(6-26)$$

则称式(6－26)为复化梯形公式（Composite Trapezoidal Formula）。

若$f(x)\in C^2[a,b]$，则余项为

$$R(f,T_n)=I-T_n=-\frac{n}{12}h^3f''(\eta)\approx-\frac{h^2}{12}[f'(b)-f'(a)],\eta\in(a,b)\quad(6-27)$$

事实上，

$$I-T_n=\int_a^b f(x)\mathrm{d}x-\sum_{i=0}^{n-1}T^{(i)}=\sum_{i=0}^{n-1}\int_{x_i}^{x_{i+1}}f(x)\mathrm{d}x-\sum_{i=0}^{n-1}T^{(i)}$$

$$=\sum_{i=0}^{n-1}\left[\int_{x_i}^{x_{i+1}}f(x)\mathrm{d}x-T^{(i)}\right]=\sum_{i=0}^{n-1}\left[-\frac{h^3}{12}f''(\eta_i)\right],\eta_i\in[x_i,x_{i+1}]$$

$$=-\frac{h^2}{12}\sum_{i=0}^{n-1}[f''(\eta_i)h]\approx-\frac{h^3}{12}\int_a^b f''(x)\mathrm{d}x=-\frac{h^3}{12}f'(x)\Big|_a^b$$

$$=-\frac{h^2}{12}[f'(b)-f'(a)]$$

6.5.2 复化 Simpson 公式

(1) 将积分区间$[a,b]$分为 n 等分，$x_i=a+ih(i=0,1,\cdots,n)$，其中步长 $h=\dfrac{b-a}{n}$，记每个小区间$[x_k,x_{k+1}]$的中点为 $x_{k+\frac{1}{2}}=x_k+\dfrac{1}{2}h$，在每个区间上应用 Simpson 公式求得 I_i 的近似值，然后将它们累加求和得 $I_i(i=0,1,\cdots,n-1)$，用 $\sum\limits_{i=0}^{n}I_i$ 作为所求积分 $I=\int_a^b f(x)\mathrm{d}x$ 的近似值，即

$$I=\int_a^b f(x)\mathrm{d}x=\sum_{i=0}^{n-1}\int_{x_i}^{x_{i+1}}f(x)\mathrm{d}x\approx\sum_{i=0}^{n-1}\frac{h}{6}[f(x_i)+4f(x_{i+\frac{1}{2}})+f(x_{i+1})]$$

$$=\frac{h}{6}[f(a)+4\sum_{i=1}^{n-1}f(x_{i+\frac{1}{2}})+2\sum_{i}^{n-1}f(x_i)+f(b)]$$

记

$$S_n=\sum_{i=0}^{n-1}\frac{h}{6}[f(x_i)+4f(x_{i+\frac{1}{2}})+f(x_{i+1})]$$

$$=\frac{h}{6}[f(a)+4\sum_{i=1}^{n-1}f(x_{i+\frac{1}{2}})+2\sum_{i=1}^{n-1}f(x_i)+f(b)] \qquad (6-28)$$

称为复化 Simpson 公式 (Composite Simpson formula) 。

(2) 余项：设 $f(x)\in C^4[a,b]$，则

$$R(f,S_n)=I-S_n=-\frac{n}{90}\left(\frac{h}{2}\right)^5 f^{(4)}(\eta)\approx-\frac{1}{180}\left(\frac{h}{2}\right)^4[f'''(b)-f'''(a)],\eta\in(a,b) \qquad (6-29)$$

例 6-8 设 $I=\int_0^1\dfrac{\sin x}{x}\mathrm{d}x$，依次用 $n=8$ 的复化梯形公式，$n=4$ 的复化 Simpson 公式计算 I 的近似值。

解 当 $n=8$ 时，步长 $h=\dfrac{b-a}{n}=\dfrac{1}{8}$，相应地取 9 个节点，函数值见表 6-4 所列。

表 6-4 函数值表

x	$f(x)$	x	$f(x)$
0	1.0000000	5/8	0.9361556
1/8	0.9973978	6/8	0.9088516
2/8	0.9896158	7/8	0.8771925
3/8	0.9767267	1	0.8414709
4/8	0.9588510		

用复化梯形公式(6-26)，得

$$T_8=\frac{1}{2\times 8}[1+0.8414709+2\times(0.9973978+0.9896158+0.9767267$$
$$+0.9588510+0.9361556+0.9088516+0.8771925)]$$
$$\approx 0.9456909$$

当 $n=4$ 时，复化 Simpson 公式计算 I，相应地步长 $h=\frac{1-0}{4}=\frac{1}{4}$，于是

$$S_4=\frac{1}{2\times 8}[1+0.8414709+4\times(0.9973978+0.9767267$$
$$+0.9361556+0.8771925)]\approx 0.9460832$$

（积分准确值 $I=0.946083070367\cdots$）。

一般地，判定一种算法的优劣，计算量是一个重要的因素。由于在求 $f(x)$ 的函数值时，通常要做很多次四则运算，因此在统计求积公式 $\sum_{i=0}^{n}A_i f(x_i)$ 的计算量时，只需统计求函数值 $f(x_i)$ 的次数 n 即可。按照这个标准，我们来比较上面两个结果：T_8 与 S_4 都需要 9 个点上的函数值，计算量基本相同，然而精度却有很大差别，与准确值 $I=0.946083070367\cdots$ 相比，$T_8=0.9456909$ 有 2 位有效数字，而 $S_4=0.9460832$ 却有 6 位有效数字。再从二者的误差估计来看，复化 Simpson 公式比复化梯形公式的精度也要高得多。因此在实际应用中，复化 Simpson 公式是一种常用的数值积分方法。

复化 Simpson 公式的算法如下：

(1) 输入端点 a,b 及分割区间个数 n；

(2) $h=\frac{b-a}{n}$；

(3) $x=a+\frac{h}{2}$；

(4) $t=f(a)+4\times f(x)$；

(5) For $1\leqslant i\leqslant n-1$；

(6) Do $x=x+\frac{h}{2}$；

(7) $t=t+2\times f(x)$，$x=x+\frac{h}{2}$；

(8) $t=t+4\times f(x)$；

(9) 若 $t=t+f(b)$；

(10) $t=t\times\frac{h}{6}$，结束，输出 t。

复化梯形公式的 Mathematica 程序如下：

```
a = 0;b = 1;f = Sin[x]/x;M = 4;ε = 10^ - 8;
For[j = 0,j < M,j + + ;h = (b - a)/2^j;Do[xi = a + i * h,{i,0,2^j}];f0 = 1;
Do[fi = N[f/. x -> xi],{i,1,2j}];
T2j = h/2,f0 + 2Sum[fi,{i,1,2j - 1}] + f2j]);
```

```
If[Abs[T2^(j+1) - T2^j]] < 3ε,Break[]];
Print["第",j,",步长为",h,",复化梯形的数值积分值 T",2^j],"=",SetPrecision[T2^j],12],
误差 =|真实积分 - T",2^j],"|=",Abs[Integrate[f,{x,0,1}] - T2^j]];];
Print["积分近似值取 T",2^j],"=",SetPrecision[T2^j,12]]
```

运行结果如下：

第 1 步，步长为 1/2，复化梯形的数值积分值 T_2 = 0.939793284806，误差 =|真实积分 - T_2 |= 0.00628979；

第 2 步，步长为 1/4，复化梯形的数值积分值 T_4 = 0.94451352166，误差 =|真实积分 - T_4 |= 0.00156955；

第 3 步，步长为 1/8，复化梯形的数值积分值 T_8 = 0.945690863583，误差 =|真实积分 - T_8 |= 0.000392207；

第 4 步，步长为 1/16，复化梯形的数值积分值 T_{16} = 0.945985029934，误差 =|真实积分 - T_{16} |= 0.0000980404；

积分近似值取 T_{16} = 0.945985029934

复化 Simpson 公式的 Mathematica 程序如下：

```
a = 0;b = 1;f = Sin[x]/x;M = 4;     ε = 10^ - 8;
For[j = 0,j < M,j + + ;h = (b - a)/2^j;Do[xi = a + i * h,{i,0,2^j}];f0 = 1;
Do[fi = N[f/. x -> xi],{i,1,2^j}];Do[f1i = N[f/. x -> (x(i-1) + xi)/2],{i,1,2^j}];
S2^j = h/6(f0 + 4Sum[f1i,{i,1,2^j}] + 2Sum[fi,{i,1,2^(j-1)}] + f2^j);
If[Abs[S2^(j+1) - S2^j]] < 15     ,Break[]];
Print["第",j,",步长为",h,",复化 Simpson 的数值积分值 T",2^j],"=",SetPrecision[S2^j],12],
误差 =|真实积分 - S",2^j],"|=",Abs[Integrate[f,{x,0,1}] - S2^j]];];
Print["积分近似值取 S",2^j],"=",SetPrecision[S2^j,12]]
```

运行结果如下：

第 1 步，步长为 1/2，复化 Simpson 的数值积分值 S_2 = 0.946086933952，误差 |真实积分 - S_2 |= 3.86358 * 10^ - 6

第 2 步，步长为 1/4，复化 Simpson 的数值积分值 S_4 = 0.946083310888，误差 |真实积分 - S_4 |= 2.4052 * 10^ - 7

积分近似值取 S_4 = 0.946083085385

例 6-9 用复化梯形公式计算定积分 $I=\int_0^1 e^x dx$，则区间[0,1]应分多少等份，才能使误差不超过 $\frac{1}{2}\times 10^{-5}$？

解 取 $f(x)=e^x$，则 $f'(x)=e^x$，又区间长度 $b-a=1$，对复化梯形公式有余项

$$|R_T(x)|=\left|-\frac{b-a}{12}h^3 f''(\eta)\right|\leqslant -\frac{h^2}{12}\left(\frac{1}{n}\right)^2 e\leqslant \frac{1}{2}\times 10^{-5}$$

即 $n^2\geqslant \frac{1}{2}\times 10^{-5}$，$n\geqslant 212.85$，取 $n=213$，即将区间[0,1]分为 213 份时，用复化梯形公式计算才能使误差不超过 $\frac{1}{2}\times 10^{-5}$。

如果例 6-9 中，用复化 Simpson 公式计算，结果会如何？

6.5.3 复化 Cotes 公式

(1) 将积分区间$[a,b]$分为n等分，$x_i=a+ih(i=0,1,\cdots,n)$，其中步长$h=\frac{b-a}{n}$，将每个小区间$[x_k,x_{k+1}]$四等分，内分点依次记为$x_{k+\frac{1}{4}},x_{k+\frac{1}{2}},x_{k+\frac{3}{4}}$，同理可得复化 Cotes 公式(Composite Cotes Formula)：

$$C_n=\sum_{i=0}^{n-1}\frac{h}{90}[7f(x_i)+32f(x_{i+\frac{1}{4}})+12f(x_{i+\frac{1}{2}})+32f(x_{i+\frac{3}{4}})+7f(x_{i+1})]$$

$$=\frac{h}{90}[7f(a)+32\sum_{i=0}^{n-1}f(x_{i+\frac{1}{4}})+12\sum_{i=0}^{n-1}f(x_{i+\frac{1}{2}})+32\sum_{i=0}^{n-1}f(x_{i+\frac{3}{4}})$$

$$+14\sum_{i=0}^{n-1}f(x_i)+7f(b)] \tag{6-30}$$

其中，$x_{i+\frac{1}{4}}=x_i+\frac{1}{4}h,x_{i+\frac{1}{2}}=x_i+\frac{1}{2}h,x_{k+\frac{3}{4}}=x_i+\frac{3}{4}h,i=0,1,\cdots,n-1,h=\frac{b-a}{n}$。

(2) 余项：设$f(x)\in C^6[a,b]$，则

$$R(f,C_n)=I-C_n=-\frac{8n}{945}\left(\frac{h}{2}\right)^7f^{(6)}(\eta)\approx-\frac{2}{945}\left(\frac{h}{2}\right)^6[f^{(5)}(b)-f^{(5)}(a)],\eta\in(a,b) \tag{6-33}$$

复化求积公式的余项表明，只要被积函数发$f(x)$所涉及的各阶导数在$[a,b]$上连续，那么复化梯形公式、复化 Simpson 公式与复化 Cotes 公式所得近似值T_n,S_n,C_n的余项和步长的关系依次为$O(h^2),O(h^4),O(h^6)$。因此当$h\to 0$(即$n\to\infty$)时，T_n,S_n,C_n都收敛于积分真值，且收敛速度一个比一个快。

6.6 龙贝格(Romberg)求积法

复化求积方法对于提高计算精度是行之有效的方法，但复化公式的一个主要缺点在于要先估计出步长。若步长太大，则难以保证计算精度，若步长太小，则计算量太大，并且积累误差也会增大。在实际计算中通常采用变步长的方法，即把步长逐次分半，直至达到某种精度为止。

6.6.1 变步长的梯形公式

变步长复化求积法的基本思想是在求积过程中，通过对计算结果精度的不断估计，逐步改变步长(逐次分半)，直至满足精度要求为止，即按照给定的精度实现步长的自动选取。

将积分区间$[a,b]n$等分：

$$a=x_0<x_1<\cdots<x_{n-1}<x_n=b$$

其中,等分点为 $x_i=a+i\cdot h_n\quad(i=0,1,\cdots,n)$;步长 $h_n=\dfrac{b-a}{n}$,则相应的复化梯形公式为

$$T_n=\sum_{i=0}^{n-1}\frac{h_n}{2}[f(x_i)+f(x_{i+1})]$$

在每个子区间 $[x_i,x_{i+1}]$ 上取中点 $x_{i+\frac{1}{2}}=\dfrac{1}{2}(x_i+x_{i+1})(i=0,1,\cdots,n-1)$,即将积分区间 $[a,b]$ 进行 $2n$ 等分,此时步长 $h_{2n}=\dfrac{b-a}{2n}=\dfrac{1}{2}h_n$,相应的复化梯形公式为

$$\begin{aligned}T_{2n}&=\sum_{i=0}^{n-1}\left\{\frac{h_{2n}}{2}[f(x_i)+f(x_{i+\frac{1}{2}})]+\frac{h_{2n}}{2}[f(x_{i+\frac{1}{2}})+f(x_{i+1})]\right\}\\&=\sum_{i=0}^{n-1}\left\{\frac{1}{2}\times\frac{h_n}{2}[f(x_i)+f(x_{i+1})]+\frac{h_n}{2}f(x_{i+\frac{1}{2}})\right\}\\&=\frac{1}{2}\sum_{i=0}^{n-1}\frac{h_n}{2}[f(x_i)+f(x_{i+1})]+\frac{h_n}{2}\sum_{i=0}^{n-1}f(x_{i+\frac{1}{2}})\\&=\frac{1}{2}T_n+\frac{h_n}{2}\sum_{i=0}^{n-1}f(x_{i+\frac{1}{2}})\end{aligned}$$

从而得复化梯形公式的递推公式(Recursion Formula of Composite Trapezoidal Formula)

$$T_{2n}=\frac{1}{2}T_n+\frac{h_n}{2}\sum_{i=0}^{n-1}f(x_{i+\frac{1}{2}})\tag{6-34}$$

6.6.2 事后估计

设 $I=\int_a^b f(x)\mathrm{d}x$,则由复化梯形公式的余项,得

$$I-T_n=-\frac{n}{12}h_n^3f''(\xi_n),\quad \xi_n\in(a,b)\tag{6-35}$$

$$I-T_{2n}=-\frac{(2n)}{12}h_{2n}^3f''(\xi_{2n}),\quad \xi_{2n}\in(a,b)\tag{6-36}$$

当 $f''(x)$ 在 $[a,b]$ 上连续,当 n 充分大时,$f''(\xi_n)\approx f''(\xi_{2n})$,由式(6-35)、式(6-36)得

$$I-T_{2n}\approx-\frac{(2n)}{12}\times\frac{1}{8}h_n^3f''(\xi_n)=\frac{1}{4}\left(-\frac{n}{12}h_n^3f''(\xi_n)\right)=\frac{1}{4}(I-T_n)\tag{6-37}$$

于是,有

$$\frac{I-T_n}{I-T_{2n}}\approx 4\tag{6-38}$$

解得

$$I-T_{2n}\approx\frac{1}{3}(T_{2n}-T_n)\tag{6-39}$$

对给定的精度 $\varepsilon > 0$，由 $|I - T_{2n}| \approx \frac{1}{3}|T_{2n} - T_n| \leqslant \varepsilon$ 知，只要确定

$$|T_{2n} - T_n| \leqslant 3\varepsilon \tag{6-40}$$

就能判断近似值 T_{2n} 是否满足精度要求。这种估计误差的方法称为事后估计。

6.6.3 变步长的梯形求积算法实现

(1) 变步长梯形求积法。它是以梯形求积公式为基础，逐步减少步长，按如下递推公式求二分后的梯形值：$T_{2n} = \frac{1}{2}T_n + \frac{h_n}{2}\sum_{i=0}^{n-1} f(x_{i+\frac{1}{2}})$。其中，$T_n$ 和 T_{2n} 分别代表二等分前后的积分值。

(2) 如果 $|T_{2n} - T_n| \leqslant 3\varepsilon$（$\varepsilon$ 为给定的误差限），则 T_{2n} 作为积分的近似值，否则继续进行二等分，即 $\frac{h}{2} \Rightarrow h, T_{2n} \Rightarrow T_n$ 转(1) 再计算，直到满足所要求的精度为止，最终取二分后的积分值 T_{2n} 作为所求的结果。

按精度要求逐步细分的变步长复化梯形公式的算法描述如下：

(1) 输入积分区间$[a,b]$及误差限 ε；

(2)$h = b - a$；

(3)$T = \frac{h \times (f(a) + f(b))}{2}$；

(4)$t = T, s = 0, x = a + \frac{h}{2}$；

(5) 当 $x < b$；

(6) 执行 $s = s + f(x), x = x + h$；

(7) 若 $T = \frac{t}{2} + s \times \frac{h}{2}$；

(8)$h = \frac{h}{2}$；

(9) 满足 $|T - t| < 3\varepsilon$，则输出 T。

例 6-10 用变步长梯形求积法计算定积分 $\pi = \int_0^1 \frac{4}{1+x^2}\mathrm{d}x$ 的近似值，要求误差不超过 $\varepsilon = 10^{-6}$。

解 先对整个区间[0,1]用梯形公式，对于 $f(x) = \frac{1}{1+x^2}$，$f(0) = 4$，$f(1) = 2$，所以有 $T_1 = \frac{1}{2}[f(0) + f(1)] = 3.0$，然后将区间二等分，由于 $f\left(\frac{1}{2}\right) = 3.2$，故有 $T_2 = \frac{1}{2}T_1 + \frac{1}{2}f(1) = 3.1$，进一步二分求积区间，并计算细分点上得函数值 $f\left(\frac{1}{4}\right) = 3.7647$，$f\left(\frac{3}{4}\right) = 2.56$，故有 $T_2 = \frac{1}{2}T_1 + \frac{1}{4} \times \left[f\left(\frac{1}{4}\right) + f\left(\frac{3}{4}\right)\right] \approx 3.13118$。

这样不断二分下去，计算结果如下面程序运行结果所示。积分的准确值为 3.1415926…，从运行结果可看出变步长二分 8 次可得此结果。

Mathematica 程序如下：

```
a = 0;
  b = 1;
  f = 4/(1 + x^2);
M = 12;ε = 10^-6;For[j = 0,j <= M,j ++,h = (b - a)/2.^j;Table[x_i = a + i * h,{i,0,2^j}];

Table[f_i = N[f/.x -> x_i],{i,0,2^j}];T_{2^j} = h/2(f_0 + 2 Sum[f_i,{i,1,2^j-1}] + f_{2^j});
Print[" 第",j," 步, 步长为",h,T_{2^j}," = ",N[T_{2^j},12],",     | 真实积分 - T"," | = ",
Abs[Integrate[f,{x,0,1}] - T_{2^j}]];
If[Abs[T_{2^(j+1)} - T_{2^j}] < 3ε,Break[]];];
Print["π 近似值为 T_{2^j}"," = ",N[T_{2^j},12]]
第 0 步,步长为 1,T1 = 3.000000000,| 真实积分 - T1 | = 0.141593;
第 1 步,步长为 1/2,T2 = 3.100000000,| 真实积分 - T2 | = 0.0415927;
第 2 步,步长为 1/4,T4 = 3.131176471,| 真实积分 - T4 | = 0.0104162;
第 3 步,步长为 1/8,T8 = 3.138988494,| 真实积分 - T8 | = 0.00260416;
第 4 步,步长为 1/16,T16 = 3.140941612,| 真实积分 - T16 | = 0.000651042;
第 5 步,步长为 1/32,T32 = 3.141429893,| 真实积分 - T32 | = 0.00016276;
第 6 步,步长为 1/64,T64 = 3.141551963,| 真实积分 - T64 | = 0.0000406901;
第 7 步,步长为 1/128,T128 = 3.141582481,| 真实积分 - T128 | = 0.0000101725;
第 8 步,步长为 1/256,T256 = 3.141590110,| 真实积分 - T256 | = 2.54313 * 10^ - 6;
π 近似值为 T256 = 3.141590110;
```

6.6.4 龙贝格求积法

变步长梯形求积法算法简单，但精度较差，收敛速度较慢，但可以利用梯形法算法简单的优点，形成一个新算法，这就是龙贝格（Romberg）求积公式，又称逐次分半加速法。

根据积分区间分成 n 等份和 $2n$ 等份时的误差估计式可得

$$I \approx T_{2n} + \frac{1}{3}(T_{2n} - T_n)$$

所以积分值 T_{2n} 的误差大致等于 $\frac{1}{3}(T_{2n} - T_n)$，如果用 $\frac{1}{3}(T_{2n} - T_n)$ 对 T_{2n} 进行修正，则 $\frac{1}{3}(T_{2n} - T_n)$ 与 T_{2n} 之和比 T_{2n} 更接近积分真值，所以可将 $\frac{1}{3}(T_{2n} - T_n)$ 看成是对 T_{2n} 误差的一种补偿，因此可得到具有更好效果的式子。

梯形公式为

$$T_n = \frac{h}{2}\left[f(a) + 2\sum_{i=1}^{n-1} f(x_i) + f(b)\right]$$

变步长梯形公式为

$$T_{2n} = \frac{T_n}{2} + \frac{h}{2}\sum_{i=1}^{n-1} f(x_{i+\frac{1}{2}})$$

把 T_n、T_{2n} 代入式(6-28),得

$$\overline{T}=\frac{h}{6}\Big[f(a)+4\sum_{k=0}^{n-1}f(x_{k+\frac{1}{2}})+2\sum_{k=0}^{n-1}f(x_k)+f(b)\Big]=S_n$$

故

$$S_n=\frac{4}{3}T_{2n}-\frac{1}{3}T_n$$

这就是说,用梯形法二分前后两个积分值 T_n 和 T_{2n} 做线性组合,结果却得到复化 Simpson 公式计算得到的积分值 S_n。

再考察 Simpson 法。其截断误差与 h^4 成正比,因此,如果将步长折半,则误差减至 $\frac{1}{16}$,即

$$\frac{I-S_{2n}}{I-S_n}\approx\frac{1}{16}$$

因此,可得 $I\approx\frac{16}{15}S_{2n}-\frac{1}{15}S_n$。

可以验证,上式右端的值其实等于 S_n,也就是说,用 Simpson 公式二等分前后的两个积分值 S_n 和 S_{2n} 做线性组合后,可得到 Cotes 公式求得的积分值 C_n,即

$$C_n=\frac{16}{15}S_{2n}-\frac{1}{15}S_n \tag{6-41}$$

用同样的方法,根据 Cotes 公式的误差公式,可进一步导出 Romberg 公式,即

$$R_n=\frac{64}{63}C_{2n}-\frac{1}{63}C_n \tag{6-42}$$

在变步长的过程中运用式(6-41)和式(6-42),就能将粗糙的梯形值 T_n 逐步加工成精度较高的 Simpson 值 S_n、柯特斯值 C_n 和 Romberg 值 R_n。或者说,将收敛缓慢的梯形值序列 T_n 加工成收敛迅速的龙贝格值序列 R_n,这种加速方法称为 Romberg 算法。

6.6.5 Romberg 求积法算法实现

Romberg 求积法计算步骤如下:

(1) 用梯形公式计算积分近似值 $T_n=\frac{b-a}{2}[f(a)+f(b)]$;

(2) 按变步长梯形公式计算积分近似值,将区间逐次分半,令区间长度 $h=\frac{b-a}{2^k}(k=0,1,2\cdots)$,计算 $T_{2n}=\frac{T_n}{2}+\frac{h}{2}\sum_{i=1}^{n-1}f(x_{i+\frac{1}{2}})(n=2^k)$;

(3) 按加速公式求加速值

梯形加速公式:

$$S_n=T_{2n}+\frac{T_{2n}+T_n}{3}$$

Simpson 加速公式：

$$C_n = S_{2n} + \frac{S_{2n} - S_n}{15}$$

Romberg 求积公式：

$$R_n = C_{2n} + \frac{C_{2n} - C_n}{63}$$

(4) 精度控制：直到相邻两次积分值小于 ε(其中 ε 为允许的误差限)，则终止计算并取 R_n 作为积分$\int_a^b f(x)\mathrm{d}x$ 的近似值，否则将区间再对分，重复步骤(2) ～ (4) 的计算，直到满足精度要求为止。

Romberg 求积法的算法描述如下：

(1) 输入端点 a, b 及 m；

(2) $h = b - a, T_{1,1} = \frac{h}{2}[f(a) + f(b)]$；

(3) 输出 $T_{1,1}$；

(4) 对 $i = 2, \cdots, m$，有 $T_{2,1} = \frac{1}{2}(T_{1,1} + h\sum_{k=1}^{2^{i-2}} f(a + h(k - 0.5)))$；

(5) 对 $j = 2, \cdots, i, T_{2,j} = \frac{4^{j-1}T_{2,j-1} - T_{1,j-1}}{4^{j-1} - 1}\left[T_{1,1} + h\sum_{k=1}^{2^{i-2}} f(a + h(k - 0.5))\right]$；

(6) 输出 $T_{2,j}, j = 1, \cdots, i$；

(7) $h = \frac{h}{2}$；

(8) 对 $j = 2, \cdots, i, T_{1,j} = T_{2,j}$。

例 6 - 11 用 Romberg 算法计算定积分 $\pi = \int_0^1 \frac{4}{1 + x^2}\mathrm{d}x$ 的近似值，要求误差不超过 $\varepsilon = 10^{-6}$。

解 由题意得 $f(x) = \frac{1}{1 + x^2}, a = 0, b = 1$，从而有

$$T_1 = \frac{1}{2}[f(0) + f(1)] = \frac{1}{2} \times (4 + 2) = 3, T_2 = \frac{1}{2}T_1 + \frac{1}{2}f\left(\frac{1}{2}\right) = \frac{1}{2} \times \left(3 + \frac{16}{5}\right) = 3.1$$

$$T_4 = \frac{1}{2}T_2 + \frac{1}{4}\left[f\left(\frac{1}{4}\right) + f\left(\frac{3}{4}\right)\right] = \frac{1}{2} \times 3.1 + \frac{1}{4} \times (3.764 + 2.56) \approx 3.1311764705882354$$

$$T_8 = \frac{1}{2}T_4 + \frac{1}{8}\left[f\left(\frac{1}{8}\right) + f\left(\frac{5}{8}\right) + f\left(\frac{3}{8}\right) + f\left(\frac{7}{8}\right)\right] \approx 3.138988494491089$$

$$T_{16} = \frac{1}{2}T_8 + \frac{1}{16}\left[f\left(\frac{1}{16}\right) + f\left(\frac{3}{16}\right) + f\left(\frac{5}{16}\right) + f\left(\frac{7}{16}\right) + f\left(\frac{7}{16}\right) + f\left(\frac{9}{16}\right) + f\left(\frac{11}{16}\right)\right.$$

$$\left. + f\left(\frac{13}{16}\right) + f\left(\frac{15}{16}\right)\right] \approx 3.140941610241389$$

$$T_{32}=\frac{1}{2}T_{16}+\frac{1}{32}\left[f\left(\frac{1}{32}\right)+f\left(\frac{3}{32}\right)+\cdots+f\left(\frac{29}{16}\right)+f\left(\frac{31}{32}\right)+f\left(\frac{13}{16}\right)\right]\approx 3.14142983714975$$

$$S_1=\frac{4}{3}T_2-\frac{1}{3}T_1\approx 3.13333333333, S_2=\frac{4}{3}T_4-\frac{1}{3}T_2\approx 3.1415686274509$$

$$S_4=\frac{4}{3}T_8-\frac{1}{3}T_4\approx 3.14159250245870, S_8=\frac{4}{3}T_{16}-\frac{1}{3}T_8\approx 3.1141592651224$$

$$S_{16}=\frac{4}{3}T_{32}-\frac{1}{3}T_{16}\approx 3.114156535528$$

$$C_1=\frac{16}{15}S_2-\frac{1}{15}S_1\approx 3.14159409412588, C_2=\frac{16}{15}S_4-\frac{1}{15}S_2\approx 3.141592661142$$

$$C_4=\frac{16}{15}S_8-\frac{1}{15}S_4\approx 3.14159653708, C_{16}=\frac{16}{15}S_{16}-\frac{1}{15}S_8\approx 3.141592653591639$$

$$R_1=\frac{63}{64}C_2-\frac{1}{63}C_1\approx 3.141585783761873$$

$$R_2=\frac{63}{64}C_4-\frac{1}{63}C_2\approx 3.141592638396796$$

$$R_4=\frac{63}{64}C_8-\frac{1}{63}C_4\approx 3.1415926535897887$$

由于$|R_4-R_2|\approx 1.5193\times 10^{-6}$，所以有$\pi=\int_0^1\frac{4}{1+x^2}\mathrm{d}x\approx 3.1415926535897887$。

Mathematica 程序如下：

```
a = 0;b = 1;f = 4/(1 + x^2);M = 8;π = 10^-6;f0 = 4;
For[j = 0,j <= M,j ++,h = (b - a)/2^j;Table[xi = a + i * h,{i,0,2^j}];Table[fi = N[f/. x ->
xi],{i,1,2^j}];
T2^i = h/2(f0 + 2 Sum[fi, {i,1,2^i-1}] + f2^i);S2^(i-1) = 4/3 T2^(i+1) - 1/3 T2^i;C2^(i-1) = 16/15 S2^(i+1) - 1/15 S2^i;
R2^(i-1) = 64/63 S2^(i+1) - 1/63 S2^i;
```

小结及评注

本章讨论了数值微积分公式，其理论基础是函数的 Taylor 展开、插值及正交多项式的有关性质。利用 Taylor 展开、插值与样条方法给出了建立数值微分的基本方法及几个常用的数值微分公式，并介绍了外推原理及方法。本章重点介绍了各种数值积分方法，如等距节点的 Newton - Cotes 公式、复化 Newton - Cotes 公式及 Romberg 积分方法。

在等距节点的 Newton - Cotes 公式中，最常用的是梯形公式、Simpson 公式及 Cotes 公式。虽然梯形公式、Simpson 公式是低精度公式，但对被积函数的光滑性要求不高，因此它们对被积函数光滑性较差的积分很有效，特别是梯形公式对被积函数是周期函数时，效果更突出。高阶 Newton - Cotes 公式稳定性较差，收敛较慢。为了提高收敛速度而建立的复化梯形公式、复化 Simpson 公式是目前人们广泛使用的方法。 Romberg 积分法有时也称逐次分半加速法，它的特点是算法简单、计算量不大（当节点加密时，前面计算的结果可为后面的计算使用），并有简单的误差估计方法。

自主学习要点

1. 什么是数值微分？求数值微分的背景是什么？

2. 什么是差商型求导公式？其误差是多少？

3. 给定一组数据$(x_i,y_i)(i=0,1,\cdots,n)$，如何求首末两端的一阶导数、二阶导数？可用哪些方法？中间各点的求一阶及二阶导数的公式有哪些？

4. 计算积分的梯形公式及矩形公式是什么？其几何意义是什么？

5. 什么是求积公式的代数精度？梯形公式及矩形公式的代数精度是多少？

6. 对给定的求积公式的节点，给出两种计算求积系数的方法。

7. 什么是 Newton－Cotes 求积？它的求积节点如何分布？它的代数精度是多少？Newton－Cotes 求积公式的意义是什么？

8. 为什么说 Cotes 系数与积分区间及被积函数无关？

9. 什么 Simpson 公式？它的余项是什么？它的代数精度是多少？

10. 什么是复合求积法？请给出复合梯形公式及其余项表达式。

11. 为什么要用复合求积法？

12. 什么是 Gauss 求积公式？它的求积节点是如何确定的？它的代数精度是多少？

13. 为什么说 Gauss 求积公式具有最高的代数精度？

14. 什么是 Romberg 求积？它有什么优点？

15. Newton－Cotes 求积和 Gauss 求积的节点分布有什么不同？对同样数目的节点，两种求积方法哪个更精确？为什么？

16. 你能利用一维求积公式计算矩形域上的二重积分吗？

习　题

1. 确定节点 x_1,x_2,x_3 和系数 A，使得下列形式的求积公式：

$$\int_{-1}^{1} f(x)\mathrm{d}x \approx A[f(x_1)+f(x_2)+f(x_3)]$$

具有三次代数精度。

2. 判别下列求积公式是否是插值型的，并指明其代数精度：

(1) $\int_{0}^{3} f(x)\mathrm{d}x \approx \frac{3}{2}[f(1)+f(2)]$

(2) $\int_{-1}^{1} f(x)\mathrm{d}x \approx \frac{1}{2}[f(-1)+2f(0)+f(1)]$

3. 数值积分公式形如：

$$\int_{0}^{1} xf(x) \approx S(x) \approx Af(0)+Bf(1)+Cf'(0)+Df'(1)$$

(1) 确定求积公式中的参数 A,B,C,D,使其代数精度尽量高；

(2) 设 $f \in C^4[0,1]$,推导余项表达式$\int_0^1 xf(x)\mathrm{d}x - S(x)$。

4. 导出下列 3 种矩形求积公式：

(1) $\int_a^b f(x) = (b-a)f(a) + \frac{1}{2}f'(\eta)(b-a)^2, \eta \in (a,b)$(左矩形公式)；

(2) $\int_a^b f(x) = (b-a)f(b) - \frac{1}{2}f'(\eta)(b-a)^2, \eta \in (a,b)$(右矩形公式)；

(3) $\int_a^b f(x) = (b-a)f\left(\frac{a+b}{2}\right) + \frac{1}{24}f''(\eta)(b-a)^3, \eta \in (a,b)$(中矩形公式)。

(4) 试取 $n=1,2,3$ 的 Newton－Cotes 求积公式计算定积分：$\int_1^2 \frac{1}{x}\mathrm{d}x$。

5. 已知 $x_0 = \frac{1}{4}, x_1 = \frac{1}{2}, x_2 = \frac{3}{4}$。

(1) 推导以这三点作为求积节点在[0,1]上的插值型求积公式；

(2) 指明求积公式所具有的代数精度；

(3) 用所求公式计算$\int_0^1 x^2\mathrm{d}x$。

6. 已知 $f(x)$ 的函数值见表 6－5 所列。

表 6－5　f(x) 的函数值 1

x	−1	−0.5	0	0.5	1
$f(x)$	−1	0	0.5	1.5	2

用复合梯形公式和复合 Simpson 公式求$\int_{-1}^1 f(x)\mathrm{d}x$ 的近似值。

7. 从地面发射一枚火箭,在最初 80s 内记录其加速度 $a=a(t)$ 见表 6－6 所列,已知速度 $v(t) = \int_0^t a(t)\mathrm{d}t$,用复合 Simpson 公式计算 $t=80$s 的速度。

表 6－6　80s 内的加速度

t/s	0	10	20	30	40	50	60	70	80
$a/(\mathrm{m}\cdot\mathrm{s}^{-2})$	30.00	31.63	33.44	35.47	37.75	40.33	43.29	46.69	50.67

8. 已知 $f(x)$ 的函数值见表 6－7 所列。

表 6－7　f(x) 的函数值 2

x	$f(x) = \frac{\sin x}{x}$
0	1.000000
0.125	0.997397

（续表）

x	$f(x)=\frac{\sin x}{x}$
0.25	0.989615
0.375	0.976726
0.5	0.958851
0.625	0.936155
0.75	0.908851
0.875	0.877192
1	0.841470

(1) 利用复合梯形公式计算积分 $I=\int_0^1 \frac{\sin x}{x}\mathrm{d}x$，截断误差不超过$\frac{1}{2}\times 10^{-3}$；

(2) 用同样的节点，改用复合 Simpson 公式计算 $I=\int_0^1 \frac{\sin x}{x}\mathrm{d}x$，并估计误差。

9. 给定积分$\int_1^3 \mathrm{e}^x \sin x \mathrm{d}x$，当要求误差小于$10^{-6}$ 时，用复合梯形公式和复合 Simpson 公式计算时所需节点数及步长。

10. 设 $f(x)$ 在$[a,b]$ 上可积：

(1) 证明对于积分$\int_a^b f(x)\mathrm{d}x$ 的复合梯形公式和复合 Simpson 公式当 $n\to\infty$ 时趋于积分值$\int_a^b f(x)\mathrm{d}x$；

(2) 能证明 Romberg 序列$\{R_{2^k}\}_{n=0}^{\infty}$ 在 $k\to\infty$ 时趋于积分值$\int_a^b f(x)\mathrm{d}x$ 吗？

11. $f(x)$ 在$[-1,1]$ 上具有二阶连续导数。

(1) 写出以 $x_0=-\frac{1}{\sqrt{3}}, x_1=\frac{1}{\sqrt{3}}$ 为插值节点的 $f(x)$ 的线性插值多项式 $L_1(x)$；

(2) 设想要计算积分$\int_{-1}^1 f(x)\mathrm{d}x$，以 $L_1(x)$ 代替 $f(x)$ 导出插值型求积公式。

12. 确定下列求积公式的求积系数 A_{-1}, A_0, A_1：

$$\int_{-1}^1 f(x)\mathrm{d}x \approx A_{-1}f(-1)+A_0 f(0)+A_1 f(1)$$

使公式具有尽可能高的代数精度，并说明所得公式是不是 Gauss 型公式。

13. 构造带权 $\rho(x)=\frac{1}{\sqrt{x}}$ 的如下 Gauss 型公式：

$$\int_{-1}^1 \frac{1}{\sqrt{x}}f(x)\mathrm{d}x \approx A_0 f(x_0)+A_1 f(x_1)$$

14. 根据“重积分化为单重累计积分”的方法,可推广数值积分到重积分的情形。

(1) 试建立一种计算二重积分$\int_c^d \int_a^b f(x,y)\mathrm{d}x\mathrm{d}y$ 的数值公式;

(2) 用上述公式计算积分$\int_0^1 \int_0^1 xy\mathrm{e}^{-xy^2}\mathrm{d}x\mathrm{d}y$(这个积分的准确值为 0.183940)。

15. 验证下列数值微分公式是插值型的:

$$f'(a) \approx \frac{1}{6h}[-11f(a)+18f(a+h)-9f(a+2h)+2f(a+3h)]$$

16. 求出如下数值微分公式的系数,使其对次数尽可能高的多项式精确成立:

$$f''(x_0) \approx a_1 f(x_0+h)+a_2 f(x_0)+a_3 f'(x_0)$$

并导出该数值微分公式的余项表达式。

17. 已知 $f(x)=\tan x$ 的数值见表 6-8 所列:

表 6-8　$f(x)=\tan x$ 的数值

x	1.36	1.38	1.40	1.42
$f(x)$	4.673441	5.177437	5.797884	6.581119

计算 $f'(1.4)$ 的近似值,并做误差估计。

18. 设 $f \in C^5[x_0-2h, x_0+2h](h>0)$,$x_k=x_0+kh$,$f_k=f(x_k)(k=0,\pm 1,\pm 2)$,求证:

$$f'(x_0)=\frac{1}{12h}(f_2-8f_{-1}+8f_1-f_2)+O(h^4)。$$

实验题

1. 设 $f(x)=x^3$,取初始步长 $h=100-2$,当步长逐次减半,分别用向前差商型求导公式和中心差商求导公式求 $x_0=2$ 处的导数的近似值。

2. 已知函数 $I=\int_0^1 \frac{\sin x}{x}\mathrm{d}x$,用 $n=8$ 的复化梯形公式、$n=4$ 的复化 Simpson 公式计算此定积分的近似值。

3. 作用在帆船桅杆上的力由下列函数表示:

$$f(z)=200\left(\frac{z}{5+z}\right)\mathrm{e}^{-2z/H}$$

其中,z 为距离甲板的高度,H 为桅杆的高度。对这个函数沿桅杆的高度积分,可以计算作用在桅杆上的总力为

$$F=\int_0^H f(z)\mathrm{d}z$$

通过积分还可以计算出作用线：

$$d=\frac{\int_0^H zf(z)\mathrm{d}z}{\int_0^H f(z)\mathrm{d}z}$$

(1) 对于 $H=30(n=6)$，利用复化梯形公式计算 F 和 d；

(2) 重复(1)，利用复化 Simpson 公式计算 F 和 d。

第四模块　方程求根

从科学的角度说，一切问题都可以转化为数学问题，一切数学问题都可以转化为代数问题，而一切代数问题又都可以转化为方程。这里的方程包括代数方程、超越方程、常微分方程和偏微分方程。

高次代数方程和超越方程统称为非线性方程。在实际问题中，非线性方程及非线性方程组的求解问题比线性问题复杂，如电路与电力系统计算、非线性力学、非线性微（积）分方程及非线性规划（优化）等众多领域中的问题。在精度要求比较高的情形下，必须直接求解非线性方程。在高速计算机时代，构建合适的迭代算法可以得到高精度的方程根。

科学研究和工程技术中的许多问题往往是带初始条件和边界条件的微分方程的求解问题。例如，天文学中研究星体运动，空间技术中研究物体飞行等都需要求解常微分方程的初值问题。除特殊情形外，微分方程一般求不出解析解，即使有的能求出解析解，其函数表达式也比较复杂，计算量比较大，而且实际问题往往只需求在某一时刻的函数值。一个解决思路是把微分方程中的函数离散化，求出原方程的数值解。

本模块主要阐述方程（非线性方程和常微分方程）的求解思路及求解方法，对这类问题的产生背景做介绍，并提出数值求解思想。围绕数值求解思路，介绍几种经典的数值计算方法，并对不同算法的优劣进行比较。

本模块旨在培养学生将连续问题离散化的科学计算思想，掌握不同算法的设计思路，以及比较不同算法优劣的科学思维方式，培养学生的程序设计能力和创新能力。

第7章 非线性方程(组)的数值解法

7.1 问题背景

在科学与工程计算中,如电路与电力系统计算、非线性力学、非线性微(积)分方程及非线性规划(优化)等众多领域中,问题的求解和模拟最终往往都要转化为非强线性方程求根或函数优化问题。前一种情形要求求出非线性方程(组)的根;后一种情形要求找出函数取最大值或最小值的点。即使是对实验数据进行拟合或数值求解微分方程,也总是将问题化为上述两类问题。

【案例】 全球定位系统(Global Positioning System, GPS)。美国和苏联的GPS都包括24颗卫星,如图7-1所示,它们不断地向地球发射信号报告当前位置和发射信号的时间。它的基本原理是:在地球的任一个位置,至少同时收到4颗以上卫星发射的信号。设地球上有一个点R,同时收到卫星S_1,S_2发射的信号,假设接收的信息为$\{S_i \mid (x,y,z,t)\}$,其中(x,y,z)表示位置,t表示接收到信号的时间。请设法求出点R的位置。

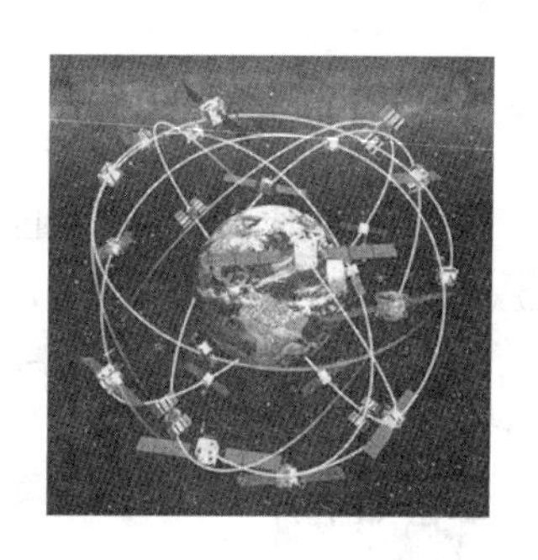

图7-1 GPS示意图

GPS问题可归结为求解非线性方程组$F(x)=0$。当$n=1$时,就是单个方程$f(x)=0$。其中$f(x)$可以是代数方程也可以是超越方程。

在实际问题中遇到的这些问题,常常需要求解高次代数方程或超越方程$f(x)=0$。高次代数方程及超越方程统称为非线性方程(Nonlinear Equation)。

7.2 主要概念及数值计算思想

定义7-1 对于非线性方程$f(x)=0$,若存在x^*,使得$f(x^*)=0$,则x^*是方程$f(x)=0$的根,或称为函数$f(x)$的零点。若$f(x)=(x-x)^m g(x)$,其中m为正整数,且$g(x^*)\neq 0$,则当$m=1$时,称x^*为方程$f(x)=0$的单根;当$m>1$时,称x^*为方程$f(x)=0$的m重根,或x^*为函数$f(x)$的m重零点。

定理7-1 设$f(x)$充分光滑,x^*为方程$f(x)=0$的m重根的充要条件是使$f(x^*)=f'(x^*)=\cdots=f^{(m-1)}(x^*)=0$,且$f^{(m)}(x^*)\neq 0$。

求解方程$f(x)=0$根的问题包含3个方面的内容:一是方程根的存在性问题;二是如果方程存在根,那么根的分布范围在什么区间;第三,根据具体问题,如何选择最简单有效、最经济的方法来求根。

对于第一个问题，有如下定理：

定理 7-2(零点定理)　设 $f(x) \in C[a,b]$，且 $f(a)f(b)<0$，则有 $x^* \in (a,b)$，使得 $f(x^*)=0$。

由代数学知识，我们知道，对于多项式方程

$$f(x)=a_n x^n + a_{n-1}x^{n-1} + \cdots + a_1 x + a_0 = 0$$

当 $n \leqslant 4$ 时，方程有求根公式，而当 $n \geqslant 5$ 时，就没有一般的求根公式了；而超越方程也没有一般根的解析表达式。

除少数特殊方程外，大多数非线性方程(组)很难使用解析法求出精确解，一般需要通过数值方法逼近方程的根。

常见的数值解法有区间搜索法、二分法、不动点迭代法及 Newton 迭代法等。

7.3　非线性方程求根的主要方法及实现

7.3.1　区间搜索法

采用区间搜索法，即将区间 $[a,b]$ 分成 n 等分，每个子区间长度记为 Δx，$x_i = x_0 + i\Delta x\ (i=0,1,\cdots,n)$，$x_0=a$，$x_n=b$，如果 $f(x_i)f(x_i+\Delta x)<0$，则由零点定理知，在 $(x_i, x_i+\Delta x)$ 内必有 $f(x)=0$ 的实根，可取区间内任一点表示方程的根，通常取区间的中点作为方程根的近似值。

算法如下：

(1) 输入函数 $f(x)$，区间端点 a，b，区间等分数 n；

(2) 计算 $f(x_k)$；

(3) 若 $f(x_k)f(x_{k+1})<0$，则输出区间中点作为方程根的近似值。

例 7-1　采用区间搜索法求方程 $f(x)=x^3-2.521x^2-0.8x+2=0$ 在区间 $[-1,3]$ 上的实根。

解　把区间 $[-1,3]$ 分为 1000 个子区间，经检查，有根区间分别为 $[-0.892,-0.888]$、$[0.888,0.892]$ 和 $[2.524,2.528]$，用这 3 个区间的中点来近似表示方程的根分别为 -0.89、0.8 和 2.526，方程的 3 个根的精确值为 -0.8916709986、0.8886551957 和 2.524015803，3 个根的误差分别为 1.670998607×10^{-3}、1.344804322×10^{-3} 和 1.984197071×10^{-3}。

其 Mathematica 程序如下：

```
f[x_]: = x³ - 2.521x² - 0.8x + 2;a = -1,b = 3;M = 1000;
t = Table[-1. + (b - a)i/M,{i,0,M}];
For[i = 0,i < M,i + +,If[f[t[[i]]] * f[t[[i + 1]]] < 0,
Print[" 方程的在区间[",t[[i]],",",t[[i + 1]],"] 的根近似值为",xᵢ," = ",(t[[i]] + t[[i
+ 1]])/2]]
]
```

运行结果如下：

```
方程的在区间[-0.892,-0.888]的根近似值为 x28 = -0.89;
方程的在区间[0.888,0.892]的根近似值为 x473 = 0.89;
方程的在区间[2.524,2.528]的根近似值为 x882 = 2.53;
```

显然，这种求方程根的方法比较粗糙，精度不高，而且计算量大。

7.3.2 二分法

设 $f(x)$ 在 $[a,b]$ 上连续且单调，$f(a)\cdot f(b)<0$，则在 $[a,b]$ 上有且仅有一个根，不妨设 $f(a)<0$，$f(b)>0$。用 $[a,b]$ 的中点 $x=\frac{a+b}{2}$ 分 $[a,b]$ 为两个区间，计算 $f\left(\frac{a+b}{2}\right)$。如果 $f\left(\frac{a+b}{2}\right)\neq 0$，则当 $f\left(\frac{a+b}{2}\right)<0$ 时，令中点为 $x=a_1$，改记 $b=b_1$；当 $f\left(\frac{a+b}{2}\right)>0$ 时，令中点为 $x=b_1$，改记 $a=a_1$，有 $f(a_1)f(b_1)<0$，这时 (a_1,b_1) 为新的有根区间且 $(a_1,b_1)\subset(a,b)$，其区间长度是原区间长度的一半。用 a_1,b_1 替代上述过程中的 a,b。继续这个过程，记第 k 次得到的区间为 (a_k,b_k)，且有

$$(a_k,b_k)\subset(a_{k-1},b_{k-1})\subset\cdots\subset(a_1,b_1)$$

(a_k,b_k) 的长度 $b_k-a_k=\frac{1}{2}(b_{k-1}-a_{k-1})=\cdots=\frac{1}{2^k}(b-a)$，当 k 充分大，$f(a_k)f(b_k)<0$，且 $\frac{b_k-a_k}{2}<\varepsilon$ 时，将最后一个区间中点 $x_k=\frac{a_k+b_k}{2}$ 作为 $f(x)=0$ 根的近似值。

由 $|x_k-x^*|\leqslant\frac{b-a}{2^{k+1}}<\varepsilon$，不难得出二分法的次数 $k>\frac{\ln(b-a)-\ln 2\varepsilon}{\ln 2}$。

用二分法求方程 $f(x)=0$ 的近似根的算法如下：

(1) 输入初始值 a,b 及精度 ε；

(2) 令 $x=\frac{a+b}{2}$；

(3) 若 $\frac{b-a}{2}>\varepsilon$ 且 $f(x)<0$，则令中点为 $a=x=\frac{a+b}{2}$，否则 $b=x=\frac{a+b}{2}$；

(4) 若 $\left|\frac{b-a}{2}\right|<\varepsilon$，则输出 $x=\frac{a+b}{2}$；重复以上步骤。

例 7-2 证明：方程 $f(x)=x^3-x-1=0$ 在区间 $[1,3]$ 上只有一个实根，且用二分法求误差不超过 $\frac{1}{2}\times 10^{-5}$ 的根，至少要对分 18 次。

证明 因为在区间 $[1,3]$ 上，$f(1)=-1<0$，$f(2)=5>0$，且 $f'(x)=3x^2-1>0$，所以 $f(x)=x^3-x-1=0$ 在 $[1,3]$ 上只有一个实根。

又 $k>\frac{\ln(3-1)-\ln 2\times 0.5\times 10^{-5}}{\ln 2}\approx 17.6096$，取 $k=18$，即用二分法求误差不超过 $\frac{1}{2}\times 10^{-5}$ 的根，至少要对分 18 次。

Mathematica 程序如下：

```
f[x_]: = x^3 - x - 1;a = 1;b = 3.;M = 100;e = 1/2 * 10^ - 5;
For[i = 1,i < M,i + +,x0 = (a + b)/2;
Print["第",i,"次二分:","a",i," = ",a,"  ","b",i," = ",b,
"    ","中点 x",i," = ",x0,"  ","b",i," - a",i,")/2"," = ",b/2 - a/2];
If[f[a] * f[x0] > 0,a = x0,b = x0];
If[Abs[b/2 - a/2] < e,Break[]];]
```

运行结果如下：

```
第 1 次二分:a1 = 1          b1 = 3.          中点 x1 = 2.          (b1 - a1)/2 = 1.
第 2 次二分:a2 = 1          b2 = 2.          中点 x2 = 1.5         (b2 - a2)/2 = 0.5
第 3 次二分:a3 = 1          b3 = 1.5         中点 x3 = 1.25        (b3 - a3)/2 = 0.25
第 4 次二分:a4 = 1.25       b4 = 1.5         中点 x4 = 1.375       (b4 - a4)/2 = 0.125
第 5 次二分:a5 = 1.25       b5 = 1.375       中点 x5 = 1.3125      (b5 - a5)/2 = 0.0625
第 6 次二分:a6 = 1.3125     b6 = 1.375       中点 x6 = 1.34375     (b6 - a6)/2 = 0.03125
第 7 次二分:a7 = 1.3125     b7 = 1.34375     中点 x7 = 1.32813     (b7 - a7)/2 = 0.015625
第 8 次二分:a8 = 1.3125     b8 = 1.32813     中点 x8 = 1.32031     (b8 - a8)/2 = 0.0078125
第 9 次二分:a9 = 1.32031    b9 = 1.32813     中点 x9 = 1.32422     (b9 - a9)/2 = 0.00390625
第 10 次二分:a10 = 1.32422  b10 = 1.32813    中点 x10 = 1.32617    (b10 - a10)/2 = 0.00195313
第 11 次二分:a11 = 1.32422  b11 = 1.32617    中点 x11 = 1.3252     (b11 - a11)/2 = 0.000976563
第 12 次二分:a12 = 1.32422  b12 = 1.3252     中点 x12 = 1.32471    (b12 - a12)/2 = 0.000488281
第 13 次二分:a13 = 1.32471  b13 = 1.3252     中点 x13 = 1.32495    (b13 - a13)/2 = 0.000244141
第 14 次二分:a14 = 1.32471  b14 = 1.32495    中点 x14 = 1.32483    (b14 - a14)/2 = 0.00012207
第 15 次二分:a15 = 1.32471  b15 = 1.32483    中点 x15 = 1.32477    (b15 - a15)/2 = 0.0000610352
第 16 次二分:a16 = 1.32471  b16 = 1.32477    中点 x16 = 1.32474    (b16 - a16)/2 = 0.0000305176
第 17 次二分:a17 = 1.32471  b17 = 1.32474    中点 x17 = 1.32472    (b17 - a17)/2 = 0.0000152588
第 18 次二分:a18 = 1.32471  b18 = 1.32472    中点 x18 = 1.32471    (b18 - a18)/2 = 7.62939 * 10^-6
```

二分法的程序简单，对函数要求不高，只要连续即可，收敛速度与以公比为 1/2 的等比数列相同。但是，二分法只能求单实根，而不能求复根及偶数重根。在实际应用中，常用二分法求一个近似根作为其他迭代法中的初始值。

7.3.3 不动点迭代法

1. 不动点迭代法的定义

将方程 $f(x)=0$ 化为等价方程 $x=\varphi(x)$，然后建立迭代公式 $x_{k+1}=\varphi(x_k)$。当给定初值 x_0 后，由迭代公式可求得数列 $\{x_k\}$。此数列可能收敛，也可能不收敛。如果 $\{x_k\}$ 收敛于 x^*，则它就是方程的根。因为

$$x^*=\lim_{k\to\infty}x_{k+1}=\lim_{k\to\infty}\varphi(x_k)=\varphi(\lim_{k\to\infty}x_k)=\varphi(x^*)$$

所以当 k 充分大时，x_k 可作为方程根的近似值。

定义 7-2 若存在 x^* 满足 $f(x^*)=0$，则 $x^*=\varphi(x^*)$，称 x^* 为函数 $f(x)$ 的一个不动点，其中，$\varphi(x)$ 称为迭代函数。

定义 7-3 按照上述方法构造迭代公式来求方程根的方法称为不动点迭代法 (Fixed

- Point Method),也称为简单迭代法(Simple Iterative Method)。

按照定义 7-3,给定初始点 x_0,不动点迭代公式

$$x_{k+1}=\varphi(x_k)\quad(k=0,1,\cdots)\tag{7-1}$$

可以生成一个数列 $\{x_k\}$,若此数列收敛,则称迭代公式收敛。

2. 不动点迭代法的几何意义

由 $f(x)=x-\varphi(x)$,可得 $f(x)=0$ 等价于方程 $x=\varphi(x)$,$x=\varphi(x)$ 的解等价于 $\begin{cases}y=\varphi(x)\\y=x\end{cases}$ 的解,表示两条线的交点,如图 7-2 所示。

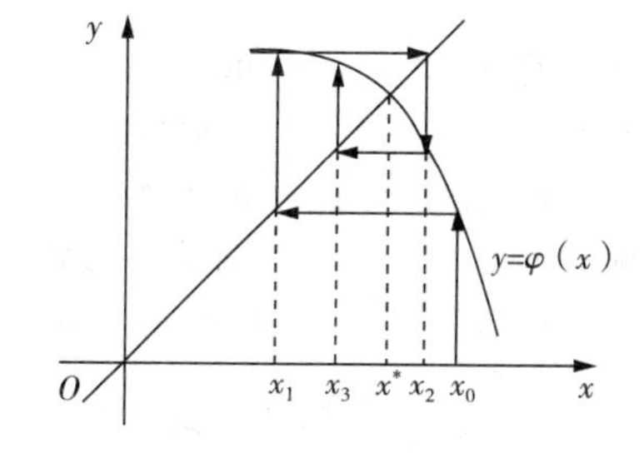

图 7-2　不动点迭代的几何意义

用不动点迭代法求方程 $x=\varphi(x)$ 根的算法如下:

(1) 输入初始近似值 x_0,误差限 ε,最大迭代步数;

(2) 计算 $x_{k+1}=\varphi(x_k)$;

(3) 如果 $|x_{k+1}-x_k|<\varepsilon_1$ 或 $|f(x_{k+1})|<\varepsilon_2$($\varepsilon_1$,$\varepsilon_2$ 是预先指定的正小数),则取 $x^*\approx x_{k+1}$,否则转向步骤(2)继续计算。

例 7-3　给定初始点 $x_0=1.5$,试用不同的迭代法求方程 $f(x)=x^3-x-1=0$ 的实根的近似值。

解　方法一:设方程可改写成 $x=\sqrt[3]{x+1}$ 的形式,建立迭代公式:

$$x_{k+1}=\sqrt[3]{x_k+1}\quad(k=0,1,\cdots)$$

取初始点 $x_0=1.5$,用 Mathematica 编程如下:

```
f[x_]: = x^3 - x - 1;M = 100;e = 10^ - 6;x0 = 1.5;
For[i = 1,i < M,i + +,x1 = (x0 + 1)^(1/3);If[Abs[f[x1]] < e,Break[]];Print[" 第",i," 次迭代
x",i," = ",x1,"      误差为",f[x1]];x0 = x1;]
```

运行结果如下:

```
第 1 次迭代 x1 = 1.35721          误差为 0.142791
第 2 次迭代 x2 = 1.33086          误差为 0.0263478
第 3 次迭代 x3 = 1.32588          误差为 0.00497718
第 4 次迭代 x4 = 1.32494          误差为 0.000944411
第 5 次迭代 x5 = 1.32476          误差为 0.000179352
第 6 次迭代 x6 = 1.32473          误差为 0.0000340661
第 7 次迭代 x7 = 1.32472          误差为 6.47069 * 10^-6
第 8 次迭代 x8 = 1.32472          误差为 1.22909 * 10^-6
```

可见,方法一是收敛的,可用 $x_8=1.32472$ 近似表示方程的根,而原方程精确根为 $x^*=1.324717957\cdots$。

方法二:设方程可改写成 $x=x^3-1$ 的形式,建立迭代公式:

$x_{k+1}=x_k^3-1 \quad (k=0,1,\cdots)$

取初始点 $x_0=1.5$，用 Mathematica 编程如下：

```
f[x_]: = x^3 - x - 1;x0 = 1.5;
Do[x1 = (x0)^3 - 1;Print[" 第",n," 次迭代 x",n," = ",SetPrecision[x1,10]];x0 = x1,{n,1,5}]
```

运行结果如下：

```
第 1 次迭代 x1 = 2.375000000;
第 2 次迭代 x2 = 12.39648438;
第 3 次迭代 x3 = 1904.002772;
第 4 次迭代 x4 = 6.902441413 * 10^9;
第 5 次迭代 x5 = 3.288578304 * 10^29;
```

显然，方法二所构建的迭代公式不收敛。

3. 不动点迭代法的收敛条件

定理 7-3(压缩映像原理) （Principle of Compressed Image）：设 $\varphi(x)$ 在 $[a,b]$ 上满足以下条件：(ⅰ) 对 $\forall x\in[a,b]$，有 $a\leqslant\varphi(x)\leqslant b$；(ⅱ) 存在常数 $0<L<1$，使得对 $\forall x,y\in[a,b]$，都有 $|\varphi(x)-\varphi(y)|\leqslant L|x-y|$，则下列结论成立：

(1) $x=\varphi(x)$ 在 $[a,b]$ 上存在唯一的根 x^*；

(2) 迭代公式 $x_{k+1}=\varphi(x_k) \quad (k=0,1,\cdots)$，且 $\lim\limits_{k\to\infty}x_k=x^*$；

(3) 误差事后估计：$|x_k-x^*|\leqslant\dfrac{L}{1-L}|x_k-x_{k-1}|\,(k=1,2,\cdots)$；

(4) 误差事前估计：$|x_k-x^*|\leqslant\dfrac{L^k}{1-L}|x_1-x_0|\,(k=1,2,\cdots)$；

定理 7-4 设 $\varphi(x)$ 在 $[a,b]$ 上满足以下条件：(ⅰ) 对 $\forall x\in[a,b]$，有 $a\leqslant\varphi(x)\leqslant b$；(ⅱ) 存在常数 $0<L<1$，使得对 $\forall x\in[a,b]$，都有 $|\varphi'(x)|\leqslant L$，则定理 7-3 的结论成立。

例 7-4 回顾例 7-3，试讨论两种算法的收敛性。

解 方法一：令 $\varphi_1(x)=\sqrt[3]{x+1}$，$\varphi'_1(x)=\dfrac{1}{3}(x+1)^{-\frac{2}{3}}$，在区间 $[1,2]$ 上，$|\varphi'_1(x)|\leqslant\dfrac{1}{3}\times\left(\dfrac{1}{4}\right)^{\frac{1}{3}}<1$，又因 $1\leqslant\sqrt{2}\leqslant\varphi_1(x)\leqslant\sqrt[3]{3}\leqslant2$，所以方法一的迭代法收敛。

方法二：令 $\varphi_2(x)=x^3-1$，$\varphi'_2(x)=3x^2$，在区间 $[1,2]$ 上，$|\varphi'_2(x)|>1$，所以方法二的迭代法发散。

定义 7-4 对于方程 $x=\varphi(x)$，若在 x^* 的某个邻域 $S=\{x\,|\,|x-x^*|\leqslant\delta\}$ 内，对任意初值 $x_0\in S$，迭代公式 $x_{k+1}=\varphi(x_k)(k=0,1,\cdots)$ 都收敛，则称该迭代公式在 x^* 附近是局部收敛的。

定理 7-5 设方程 $x=\varphi(x)$ 有根 x^*，且在 x^* 的某个邻域 $S=\{x\,|\,|x-x^*|\leqslant\delta\}$ 内有一阶连续导数，则

(1) 当 $|\varphi'(x^*)|\leqslant1$ 时，迭代公式 $x_{k+1}=\varphi(x_k)(k=0,1,\cdots)$ 局部收敛；

(2) 当 $|\varphi'(x^*)|>1$ 时，迭代公式 $x_{k+1}=\varphi(x_k)(k=0,1,\cdots)$ 发散。

例 7－5　验证用不同方法求方程 $x^3-3=0$ 的根 $x^*=\sqrt{3}$，下列 4 种迭代公式的收敛性。

(1)$x_{k+1}=\dfrac{3}{x_k}(k=0,1,2,\cdots)$；

(2)$x_{k+1}=x_k{}^2+x_k-3(k=0,1,2\cdots)$；

(3)$x_{k+1}=x_k-\dfrac{1}{4}(x_k{}^2-3)(k=0,1,2\cdots)$；

(4)$x_{k+1}=\dfrac{1}{2}\left(x_k+\dfrac{3}{x_k}\right)(k=0,1,2\cdots)$。

解　(1) 因为迭代函数为 $\varphi(x)=\dfrac{3}{x}$，$\varphi'(x)=-\dfrac{3}{x^2}$，所以

$$\varphi'(x^*)=-1,|\varphi'(x)|=1$$

故该迭代公式发散。

Mathematica 程序如下：

```
f[x_]: = x^2 - 3;x0 = 1.5;
Do[x1 = 3/x0;
Print[" 第",k," 次迭代 x",k," = ",x1];
x0 = x1,{k,1,10}]
```

运行结果如下：

```
第 1 次迭代 x1 = 2.0;
第 2 次迭代 x2 = 1.5;
第 3 次迭代 x3 = 2.0;
第 4 次迭代 x4 = 1.5;
第 5 次迭代 x5 = 2.0;
第 6 次迭代 x6 = 1.5;
第 7 次迭代 x7 = 2.0;
第 8 次迭代 x8 = 1.5;
```

(2) 因为迭代函数为 $\varphi(x)=x^2+x-3$，$\varphi'(x)=2x+1$，所以

$$\varphi'(x^*)=\varphi'(\sqrt{3})=\sqrt{3}+1>1$$

故该迭代公式发散。

Mathematica 程序如下：

```
f[x_]: = x^2 - 3;x0 = 1.5;
Do[x1 = x0^2 + x0 - 3;
Print[" 第",n," 次迭代 x",n," = ",SetPrecision[x1,5]];
x0 = x1,{n,1,9}]
```

运行结果如下：

```
第 1 次迭代 x1 = 0.750000;
```

```
第 2 次迭代 x2 = - 1.68750;
第 3 次迭代 x3 = - 1.83984;
第 4 次迭代 x4 = - 1.45482;
第 5 次迭代 x5 = - 2.33832;
第 6 次迭代 x6 = 0.129425;
第 7 次迭代 x7 = - 2.85382;
第 8 次迭代 x8 = 2.290492;
第 9 次迭代 x9 = 4.536831;
```

(3) 因为迭代函数为 $\varphi(x)=x-\frac{1}{4}(x^2-3)$，$\varphi'(x)=1-\frac{1}{2}x$，所以

$$\varphi'(x^*)=1-\frac{\sqrt{3}}{2}<1$$

故该迭代公式收敛。

Mathematica 程序如下：

```
f[x_]: = x^2 - 3;x0 = 1.5;
Do[x1 = x0 - 1/4(x0^2 - 3);
Print[" 第",n," 次迭代 x",n," = ",SetPrecision[x1,5]];
x0 = x1,{n,1,7}]
```

运行结果如下：

```
第 1 次迭代 x1 = 1.68750;
第 2 次迭代 x2 = 1.72559;
第 3 次迭代 x3 = 1.73117;
第 4 次迭代 x4 = 1.73193;
第 5 次迭代 x5 = 1.73204;
第 6 次迭代 x6 = 1.73205;
第 7 次迭代 x7 = 1.73205;
```

(4) 因为迭代函数为 $\varphi(x)=\frac{1}{2}\left(x+\frac{3}{x}\right)$，$\varphi'(x)=\frac{1}{2}\left(1-\frac{3}{x^2}\right)$，所以

$$\varphi'(x^*)=\varphi'(\sqrt{3})=0<1$$

故该迭代公式收敛。

Mathematica 程序如下：

```
f[x_]: = x^2 - 3;x0 = 1.5;
Do[x1 = 1/2(x0 + 3/x0);
Print[" 第",n," 次迭代 x",n," = ",SetPrecision[x1,5]];
x0 = x1,{n,1,4}]
```

运行结果如下：

```
第 1 次迭代 x1 = 1.75000;
```

```
第 2 次迭代 x2 = 1.73214;
第 3 次迭代 x3 = 1.73205;
第 4 次迭代 x4 = 1.73205;
```

利用不动点迭代法求方程的根，有以下几点不足：一是要选择迭代函数；二是验证收敛性比较麻烦；三是即使迭代收敛，有时收敛的速度也会比较慢。

4. 不动点迭代法的收敛阶

为了判断迭代公式收敛的快慢，下面给出收敛阶的定义和判别方法。

定义 7-5 设由迭代公式 $x_{k+1}=\varphi(x_k)(k=0,1,\cdots)$ 产生的序列 $\{x_k\}$ 收敛到方程 $x=\varphi(x)$ 的根为 x^*，记 $e_k=x^*-x_k$，并称 e_k 为迭代公式 $x_{k+1}=\varphi(x_k)$ 第 k 次迭代的误差。若存在实数 $p\geqslant 1$ 和非零常数 c，使得

$$\lim_{k\to\infty}\frac{e_{k+1}}{e_k^p}=c \tag{7-2}$$

成立，则称序列 $\{x_k\}$ 是 p 阶收敛的（Convergence of Order p）。

特别地，当 $p=1$ 时，称序列 $\{x_k\}$ 线性收敛（Linearly Convergent）；当 $p=2$ 时，称序列 $\{x_k\}$ 平方收敛（Quadratically Convergent）。

注 收敛阶 p 是迭代公式收敛速度的一种度量，p 越大，序列收敛速度越快。

定理 7-6 设 $\{x_k\}$ 是由迭代公式 $x_{k+1}=\varphi(x_k)(k=0,1,\cdots)$ 产生的序列，x^* 是方程 $x=\varphi(x)$ 的根，若迭代函数 $\varphi(x)$ 在 x^* 邻近有连续的 p 阶导数，且满足条件：

(1) $|\varphi'(x^*)|<1$；

(2) $\varphi^{(p-1)}(x^*)=0(p=2,3\cdots)$，但 $\varphi^{(p)}(x^*)\neq 0$。

则序列 $\{x_k\}$ 是 p 阶收敛的，其中 $p(p\geqslant 1)$ 是整数。

证明 由定理 7-5 及条件(1) 知，序列 $\{x_k\}$ 是局部收敛的。将 $\varphi(x_k)$ 在 x^* 处做 Taylor 展开，有

$$\varphi(x_k)=\varphi(x^*)+\varphi'(x^*)(x_k-x^*)+\frac{\varphi''(x^*)}{2!}(x_k-x^*)^2$$

$$+\cdots+\frac{\varphi^{(p-1)}(x^*)}{(p-1)!}(x_k-x^*)^{p-1}+\frac{\varphi^{(p)}(\xi)}{p!}(x_k-x^*)^p \tag{7-3}$$

其中，ξ 介于 x_k 与 x^* 之间。

由条件(2)，并注意到 $x_{k+1}=\varphi(x_k)$ 及 $x^*=\varphi(x^*)$，则式(7-3) 可化为

$$x_{k+1}-x^*=\frac{\varphi^{(p)}(\xi)}{p!}(x_k-x^*)^p$$

即

$$\frac{e_{k+1}}{e_k^p}=(-1)^{p-1}\frac{\varphi^{(p)}(\xi)}{p!}$$

于是

$$\lim_{k\to\infty}\frac{e_{k+1}}{e_k^p}=(-1)^{p-1}\frac{\varphi^{(p)}(\xi)(x^*)}{p!}\neq 0$$

因此，由定义 7-5，得序列 $\{x_k\}$ 是 p 阶收敛的。特别地，

(1) 当 $|\varphi'(x^*)|<1$，但 $\varphi'(x^*)\neq 0$ 时，序列 $\{x_k\}$ 线性收敛；

(2) 当 $\varphi'(x^*)=0$，但 $\varphi''(x^*)\neq 0$ 时，序列 $\{x_k\}$ 平方收敛。

事实上，在式(7-3)中令 $p=1$，再仿定理 7-6 的证明，立得结论(1)，而结论(2)就是定理 7-6 中 $p=2$ 的特殊情形。

7.3.4　不动点迭代的加速方法

由于 $\varphi'(x^*)=1-\frac{\sqrt{3}}{2}<1$，因此例 7-5 中(3)的迭代公式为是线性收敛的。下面介绍两种迭代加速的方法——埃特金(Aitken)加速法和斯蒂芬森(Steffensen)迭代法。

1. Aitken 加速法

设迭代公式 $x_{k+1}=\varphi(x_k)(k=0,1,\cdots)$ 是线性收敛的，即

$$\lim_{k\to\infty}\frac{e_{k+1}}{e_k^p}=\lim_{k\to\infty}\frac{x^*-x_{k+1}}{x^*-x_k}=c,\lim_{k\to\infty}\frac{e_{k+2}}{e_{k+1}}=\lim_{k\to\infty}\frac{x^*-x_{k+2}}{x^*-x_{k+1}}=c$$

于是，当 k 充分大时，有

$$\frac{x^*-x_{k+1}}{x^*-x_k}\approx\frac{x^*-x_{k+2}}{x^*-x_{k+1}}$$

解得

$$x^*\approx\frac{x_kx_{k+1}-x_{k+1}^2}{x_{k+2}-2x_{k+1}+x_k}=x_k-\frac{(x_{k+1}-x_k)^2}{x_{k+2}-2x_{k+1}+x_k}$$

设序列 $\{x_k\}$ 是线性收敛的，称

$$y_k=x_k-\frac{(x_{k+1}-x_k)^2}{x_{k+2}-2x_{k+1}+x_k}\quad(k=0,1,2\cdots)\tag{7-4}$$

为 Aitken 加速法(Aitken Acceleration Method)或 Aitken 加速公式。可以证明由式(7-4)所产生的序列 $\{y_k\}$ 是平方收敛的。

用 Aitken 加速法求方程 $x=\varphi(x)$ 的算法如下：

(1) 输入区间端点$[a,b]$，迭代函数 $\varphi(x)$，精度 ε；

(2) 令 $x_{k+1}=\varphi(x_k)$，$y_k=x_k-\frac{(x_{k+1}-x_k)^2}{x_{k+2}-2x_{k+1}+x_k}$；

(3) 若 $|y_{k+1}-y_k|<\varepsilon$，则迭代终止，输出 y_k，否则转向步骤(2)，继续迭代。

例 7-6　已知方程 $f(x)=x^3-3x^2-x+3=0$ 的一个线性收敛迭代公式为 $x_{k+1}=\sqrt[3]{3x_k^2+x_k-3}(k=0,1,2,\cdots)$，试用 Aitken 加速法求根，精度要求小于 10^{-8}，结果保留 10 有效数字。

解　简单迭代公式为 $x_{k+1}=\sqrt[3]{3x_k^2+x_k-3}(k=0,1,2,\cdots)$，取 $x_0=1.5$，则需迭代 54 次，才能得到方程的近似根为 2.999999970。

下面用 Aitken 加速法求根，其迭代公式为

$$\begin{cases} x_{k+1}=\sqrt[3]{3x_k^{\ 2}+x_k-3} \\ y_k=x_k-\dfrac{(x_{k+1}-r_k)^2}{x_{k+2}-2x_{k+1}+x_k} \end{cases} \quad (k=0,1,2,\cdots)$$

取 $x_0=1.5$,则需迭代 27 次,才能得到方程的近似根 3.000000026。

Mathematica 程序如下:

```
M = 100;e = 10^ - 8;x[0] = 1.5;For[k = 0,k < M,k ++,
x[k + 1] = (x[k] + 3(x[k])^2 - 3)^(1/3);
y[k] = x[k] - (x[k + 1] - x[k])^2/(x[k + 2] - 2x[k + 1] + x[k]);
If[Abs[y[k + 1] - y[k]] < e,Break[]];
Print[" 第",k + 1," 次迭代,y",k," = ",SetPrecision[y[k],10]]
]
```

读者可自行运行验证。

2. Steffensen 迭代法

Aitken 加速法不管原数列 $\{x_k\}$ 是怎样产生的,换句话说,不用知道迭代函数,只要对收敛慢的数列 $\{x_k\}$ 进行加速计算,就能得到收敛速度较快的数列 $\{y_k\}$。若把 Aitken 加速法的加速技巧与原迭代 $x_{k+1}=\varphi(x_k)$ 结合,则可得如下迭代法。

设原迭代公式 $x_{k+1}=\varphi(x_k)(k=0,1,2\cdots)$,构建新的迭代公式如下:

$$\begin{cases} y_k=\varphi(x_k) \\ z_k=\varphi(y_k) \\ x_{k+1}=x_k-\dfrac{(y_k-x_k)^2}{z_k-2y_k+x_k} \quad (k=0,1,2\cdots) \end{cases} \tag{7-5}$$

称之为 Steffensen 迭代法(Steffensen Iterative Method)。

实际上,式(7-5)是将迭代法 $x_{k+1}=\varphi(x_k)$ 的 2 个计算步骤合成 1 个计算步骤得到的,因此可将 Steffensen 迭代法写成另一种形式:

$$x_{k+1}=\varphi(x_k) \quad (k=0,1,2\cdots)$$

其中,迭代函数

$$\psi(x)=x-\frac{[\varphi(x)-x]^2}{\varphi(\varphi(x))-2\varphi(x)+x} \tag{7-6}$$

用 Steffensen 迭代法求方程 $x=\varphi(x)$ 的根的算法如下:

(1) 输入区间端点$[a,b]$,迭代函数 $\varphi(x)$,精度 ε;

(2) 令 $y_k=\varphi(x_k)$,$z_k=\varphi(x_k)$,$x_{k+1}=x_k-\dfrac{[y_k-x_k]^2}{z_k-2y_k+x_k}$;

(3) 若 $|x_{k+1}-x_k|<\varepsilon$,则迭代终止,输出 x_k。

例 7-7 已知方程 $f(x)=x^3-3x^2-x+3=0$ 的一个线性收敛迭代公式为 $x_{k+1}=\sqrt[3]{3x_k^2+x_k-3}(k=0,1,2,\cdots)$,试用 Steffensen 迭代法求根,精度要求小于 10^{-8},结果保留

10 位有效数字。

解　用 Steffensen 迭代法求方程的根，格式如下：

$$\begin{cases} y_k = x_k^3 - 1 \\ z_k = y_k^3 - 1 \\ x_{k+1} = x_k - \dfrac{(y_k - x_k)^2}{z_k - 2y_k + x_k} \quad (k = 0,1,2\cdots) \end{cases}$$

取 $x_0 = 1.5$，则需迭代 6 次，就能得到方程的近似根 3.000000000。而由例 7-6 知，用埃特金加速法，则需迭代 27 次，才能得到方程的近似根 3.000000026。

Mathematica 程序如下：

```
x0 = 1.5;M = 18;e = 10^ - 8;
For[i = 1,i < M,i ++,
y0 = (x0 + 3(x0)^2 - 3)^(1/3);
z0 = (y0 + 3(y0)^2 - 3)^(1/3);
x1 = x0 - (y0 - x0)^2/(z0 - 2y0 + x0);
If[Abs[x1 - x0] < e,Break[]];
Print[" 第",i," 次迭代 x",i," = ",SetPrecision[x1,10],"  误差为",N[Abs[x1 - x0],15]];
x0 = x1]
```

运行结果如下：

```
第 1 次迭代 x1 = - 6.397743614;        误差为 7.89774;
第 2 次迭代 x2 = 4.201086894;          误差为 10.5988;
第 3 次迭代 x3 = 3.092630360;          误差为 1.10846;
第 4 次迭代 x4 = 3.001025170;          误差为 0.0916052;
第 5 次迭代 x5 = 3.000000135;          误差为 0.00102504;
第 6 次迭代 x6 = 3.000000000;          误差为 1.34568 * 10^-7;
```

由此可见，Steffensen 迭代法比埃特金加速法的加速速度更快。

例 7-8　给定初始点 $x_0 = 1.5$，对于方程 $f(x) = x^3 - x - 1 = 0$，试用 Steffensen 迭代法求方程的根，精度要求小于 10^{-6}。

解　用 Steffensen 迭代法求方程的根，格式如下：

$$\begin{cases} y_k = x_k^3 - 1 \\ z_k = y_k^3 - 1 \\ x_{k+1} = x_k - \dfrac{(y_k - x_k)^2}{z_k - 2y_k + x_k} \quad (k = 0,1,2\cdots) \end{cases}$$

取 $x_0 = 1.5$，则需迭代 5 次，就能得到方程的近似根 $x_5 = 1.324717994$。

Mathematica 程序如下：

```
x0 = 1.5;M = 100;M = 8;e = 10^ - 6;
For[i = 1,i < M,i ++,
```

```
y0 = (x0)^3 - 1;z0 = (y0)^3 - 1;x1 = x0 - (y0 - x0)^2/(z0 - 2y0 + x0);
If[Abs[x1 - x0] < e,Break[]];
Print[" 第",i," 次迭代 x",i," = ",SetPrecision[x1,10]," 误差为",N[Abs[x1 - x0],10]];
x0 = x1]
```

运行结果如下：

```
第 1 次迭代 x1 = 1.416292975;      误差为 0.083707;
第 2 次迭代 x2 = 1.355650441;      误差为 0.0606425;
第 3 次迭代 x3 = 1.328948777;      误差为 0.0267017;
第 4 次迭代 x4 = 1.324804489;      误差为 0.00414429;
第 5 次迭代 x5 = 1.324717994;      误差为 0.0000864951;
第 6 次迭代 x6 = 1.324717957;      误差为 3.67241 * 10^-8;
```

由前面的例 7-3 可知，用迭代公式 $x_{k+1}=x_k^3-1(k=0,1,2,\cdots)$ 求方程的根，其迭代公式是发散的。

例 7-8 也说明，即使原迭代公式是不收敛的，用 Steffensen 迭代法求根，仍可得到较好的收敛效果。

可以证明：不论原迭代法[式(7-1)]是否收敛，只要 $\varphi'(x^*)\neq 1$，Steffensen 迭代法[式(7-5)]至少是平方收敛的。

7.3.5 Newton 迭代法

1. Newton 迭代公式

设已知方程 $f(x)=0$ 有近似根 x_k[假定 $f'(x_k)\neq 0$]，将函数 $f(x)$ 在 x_k 处展开，有

$$f(x)\approx f(x_k)+f'(x_k)(x-x_k)$$

于是方程 $f(x)=0$ 可以近似地表示为

$$f(x_k)+f'(x_k)(x-x_k)=0$$

这是一个线性方程，记其根为 x_{k+1}，则 x_{k+1} 的计算公式为

$$x_{k+1}=x_k-\frac{f(x_k)}{f'(x_k)}\quad (k=0,1,\cdots)\tag{7-7}$$

称式(7-7)为 Newton 迭代公式(Newton Iterative Formula)。

2. Newton 迭代法的几何意义

当取初始值 x_0，过 $(x_0,f(x_0))$ 作 $f(x)$ 的切线时，其切线方程为

$$y-f(x_0)=f'(x_0)(x-x_0)$$

此切线与 x 轴的交点(图 7-4)就是

$$x_1=x_0-\frac{f(x_0)}{f'(x_0)}$$

所以，Newton 迭代法也称为切线法(Tangent Method)。

用 Newton 迭代法求解方程 $f(x)=0$ 的算法如下：

(1) 输入初始值 x_0，函数 $f(x)$，精度 ε，最大迭代次数；

(2) 计算 $x_{k+1}=x_k-\dfrac{f(x_k)}{f'(x_k)}$；

(3) 如果 $|x_{k+1}-x_k|<\varepsilon_1$ 或 $|f(x_{k+1})|<\varepsilon_2$（$\varepsilon_1$，$\varepsilon_2$ 是预先指定的正小数），则取 $x^*\approx x_{k+1}$，否则转向步骤(2) 继续计算。

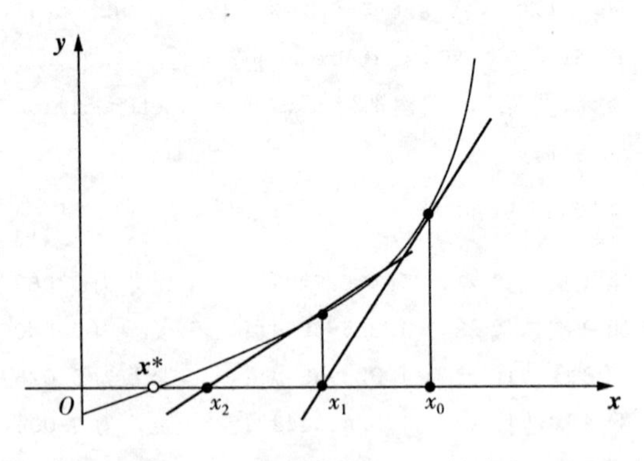

图 7-4　牛顿迭代法的几何意义

在步骤(2) 中，如果出现 $f'(x_k)=0$，则 Newton 迭代法失效。

例 7-9　给定初始点 $x_0=1.5$，用 Newton 迭代法求方程 $f(x)=x^3-x-1=0$ 的根，精度要求小于 10^{-6}，结果保留 10 位有效数字。

解　Newton 法迭代公式为

$$x_{k+1}=x_k-\frac{{x_k}^3-x_k-1}{3{x_k}^2-1}\quad(k=0,1,\cdots)$$

取 $x_0=1.5$，满足精度要求的迭代结果如下：

```
第 1 次迭代 x1 = 1.347826087;
第 2 次迭代 x2 = 1.325200399;
```

Mathematica 程序如下：

```
f[x_]: = x^3 - x - 1;x0 = 1.5;M = 100;e = 10^ - 5;
For[k = 1,k < M,k + +,x1 = x0 - f(x0)/f'(x0);
If[f[x1] < e,Break[]];
Print[" 第",k," 次迭代 x",k," = ",SetPrecision[x1,10],";"];x0 = x1]
```

由例 7-3 知，若用不动点迭代法求方程的根，要达到相同的精度，至少要迭代 7 次，这说明 Newton 迭代法比不动点迭代法的收敛速度要快。

3. Newton 迭代法的收敛性

设 x^* 是 $f(x)=0$ 的单根，即 $f(x^*)=0$，但 $f'(x^*)\neq0$，Newton 迭代法的迭代函数为 $\varphi(x)=x-\dfrac{f(x)}{f'(x)}$，迭代公式为 $x_{k+1}=\varphi(x_k)$。为了证明收敛性，需求 $\varphi(x)$ 的导数，即

$$\varphi'(x)=1-\frac{[f'(x)]^2-f(x)f''(x)}{[f'(x)]^2}=\frac{f(x)f''(x)}{[f'(x)]^2}\tag{7-8}$$

显然 $\varphi'(x^*)=0$。若 $\varphi(x)$ 是连续函数，则当 x 充分靠近 x^* 时，$|\varphi'(x)|\leqslant L<1$ 成立，因此当初始值 x_0 充分靠近 x^* 时，Newton 迭代法收敛，或者说 Newton 迭代是单点局部收敛的。下面说明它还是平方收敛的。事实上，由式(7-8)，可得

$$\varphi''(x)=\frac{[f'(x)]^2[f'(x)f''(x)+f(x)f'''(x)]-2f(x)f'(x)[f''(x)]^2}{[f'(x)]^4}$$

$$\varphi''(x^*)=\frac{f''(x^*)}{f'(x^*)}\neq 0\quad(\text{当 } f''(x^*)\neq 0 \text{ 时})$$

由定理 7-6 知，Newton 迭代法是平方收敛的。

定理 7-7 设 $f(x)$ 在有限区间 $[a,b]$ 上的二阶导数存在，且 $f'(x)\neq 0$，$f''(x)$ 不变号，在端点满足

$$f(a)f(b)<0,f''(x)f(x_0)>0$$

则 Newton 迭代公式(7-8) 对任何初始值 $x_0\in[a,b]$ 都收敛。

例 7-10 对不同的初始值 $x_0=1.3,1.0,0.0,-2.0$，用 Newton 迭代法求方程 $f(x)=x^3-x-1=0$ 在 $x=1.5$ 附近的根，并比较迭代效果。

解 沿用例 7-8 的程序，取 $x_0=1.3,1.0,0.0,-2.0$，达到相同精度方程根的近似值的迭代次数分别为 3 次、5 次、21 次和 64 次。

例 7-10 说明，初始值取得越靠近真实值，收敛速度越快；反之，收敛速度越慢。

例 7-11 方程 $f(x)=x^4-4x^2+4=0$ 的根 $x^*=\sqrt{2}$ 为二重根，证明：用 Newton 迭代法求解为线性收敛。

证明 由 $f(x)=x^4-4x^2+4=0$，得

$$f'(x)=4x^3-8x$$

迭代函数为

$$\varphi(x)=x-\frac{f(x)}{f'(x)}=x-\frac{x^4-4x^2+4}{4x^2-8x}=\frac{3x^4-4x^2-4}{4x^3-8x}$$

$$\varphi'(x)=\frac{(x^4-4x^2+4)(12x^2-8)}{(4x^3-8x)^2}=\frac{12x^6-56x^4+80x^2-32}{(4x^3-8x)^2}$$

$$\varphi'(x^*)=\varphi'(\sqrt{2})\neq 0$$

由定理 7-6 知，Newton 迭代法为线性收敛。

Newton 迭代法的程序简单，若初始点选择得好，收敛速度非常快，但是，初始值 x_0 只在根 x^* 附近才能保证收敛。由于每迭代一步都要计算 $f(x_k)$ 及 $f'(x_k)$，且 $f'(x_k)$ 出现在分母上，故会导致程序常发生中断。为了克服这些不足，下面介绍 Newton 迭代法的改进方法。

7.3.6 Newton 迭代法的改进

1. 简化 Newton 迭代法

将迭代公式(7-7) 改为

$$x_{k+1}=x_k-\frac{f(x_k)}{f'(x_0)}\quad(k=0,1,\cdots)\tag{7-9}$$

迭代函数

$$\varphi(x) = x - \frac{f(x)}{f'(x_0)} \tag{7-10}$$

并称式(7-9)为简单 Newton 迭代公式。

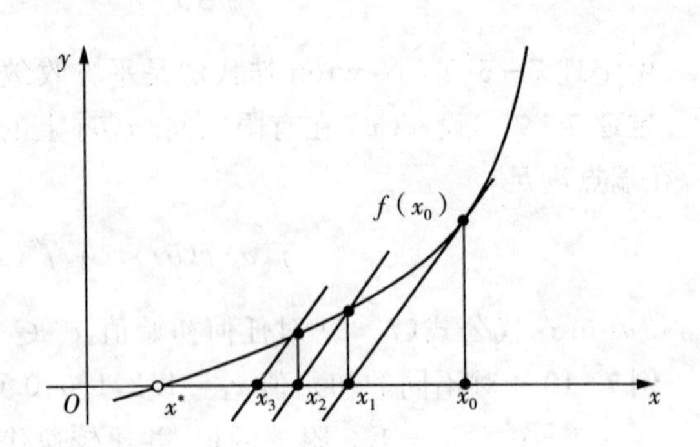

图 7-5　简化牛顿迭代法的几何意义

式(7-9)表示,过曲线 $y=f(x)$ 上的点 $(x_k, f(x_k))$ 且斜率为 $f'(x_0)$ 的切线方程是 $y-f(x_k)=f'(x_0)(x-x_k)$,切线与 x 轴交点的横坐标就是式(7-9)中的 x_{k+1}(见图 7-5),有时也将这种方法称为平行弦方法。

为了保证迭代法收敛,不妨设 $c=\frac{1}{f'(x_0)}$,此时迭代函数为 $\varphi(x)=x-cf(x)$。

$|\varphi'(x)|=|1-cf'(x)|\leqslant L<1$,即取 $0<cf'(x)<2$,$f'(x)$ 与 c 同号,此时简化 Newton 迭代法是线性收敛。

简化 Newton 迭代法的计算步骤如下:

(1) 输入初始值 x_0,函数 $f(x)$,精度 ε,最大迭代次数;

(2) 计算 $x_{k+1}=x_k-\frac{f(x_k)}{f'(x_0)}$;

(3) 如果 $|x_{k+1}-x_k|<\varepsilon_1$ 或 $|f(x_{k+1})|<\varepsilon_2$($\varepsilon_1$,$\varepsilon_2$ 是预先指定的正小数),则取 $x^* \approx x_{k+1}$,否则转向步骤(2)继续计算。

例 7-11　用简化 Newton 迭代法求方程 $f(x)=x^3-x-1=0$ 的根,给定初始点 $x_0=1.5$,精度要求小于 10^{-6},结果保留 10 位有效数字。

解　简化 Newton 迭代公式为

$$x_{k+1}=x_k-\frac{{x_k}^3-x_k-1}{3{x_0}^2-1} \quad (k=0,1,\cdots)$$

取 $x_0=1.5$,满足精度要求的迭代的结果如下:

```
第 1 次迭代 x1 = 1.738013322;
第 2 次迭代 x2 = 1.301146074;
第 3 次迭代 x3 = 1.318247005;
第 4 次迭代 x4 = 1.323017457;
第 5 次迭代 x5 = 1.324276678;
第 6 次迭代 x6 = 1.324603829;
第 7 次迭代 x7 = 1.324688466;
第 8 次迭代 x8 = 1.324710338;
```

Mathematica 程序如下:

```
f[x_]: = x^3 - x - 1;x0 = 1.5;M = 100;e = 10^ - 5;
For[k = 1,k < M,k + +,x[k + 1] = x[k] - ((x[k])^3 - x[k] - 1)/(3 x0^2 - 1);
If[Abs[f[x[k]]] < e,Break[]];Print[" 第",k," 次迭代 x",k," = ",SetPrecision[x[k],10],";"]]
```

2. 两点弦截法

用 Newton 迭代法求解方程的根，每步除计算 $f(x_k)$ 外，还要计算 $f'(x_k)$。当 $f(x)$ 比较复杂时，计算 $f'(x)$ 往往比较困难，为此可以在插值原理的基础上，利用均差代替导数来避免导数值 $f'(x_k)$ 的计算。

设值 x_k, x_{k-1} 是 $f(x)=0$ 的近似根，利用 $f(x_k), f(x_{k-1})$ 构造一次插值多项式 $P_1(x)$：$P_1(x)=f(x_k)+\dfrac{f(x_k)-f(x_{k-1})}{x_k-x_{k-1}}(x-x_k)$，用 $P_1(x)=0$ 的根作为 $f(x)=0$ 的新的近似根 x_{k+1}，不难得出

$$x_{k+1}=x_k-\frac{f(x_k)}{f(x_k)-f(x_{k-1})}(x_k-x_{k-1}) \tag{7-11}$$

此等式等价于在 Newton 公式

$$x_{k+1}=x_k-\frac{f(x_k)}{f'(x_k)}$$

中用差商 $\dfrac{f(x_k)-f(x_{k-1})}{x_k-x_{k-1}}$ 代替导数 $f'(x_k)$。称式(7-11)为两点弦截迭代公式。

两点弦截法表示，过曲线 $y=f(x)$ 上的点 $(x_{k-1}, f(x_{k-1}))$ 和 $(x_k, f(x_k))$ 两点的割线与 x 轴交点横坐标 x_{k+1} 作为 x^* 的近似值，如图 7-6 所示。

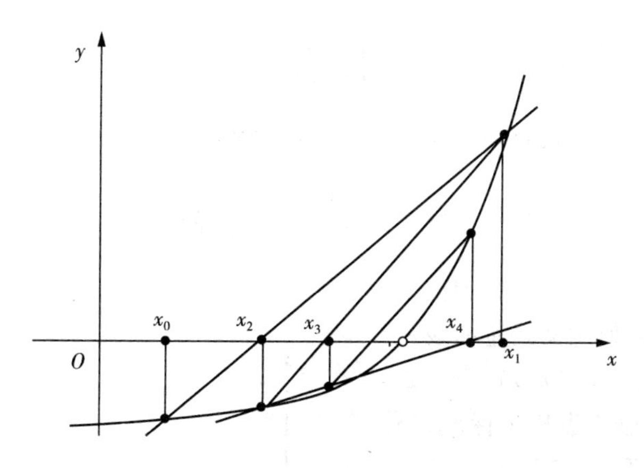

图 7-6　两点弦截法的几何意义

两点弦截法的算法如下：

(1) 输入初始近似值 x_0, x_1，函数 $f(x)$，精度 ε，最大迭代次数；

(2) 计算 $x_{k+1}=x_k-\dfrac{x_k-x_{k-1}}{f(x_k)-f(x_{k-1})}f(x_k)$；

(3) 如果 $|x_{k+1}-x_k|<\varepsilon_1$ 或 $|f(x_{k+1})|<\varepsilon_2$（$\varepsilon_1, \varepsilon_2$ 是预先指定的正小数），则取 $x^*\approx x_{k+1}$，否则转向步骤(2) 继续计算。

例 7-12　用两点弦截法求方程 $f(x)=x^3-x-1=0$ 的根，给定初始点 $x_0=2.0$，$x_1=1.0$，精度要求小于 10^{-5}，结果保留 10 位有效数字。

解　简化两点弦截法迭代公式为

$$x_{k+1}=x_k-\frac{{x_k}^3-x_k-1}{{x_k}^2+x_kx_{k-1}+{x_{k-1}}^2}\quad (k=1,2,\cdots)$$

取 $x_0=2.0$，$x_1=1.0$，满足精度要求的迭代的结果如下：

```
第 1 次迭代 x2 = 1.166666667;
第 2 次迭代 x3 = 1.395604396;
第 3 次迭代 x4 = 1.313656661;
第 4 次迭代 x5 = 1.324016115;
第 5 次迭代 x6 = 1.324725250;
第 6 次迭代 x7 = 1.324717952;
```

Mathematica 程序如下：

```
f[x_]: = x^3 - x - 1;M = 100;e = 10^ - 5;x[1] = 1.0;x[0] = 2.0;
For[k = 1,k < M,k ++,
x[k + 1] = x[k] - ((x[k])^3 - x[k] - 1)/(- 1 + x[k]^2 + x[k - 1]x[k] + x[k - 1]^2);
If[Abs[f[x[k]]] < e,Break[]];
Print[" 第",k," 次迭代 x",k + 1," = ",SetPrecision[x[k + 1],10],";"]]
```

3. *单点弦截法*

在两点弦截迭代公式

$$x_{k+1}=x_k-\frac{f(x_k)}{f(x_k)-f(x_{k-1})}(x_k-x_{k-1})$$

中，用固定点 $(x_0,f(x_0))$ 代替 $(x_{k-1},f(x_{k-1}))$ 就得到新的迭代公式

$$x_{k+1}=x_k-\frac{(x_k-x_0)}{f(x_k)-f(x_0)}f(x_k) \tag{7-12}$$

称为单点弦截法。

单点弦截法的几何意义是过曲线 $y=f(x)$ 上的两点 $(x_0,f(x_0))$ 和 $(x_k,f(x_k))$ 的割线与 x 轴交点横坐标 x_{k+1} 作为 x^* 的近似值，如图 7-7 所示。

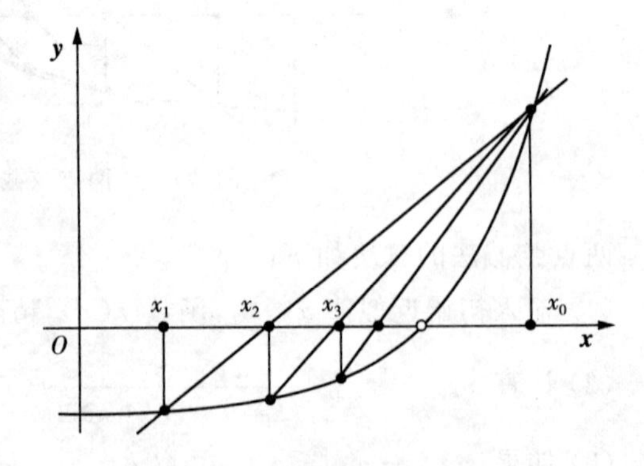

图 7-7　单点弦截法的几何意义

单点弦截法的算法如下：

(1) 输入初始近似值 x_0,x_1，函数 $f(x)$，精度 ε，最大迭代次数；

(2) 计算 $x_{k+1}=x_k-\frac{(x_k-x_0)}{f(x_k)-f(x_0)}f(x_k)$；

(3) 如果 $|x_{k+1}-x_k|<\varepsilon_1$ 或

$|f(x_{k+1})| < \varepsilon_2$（$\varepsilon_1$，$\varepsilon_2$ 是预先指定的正小数），则取 $x^* \approx x_{k+1}$，否则转向步骤(2)继续计算。

例 7-13 用单点弦截法求方程 $f(x)=x^3-x-1=0$ 的根，给定初始点 $x_0=2.0$，$x_1=1.0$，精度要求小于 10^{-5}，结果保留 10 位有效数字。

解 简化两点弦截法迭代公式为

$$x_{k+1}=x_k-\frac{x_k^{\ 3}-x_k-1}{x_k^{\ 2}+x_kx_{k-1}+x_{k-1}^{\ 2}-1} \quad (k=1,2,\cdots)$$

取 $x_0=2.0$，$x_1=1.0$，满足精度要求的迭代结果如下：

```
第 1 次迭代 x2 = 1.166666667;
第 2 次迭代 x3 = 1.253112033;
第 3 次迭代 x4 = 1.293437402;
第 4 次迭代 x5 = 1.311281021;
第 5 次迭代 x6 = 1.318988504;
第 6 次迭代 x7 = 1.322282717;
第 7 次迭代 x8 = 1.323684294;
第 8 次迭代 x9 = 1.324279462;
第 9 次迭代 x10 = 1.324531987;
第 10 次迭代 x11 = 1.324639093;
第 11 次迭代 x12 = 1.324684515;
第 12 次迭代 x13 = 1.324703776;
第 13 次迭代 x14 = 1.324711944;
第 14 次迭代 x15 = 1.324715407;
第 15 次迭代 x16 = 1.324716876;
```

Mathematica 程序如下：

```
f[x_]: = x^3 - x - 1;M = 100;e = 10^ - 5;x[1] = 1.0;x[0] = 2.0;
For[k = 1,k < M,k ++,
x[k + 1] = x[k] - ((x[k])^3 - x[k] - 1)/(- 1 + x[k]^2 + x[0]x[k] + x[0]^2);
If[Abs[f[x[k]]] < e,Break[]];
Print[" 第",k," 次迭代 x",k + 1," = ",SetPrecision[x[k + 1],10],";"]
]
```

与 Newton 迭代法相比，它的改进方法无须计算 $f'(x_k)$，只要能迭代，就不会出现迭代中止的现象，因而是对 Newton 迭代法的改进和修正。但是，一般来说，改进方法的收敛速度稍慢于 Newton 迭代法。

4. Newton 下山法

在讨论 Newton 迭代法的收敛条件时，要假定当初始值 x_0 充分靠近 x^* 时，才能保证收敛。为了扩大初始值 x_0 的选取范围，下面介绍另一种改进方法，称为 Newton 下山法(Newton-Downhill Method)，将 Newton 迭代形式写成

$$x_{k+1}=x_k-\lambda\frac{f(x_k)}{f'(x_k)} \tag{7-13}$$

其中，λ 称为下山因子。当取 $\lambda=1$ 时，式(7-13) 就变成式(7-7)。选取 λ 的原则是使 $|f(x_{k+1})|<|f(x_k)|$。当 $|f(x_{k+1})|<\varepsilon_1$ 或 $|x_{k+1}-x_k|<\varepsilon_2$($\varepsilon_1$，$\varepsilon_2$ 是事先给定的小正数)时，停止迭代，并取 $x^*\approx x_{k+1}$；否则减小 λ(一般用取半的方法)，λ 的取值范围为 $0<\varepsilon_3\leqslant\lambda\leqslant 1$($\varepsilon_3$ 为一小正数)，继续迭代。

Newton 下山法的计算步骤如下：

(1) 选取初始值 x_0；

(2) 取下山因子 $\lambda=1$；

(3) 计算 $x_{k+1}=x_k-\lambda\dfrac{f(x_k)}{f'(x_k)}$ 及 $f(x_{k+1})$；

(4) 比较 $|f(x_{k+1})|$ 与 $|f(x_k)|$，则有两种可能：

① 若 $|f(x_{k+1})|<|f(x_k)|$，则当 $|x_{k+1}-x_k|<\varepsilon_2$ 时，取 $x^*\approx x_{k+1}$；当 $|x_{k+1}-x_k|>\varepsilon_2$ 时，k 增加 1，转向步骤(3)。

② 若 $|f(x_{k+1})|\geqslant|f(x_k)|$，则当 $\lambda\geqslant\varepsilon_3$ 且 $|f(x_{k+1})|\leqslant\varepsilon_1$ 时，取 $x^*\approx x_{k+1}$，迭代停止；当 $\lambda\leqslant\varepsilon_3$，而 $|f(x_{k+1})|\leqslant\varepsilon_1$ 时，取 $x_{k+1}+\delta$ 代替 x_k，转向步骤(3)(δ 是一小正数)；当 $\lambda>\varepsilon_3$，而 $|f(x_{k+1})|\leqslant\varepsilon_1$ 时，取 $\dfrac{\lambda}{2}$ 代替代 λ，转向步骤(3)。

当 $\lambda\neq 1$ 时，Newton 下山法只有线性收敛速度，但对初始值的选取放宽了，即取某一初值 Newton 迭代法不收敛，而 Newton 下山法可能收敛。

例 7-14 已知 $f(x)=x^3-x-1=0$，取 $x_0=0.6$，分别采用 Newton 迭代法和 Newton 下山法求方程的根，精度要求小于 10^{-5}，结果保留 10 位有效数字。

解 采用 Newton 迭代法，取 $x_0=0.6$，对应的函数值为 $f(x_0)=1.384000000$，沿用前面程序，运行结果如下：

```
第 1 次迭代 x1 = 17.90000000        f[x1] = 5716.44;
第 2 次迭代 x2 = 11.94680233        f[x2] = 1692.17;
第 3 次迭代 x3 = 7.985520352        f[x3] = 500.239;
第 4 次迭代 x4 = 5.356909315        f[x4] = 147.368;
第 5 次迭代 x5 = 3.624996033        f[x5] = 43.0096;
第 6 次迭代 x6 = 2.505589190        f[x6] = 12.2244;
第 7 次迭代 x7 = 1.820129422        f[x7] = 3.20972;
第 8 次迭代 x8 = 1.461044110        f[x8] = 0.657774;
第 9 次迭代 x9 = 1.339323224        f[x9] = 0.063137;
第 10 次迭代 x10 = 1.324912868      f[x10] = 0.000831373;
第 11 次迭代 x11 = 1.324717993      f[x11] = 1.50938 * 10^-7;
```

可以看出，函数值一开始是升高的，后下降。采用 Newton 下山法，取下山因子 $\lambda=\dfrac{1}{32}$，下山成功，迭代 5 次就可以得到满意的结果：

```
Newton 下山法，取初始值 x0 = 0.6    f[x0] = 1.384;
第 1 次迭代 x1 = 1.140625000        f[x1] = 0.656643;
第 2 次迭代 x2 = 1.366813662        f[x2] = 0.18664;
```

```
第 3 次迭代 x3 = 1.326279804          f[x3] = 0.0066704;
第 4 次迭代 x4 = 1.324720226          f[x4] = 9.67388 * 10^ - 6;
```

Mathematica 程序如下：

```
f[x_]: = x^3 - x - 1;NN = 2;M = 10;e = 10^ - 5;x0 = 0.6;\[Lambda] = 1/32;
Print["Newton 下山法,取初始值 x0 = 0.6","  f[x0] = ",Abs[f[x0]],";"];
For[i = 1,i < NN,i + +,x1 = x0 - \[Lambda] f[x0]/f′[x0];
Print[" 第",i," 次迭代 x",i," = ",SetPrecision[x1,10],"  f[x1] = ",Abs[f[x1]],";"];]
For[i = 2,i < M,i + +,x2 = x1 - f[x1]/f′[x1];If[Abs[x2 - x1] < e,Break[]];Print[" 第",i," 次迭代 x",i," = ",SetPrecision[x2,10],  "  f[x",i,"] = ",Abs[f[x2]],";"];x1 = x2;]
```

7.4 非线性方程组求根的主要方法及实现

为了方便，以解二阶非线性方程组为例，叙述解题方法和程序实现。

设有二阶方程组 $\begin{cases} f(x,y)=0 \\ g(x,y)=0 \end{cases}$，写成向量格式为 $F(\boldsymbol{w})=\begin{pmatrix} f(x,y) \\ g(x,y) \end{pmatrix}$，其中 $\boldsymbol{w}=\begin{pmatrix} x \\ y \end{pmatrix}$。将 $f(x,y)$，$g(x,y)$ 在 (x_0,y_0) 附近做二元 Taylor 展开，并取线性部分，得到方程组

$$\begin{cases} f(x_0,y_0)+(x-x_0)\dfrac{\partial f(x_0,y_0)}{\partial x}+(y-y_0)\dfrac{\partial f(x_0,y_0)}{\partial y}=0 \\ g(x_0,y_0)+(x-x_0)\dfrac{\partial g(x_0,y_0)}{\partial x}+(y-y_0)\dfrac{\partial g(x_0,y_0)}{\partial y}=0 \end{cases} \tag{7-14}$$

令 $x-x_0=\Delta x$，$y-y_0=\Delta y$，则有

$$\begin{cases} \Delta x\dfrac{\partial f(x_0,y_0)}{\partial x}+\Delta y\dfrac{\partial f(x_0,y_0)}{\partial y}=-f(x_0,y_0) \\ \Delta x\dfrac{\partial g(x_0,y_0)}{\partial x}+\Delta y\dfrac{\partial g(x_0,y_0)}{\partial y}=-g(x_0,y_0) \end{cases}$$

若

$$J=\begin{vmatrix} \dfrac{\partial f}{\partial x} & \dfrac{\partial f}{\partial y} \\ \dfrac{\partial g}{\partial x} & \dfrac{\partial g}{\partial y} \end{vmatrix}_{(x_0,y_0)} \neq 0$$

解出 Δx，Δy。建立迭代 $\boldsymbol{w}_1=\boldsymbol{w}_0+\begin{pmatrix} \Delta x \\ \Delta y \end{pmatrix}$，再令 $x-x_1=\Delta x$，$y-y_1=\Delta y$，则有

$$\begin{cases} \Delta x\dfrac{\partial f(x_1,y_1)}{\partial x}+\Delta y\dfrac{\partial f(x_1,y_1)}{\partial y}=-f(x_1,y_1) \\ \Delta x\dfrac{\partial g(x_1,y_1)}{\partial x}+\Delta y\dfrac{\partial g(x_1,y_1)}{\partial y}=-g(x_1,y_1) \end{cases}$$

若

$$J=\begin{vmatrix}\dfrac{\partial f}{\partial x} & \dfrac{\partial f}{\partial y}\\ \dfrac{\partial g}{\partial x} & \dfrac{\partial g}{\partial y}\end{vmatrix}_{(x_1,y_1)}\neq 0$$

解出 $\Delta x,\Delta y$。再建立迭代 $\boldsymbol{w}_2=\boldsymbol{w}_1+\begin{pmatrix}\Delta x\\ \Delta y\end{pmatrix}$。

依次类推,可得两阶非线性方程迭代公式 $\boldsymbol{w}_{k+1}=\boldsymbol{w}_k+\begin{pmatrix}\Delta x\\ \Delta y\end{pmatrix}$。

例 7-15 求解非线性方程组$\begin{cases}f(x,y)=4-x^2-y^2=0\\ g(x,y)=1-e^x-y=0\end{cases}$,取初始值:$\boldsymbol{w}_0=\begin{pmatrix}1\\ -1.7\end{pmatrix}$。

解 记

$$J=\begin{vmatrix}\dfrac{\partial f}{\partial x} & \dfrac{\partial f}{\partial y}\\ \dfrac{\partial g}{\partial x} & \dfrac{\partial g}{\partial y}\end{vmatrix}_{(x_0,y_0)}=\begin{vmatrix}-2x & -2y\\ -e^x & -1\end{vmatrix}=\begin{vmatrix}-2.000000000 & 3.400000000\\ -2.718281828 & -1.000000000\end{vmatrix}$$

即

$$F(\boldsymbol{w}_0)=\begin{pmatrix}f(x_0,y_0)\\ g(x_0,y_0)\end{pmatrix}=\begin{pmatrix}1.000000000\\ -1.700000000\end{pmatrix}$$

解方程组

$$J\times\begin{pmatrix}\Delta x\\ \Delta y\end{pmatrix}=\begin{pmatrix}-f(x_0,y_0)\\ -g(x_0,y_0)\end{pmatrix}$$

即求解

$$\begin{pmatrix}-2000000000 & 3.400000000\\ -2.718281828 & -1.000000000\end{pmatrix}\cdot\begin{pmatrix}\Delta x\\ \Delta y\end{pmatrix}=\begin{pmatrix}1.000000000\\ -1.700000000\end{pmatrix}$$

解得

$$\mathrm{d}\boldsymbol{w}=\begin{pmatrix}0.004255569288\\ -0.02984966512\end{pmatrix}$$

得

$$\boldsymbol{w}_1=\begin{pmatrix}x_1\\ y_1\end{pmatrix}=\boldsymbol{w}_0+\mathrm{d}\boldsymbol{w}=\begin{pmatrix}1.004255569\\ -1.729849665\end{pmatrix}$$

重复此步骤,得

$$w_2 = \begin{pmatrix} x_2 \\ y_2 \end{pmatrix} = w_1 + dw = \begin{pmatrix} 1.004175913 \\ -1.729633137 \end{pmatrix}$$

$$w_3 = w_2 + dw = \begin{pmatrix} 1.004175908 \\ -1.729633124 \end{pmatrix}$$

故方程得近似解为

$$w = \begin{pmatrix} 1.004175908 \\ -1.729633124 \end{pmatrix}$$

Mathematica 程序如下：

```
f1[x_,y_]: = 4 - x^2 - y^2;f2[x_,y_]: = 1 - E x - y;e = 10^ - 8;
w0 = {1, - (17/10)};
f[x_,y_]: = {f1[x,y],f2[x,y]};
g1[x_,y_]: = {{D[f1[x,y],x],D[f1[x,y],y]},{D[f2[x,y],x],D[f2[x,y],y]}};
dw = Inverse[g1[x,y]].(- f[x,y])/.{x -> w0[[1]],y -> w0[[2]]};
w1 = w0 + dw;
i = 1;
Print[" 第",i," 次迭代得:",SetPrecision[w1,10]];
While[Norm[w1 - w0] > e,w0 = w1;dw = Inverse[g1[x,y]].(- f[x,y])/.{x -> w0[[1]],y
-> w0[[2]]};
w1 = w0 + dw;
i = i + 1;
Print[" 第",i," 次迭代得:",SetPrecision[w1,10]];]
```

运行结果：

```
第 1 次迭代得:{1.004255569, - 1.729849665}
第 2 次迭代得:{1.004175913, - 1.729633137}
第 3 次迭代得:{1.004175908, - 1.729633124}
```

小结及评注

本章介绍了非线性方程求根问题的背景及数值计算方法的思想原则，重点介绍了求解单变量非线性方程 $f(x)=0$ 的几种数值计算方法，包括区间搜索法、二分法、不动点迭代法、牛顿迭代法及其改进方法，并对几种方法的优缺点进行了比较。

使用迭代法的关键是构造迭代式及讨论收敛性。在迭代法中最实用的是 Steffensen 方法和 Newton 迭代法，它们在单根附近具有二阶收敛速度。Steffensen 方法是对基本迭代方法的改进，只要迭代函数 $\varphi'(x^{\square}) \neq 1$，不管迭代法是否收敛，Steffensen 方法都是二阶收敛的。Newton 迭代法是一种收敛较快的迭代法，但在实际应用时，对初始值的选取要求较高。为了克服这一缺点，可使用 Newton 下山法，但收敛速度没有 Newton 迭代法快。为了计算函数的导数值，可采用弦截法，但弦截法属于多点迭代法。同 Newton 迭代法一样，弦截法初始值的选取要求也较高。为了选取合适的初始值，可采用二分法来确定迭代法的初始值。Steffensen 方法不能推广到多元，而 Newton 迭代法则可以推广到多元。

自主学习要点

1. 什么是方程的有根区间？它与求根有何关系？
2. 什么是二分法？用二分法求 $f(x)=0$ 的根，$f(x)$ 要满足什么条件？
3. 使用二分法求方程的根的优缺点是什么？
4. 什么是区间搜索法？
5. 什么是函数 $\varphi(x)$ 的不动点？如何确定 $\varphi(x)$ 使它的不动点等价于 $f(x)$ 的零点？
6. 什么是不动点迭代？$\varphi(x)$ 满足什么条件才能保证不动点存在和不动点迭代序列收敛？
7. 什么是整体收敛？什么是局部收敛？
8. 什么是压缩映像原理？它有什么局限性？它如何改进？
9. 如何评价一个迭代收敛的速度？
10. 一个线性收敛的迭代，如何提高它的收敛速度？常用的方法有哪些？
11. 为什么说 Aitken 加速法至少是平方收敛？
12. Aitken 加速法与 Steffensen 加速法有什么本质区别？
13. 什么是 Newton 迭代法？其迭代公式如何得到？
14. Newton 迭代法的几何意义是什么？Newton 迭代法的优缺点是什么？
15. 对于非线性方程有重根的情况，证明应用 Newton 迭代法求解是线性收敛。
16. 如何改进 Newton 迭代法？有几种改进方法？它们的优缺是什么？
17. 如何迭代非线性方程组？迭代的条件是什么？
18. 你能对 Newton 迭代法进行改进吗？试通过理论及实验进行证明与验证。

习　题

1. 已知方程 $e^x-4x=0$，试求：

(1) 方程的有根区间：

(2) 在有根区间上构造收敛的不动点迭代公式。

2. 已知 $x=F(x)$ 在 $[a,b]$ 上仅有一个根，当 $x\in[a,b]$ 时，$|F'(x)|\geqslant L>1$（L 为常数），如何将 $x\in F(x)$ 化为收敛的迭代形式？

3. 已知 $x=\varphi(x)$ 中的 $\varphi'(x)$ 满足 $|\varphi'(x)-3|<1$，如何利用 $\varphi(x)$ 构造一个收敛的简单迭代函数 $\psi(x)$，使 $x_{k+1}=\psi(x)(k=0,1,\cdots)$ 收敛？

4. 基于迭代原理证明：

$$\sqrt{1+\sqrt{1+\sqrt{1+\cdots}}}=\frac{1+\sqrt{5}}{2}$$

5. 试用迭代技术求极限

$$A=\lim\cfrac{a}{a+\cfrac{a}{a+\cfrac{a}{a+\cdots}}}\quad(a>1)$$

6. 设 x^* 是 $f(x)=0$ 在区间 $[a,b]$ 上的根，$x_k\in[a,b]$ 是 x^* 的近似值，且 $m=\min\limits_{a\leqslant x\leqslant b}|f'(x)|\neq 0$，求证：

$$|x_k-x^*|\leqslant\frac{|f(x_k)|}{m}$$

7. 已知方程 $x^3-x^2-1=0$ 在 $[1.3,1.6]$ 上有根，试判断下列迭代格式的收敛性：

(1) $x_{n+1}=1+\dfrac{1}{x_n^{\ 2}}$；　　(2) $x_{n+1}=\dfrac{1}{\sqrt{x_n-1}}$；

(3) $x_{n+1}=\sqrt[3]{1+x_n^{\ 2}}$。

8. 改写方程 $x^2=2$ 为 $x=\dfrac{x}{2}+\dfrac{1}{x}$，证明这一迭代过程对于任给初值 $x_0>0$ 均收敛于 $\sqrt{2}$。

9. 设 $\varphi(x)$ 是一个连续可微函数，若迭代公式 $x_{k+1}=\varphi(x_k)(k=0,1,2\cdots)$ 是局部线性收敛的，对于 $\lambda\in\mathbf{R}$，构造新的迭代公式：

$$x_{k+1}=\frac{\lambda}{1+\lambda}x^k+\frac{1}{1+\lambda}\varphi(x_k)(k=0,1,2,\cdots)$$

那么如何选取 λ，使得新的迭代公式有更高的收敛阶？

10. 设 $f(x)=(x^3-a)^2$。

(1) 写出 $f(x)=0$ 解的 Newton 迭代公式；

(2) 证明此迭代格式是线性收敛的。

11. 通过下列函数讨论 Newton 迭代法的收敛性和收敛速度：

(1) $f(x)=\begin{cases}\sqrt{x}\ (x\geqslant 0)\\ -\sqrt{-x}\ (x<0)\end{cases}$；　　(2) $f(x)=\begin{cases}\sqrt[3]{\sqrt{2}}\ (x\geqslant 0)\\ -\sqrt[3]{-x^2}\ (x<0)\end{cases}$。

12. 设 a 为正实数，试建立求 $\dfrac{1}{a}$ 的 Newton 迭代公式，要求在迭代公式中不含有除法运算，并考虑迭代公式的收敛性。

13. 证明：对于 $f(x)=0$ 的多重根 x^*，Newton 迭代法仅为线性收敛。

14. 设 $f(x)\in C^2[a,b]$，且 $x^*\in(a,b)$ 是 $f(x)=0$ 的单根，证明迭代公式

$$x_{k+1}=x_k-\frac{f(x_k)}{f(x_k)-f(x_0)}(x_k-x_0)\ (k=1,2,3,\cdots)$$

是局部收敛的。

15. 解方程 $12-3x+2\cos x=0$ 的迭代公式为 $x_{n+1}=4+\dfrac{2}{3}\cos x_n$。

(1) 证明：对任意 $x_0\in\mathbf{R}$，均有 $\lim\limits_{n\to\infty}x_n=x^*$（$x^*$ 为方程的根）；

(2) 此迭代法的收敛阶是多少？

16. 记方程 $f(x)=0$ 的根为 x^*，若将方程改写为等价形式：

$$x=x+\lambda f(x)\quad(\lambda\text{ 为待定的非零常数})$$

又设 $f'(x)$ 连续且 $f'(x^*)\neq 0$，试确定 λ，使相应的迭代公式

$$x_{k+1}=x_k+\lambda f(x_k)\quad (k=0,1,2,\cdots)$$

收敛于 x^*，且尽可能收敛得快。

实验题

1. 已知方程 $f(x)=x^3-x-1=0$，在区间 $[1,3]$ 上使用二分法和不动点迭代法求方程的根。

2. 已知方程 $f(x)=x^3-x-1=0$，使用 Newton 迭代法和简化 Newton 迭代法（或两点弦截法、单点弦截法）求方程的根。

3. 已知方程 $f(x)=x^3-3x^2-x+3=0$ 的迭代公式为 $x_{k+1}=(3x_k{}^2+x-3)^{\frac{1}{3}}(k=0,1,2,\cdots)$，且为线性收敛，试用 Aitken 加速法（或 Steffensen 迭代法）求根。

第8章 常微分方程数值解法

8.1 问题背景

自然界中很多事物的运动规律都可以用微分方程来刻画。常微分方程是研究自然科学、社会科学中事物和物体运动、演化与变化规律的最基本的数学理论和方法。物理、化学、生物、工程、航空航天、医学、经济和金融领域中的许多原理和规律都可用适当的常微分方程来描述。求常微分方程的解是数学工作者的一项基本且重要的工作，但由于问题比较复杂且涉及面广，使得有些问题的解析解很难求出，有时即使能求出形式解，也因为计算量太大而不实用，所以用求解析解的方法来计算常微分方程往往是不适宜的，如 $y'=x^2+y^2$。有的方程解析解为超越函数，如方程 $\begin{cases} y'=y \\ y(0)=1 \end{cases}$ 有解析解 $y=\mathrm{e}^x$，虽然有表可查，但对于表上没有给出的值，仍需用插值方法来计算。有的甚至不能给出解的表达式，因此经常需要求其满足精度要求的近似解。

【案例】 物种的增长率模型。

设 $N(t)$ 为某物种的数量，α 为该物种的出生率与死亡率之差，β 为生物的食物供给及它们所占空间的限制，则描述该物种增长率的数学模型为

$$\begin{cases} \dfrac{\mathrm{d}N}{\mathrm{d}t}=\alpha N(t)-\beta N_2(t) \\ N(t_0)=N_0 \end{cases}$$

常微分方程的理论和方法不仅广泛应用于自然科学，而且越来越多地应用于社会科学的各个领域，它的学术价值是无价的，应用价值是立竿见影的。而求解问题是关键，所以在解析解无法求出的情况下，用数值解法是一种可行的方法。

8.2 求常微分方程数值解的基本思想

本章主要研究一阶常微分方程（Ordinary Differential Equation）的初值问题（Initial Value Problem）的数值解（Numerical Solution），它的一般形式为

$$\begin{cases} \dfrac{\mathrm{d}y}{\mathrm{d}x}=f(x,y),a\leqslant x\leqslant b \\ y(x_0)=y_0 \end{cases} \qquad (*)$$

我们假定 $f(x,y)$ 在区域 $D=\{(x,y)\mid a\leqslant x\leqslant b, \mid y\mid<\infty\}$ 内连续，且关于 y 满足

利普希茨条件（Lipschitz Condition）：$|f(x,y_1)-f(x,y_2)|\leqslant L|y_1-y_2|$，那么初值问题（*）的解存在且唯一。

所谓初值问题（*）的数值解法的基本思想是寻求解 $y(x)$ 在区间$[a,b]$上的一系列点

$$x_0<x_1<x_2<x_3<\cdots<x_n<\cdots$$

上的近似值 $y_1,y_2,\cdots,y_n,\cdots$。记 $h_i=x_i-x_{i-1}(i=1,2,\cdots)$ 表示相邻两个节点的间距，称为步长（Step Size）。今后如果不特殊说明，我们总是假定是等步长的，即有 $x_{i+1}-x_i=h$，此时节点 $x_n=x_0+nh(n=0,1,2,\cdots)$，由于 $y(x_0)=y_0$ 为已知，所以利用这个已知信息求出 $y(x_1)$ 近似值 y_1，然后由 y_1 求得 $y(x_2)$ 的近似值 y_2，如此继续下去，这就是初值问题数值解法的一般思想。

微分方程的数值解法是一种常用的求解的近似值的方法，由于它所提供的算法能通过计算机进行快速计算，因此得到迅速的发展和广泛的应用。

建立微分方程数值解法，首先要将微分方程离散化。下面介绍几种常见利用离散化方法求 $y(x)$ 在区间$[a,b]$上的一系列点

$$x_0<x_1<x_2<x_3<\cdots<x_n<\cdots$$

上的近似值 $y_0,y_1,y_2,\cdots,y_n,\cdots$ 的方法。

8.3 欧拉(Euler)方法

1. 向前 Euler 方法

已知一阶常微分方程的初值问题的一般形式为

$$\begin{cases}\dfrac{\mathrm{d}y}{\mathrm{d}x}=f(x,y),a\leqslant x\leqslant b\\ y(x_0)=y_0\end{cases}\tag{8-1}$$

用左矩形公式

$$y(x_{k+1})-y(x_k)\approx\int_{x_k}^{x_{k+1}}f(x,y(x))\mathrm{d}x\approx hf(x_k,y_k)\tag{8-2}$$

令 $y_k\approx y(x_k),y_k\approx y(x_k)$，可得向前 Euler 方法的迭代公式：

$$\begin{cases}y_{k+1}=y_k+hf(x_k,y_k),k=0,1,\cdots\\ y_0=y(x_0)\end{cases}\tag{8-3}$$

图 8-1 表示向前 Euler 公式的几何意义。从初始点 $P_0(x_0,y_0)$ 出发，过该点的积分曲线为 $y=y(x)$，斜率为 $f(x_0,y_0)$。设在 $x=x_0$ 附近 $y(x)$ 可用过点 P_0 的切线近似表示，切线方程为 $y=y_0+f(x_0,y_0)(x-x_0)(k=0,1,\cdots)$。当 $x=x_1$ 时，$y(x_1)$ 的近似值为 $y_0+f(x_0,y_0)(x_1-x_0)$，并记为 y_1，这时就得到 $x=x_1$ 时计算 $y(x_1)$ 的近似公式 $y=y_1+f(x_1,y_1)(x-x_1)$。当 $x=x_2$ 时，$y(x_2)$ 的近似值为 $y_1+f(x_1,y_1)(x_2-x_1)$，并记为 y_2，于是就得到当 $x=x_2$ 时计算 $y(x_2)$ 的近似公式

$$y_2 = y_1 + f(x_1, y_1)(x_2 - x_1)$$

重复上面的方法，一般可得当 $x = x_{k+1}$ 的计算 $y(x_{k+1})$ 的近似公式

$$y_{k+1} = y_k + f(x_k, y_k)(x_{k+1} - x_k)$$

如果 $h = x_k - x_{k-1}(k=1,2,\cdots)$，则上面公式就是式(8-3)。将 $P_0, P_1, \cdots, P_N$ 连续起来，就得到一条折线，所以向前 Euler 方法又称为折线法(Polygon Method)。

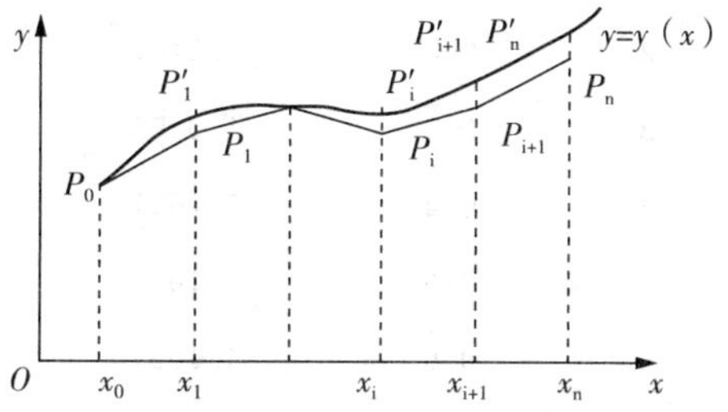

图 8-1 Euler 折线法

向前 Euler 方法的算法描述如下：

(1) 输入区间端点 a, b，步长 h 及初值条件 y_0；

(2) $x = a, y[0] = y_0$；

(3) 当 $1 \leqslant i \leqslant \dfrac{b-a}{h}$；

(4) 执行 $y[i] = y[i-1] + hf(x, y[i-1])$；

(5) $x = x + h$；输出 y。

例 8-1 用向前 Euler 方法求解初值问题 $\begin{cases} y' = xy \\ y(0) = 1 \end{cases}$，$0 \leqslant x \leqslant 1, h = 0.1$。

解 由向前 Euler 公式，得迭代公式

$$\begin{cases} y_{k+1} = y_k + hf(x_k, y_k) = y_k + hx_k y_k, k = 0,1,2\cdots \\ y(0) = 1 \end{cases}$$

当 $k = 0,1,2,\cdots$ 时，可以算出 $y_1 = 1, y_2 = 1.01, y_3 = 1.0302, \cdots$。

方程的解析解为 $y = e^{\frac{x^2}{2}}$。

Mathematica 程序如下：

```
f[x_,y_]: = x y;f[x_]: = E^(x^2/2);y0 = 1;a = 0;b = 1;n = 10;h = (b - a)/n;
Print["次数","   节点","      数值解","      精确解","      误差"]
xn = Table[a + (i - 1)h,{i,1,n + 1}]//N;
zn = Table[0,{i,1,n + 1}];zn[[1]] = 1;
For[i = 2,i <= n + 1,i ++,zn[[i]] = zn[[i - 1]] + h  f[xn[[i - 1]],zn[[i - 1]]];
Print["  ",i              -              1,"  ",xn[[i]],"  ",SetPrecision[zn[[i]],5],"  ",
SetPrecision[f[xn[[i]]],5],"  ",
SetPrecision[f[xn[[i]]] - zn[[i]],5]]]
data1 = Table[{xn[[i]],zn[[i]]},{i,1,n + 1}];
data2 = Table[{xn[[i]],f[xn[[i]]]},{i,1,n + 1}];
a1 = Graphics[{PointSize[0.014],Blue,Point[data1]}];
a2 = Graphics[{PointSize[0.014],Red,Point[data2]}];
a3 = ListLinePlot[data1,PlotStyle -> Dashed];
a4 = Plot[E^(x^2/2),{x,0,1},PlotStyle -> {Red,Thick}];
```

```
Show[a1,a2,a3,a4,Axes -> True,Frame -> True]
```

运行结果如下：

次数	节点	数值解	精确解	误差
1	0.1	1.0000	1.0050	0.0050125
2	0.2	1.0100	1.0202	0.010201
3	0.3	1.0302	1.0460	0.015828
4	0.4	1.0611	1.0833	0.022181
5	0.5	1.1036	1.1331	0.029598
6	0.6	1.1587	1.1972	0.038490
7	0.7	1.2283	1.2776	0.049370
8	0.8	1.3142	1.3771	0.062899
9	0.9	1.4194	1.4993	0.079935
10	1.0	1.5471	1.6487	0.10161

图 8－2 为用向前 Euler 方法得到的图形，其中实线是解析解，虚线为数值解。

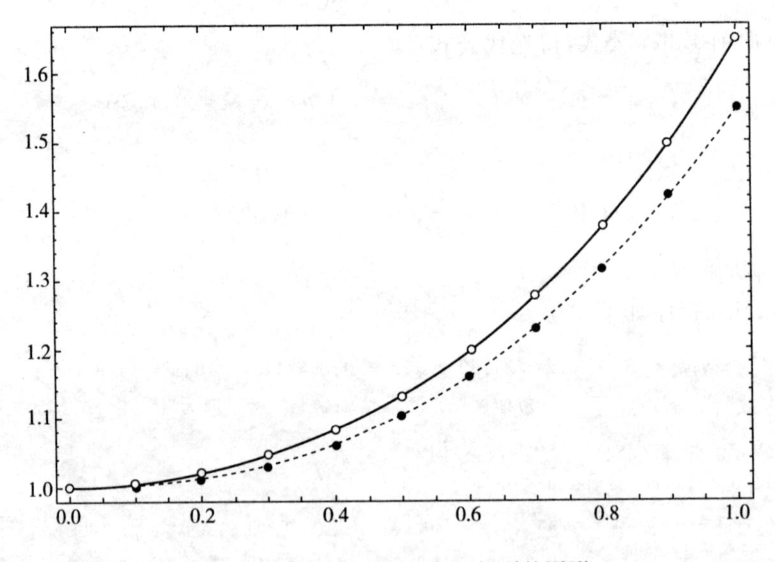

图 8－2　用向前 Euler 方法得到的图形

2. 向后 Euler 方法

用右矩形公式 $y_{k+1}-y_k \approx \int_{x_k}^{x_{k+1}} f(x,y(x))\mathrm{d}x \approx hf(x_{k+1},y_{k+1})$，并令 $y_k \approx y(x_k)$，$y_{k+1} \approx y(x_{k+1})$，可得向后 Euler 方法的迭代公式：

$$\begin{cases} y_{k+1}=y_k+hf(x_{k+1},y_{k+1}), k=0,1,2,\cdots \\ y(x_0)=y_0 \end{cases} \tag{8-4}$$

例 8－2 用向后 Euler 公式求解初值问题$\begin{cases} y' = xy \\ y(0) = 1 \end{cases}$，$0 \leqslant x \leqslant 1, h = 0.1$。

解 由向后 Euler 公式，得迭代公式

$$y_{k+1} = y_k + hf(x_k, y_k), k = 0, 1, 2, \cdots$$

这是未知量 y_{k+1} 的隐函数方程，化为显式得 $y_{k+1} = y_k + \dfrac{y_{k-1}}{1 - hx_k}$。

当 $k = 0, 1, 2, \cdots$ 时，可以算出 $y_1 = 1.0101, y_2 = 1.0307, y_3 = 1.0626, \cdots$。

例 8－1 程序中的迭代函数修改成 $y_{k+1} = y_k + \dfrac{y_{k-1}}{1 - hx_k}$，运行结果如下：

次数	节点	数值解	精确解	误差
1	0.1	1.0101	1.0050	－0.0050885
2	0.2	1.0307	1.0202	－0.010514
3	0.3	1.0626	1.0460	－0.016565
4	0.4	1.1069	1.0833	－0.023581
5	0.5	1.1651	1.1331	－0.031976
6	0.6	1.2395	1.1972	－0.042276
7	0.7	1.3328	1.2776	－0.055168
8	0.8	1.4487	1.3771	－0.071556
9	0.9	1.5920	1.4993	－0.092657
10	1.	1.7688	1.6487	－0.12012

图 8－3 为用向后 Euler 方法得到的图形，其中实线是解析解，虚线是数值解。

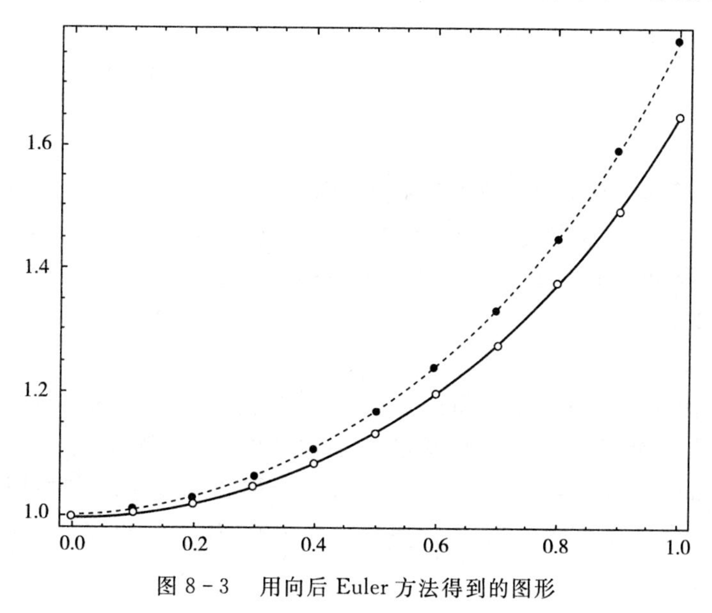

图 8－3 用向后 Euler 方法得到的图形

3. 梯形法

类似地,我们用下列公式:

$$y_{k+1}-y_k \approx \int_{x_k}^{x_{k+1}} f(x,y(x))\mathrm{d}x \approx \frac{h}{2}[f(x_k,y(x_k))+f(x_{k+1},y(x_{k+1}))]$$

其中,令 $y_k \approx y(x_k)$,$y_{k+1} \approx y(x_{k+1})$,可得梯形迭代公式

$$\begin{cases} y_{k+1}=y_k+\dfrac{h}{2}[f(x_{k+1},y_{k+1})+f(x_k,y_k)],k=0,1,2,\cdots \\ y(x_0)=y_0 \end{cases} \tag{8-5}$$

它也是隐式公式。

例 8-3 用梯形迭代公式求解初值问题 $\begin{cases} y'=xy \\ y(0)=1 \end{cases}$,$0 \leqslant x \leqslant 1$,$h=0.1$。

解 用梯形迭代公式,得 $y_{k+1}=y_k+\dfrac{h}{2}(x_k y_k+y_{k+1}y_{k+1})$,这是未知量 y_{k+1} 的隐函数方程,化为显式得 $y_{k+1}=\dfrac{2+hx_k}{2-hx_{k+1}}y_k$,对例 8-2 中的程序进行适当修改,运行结果如下:

次数	节点	数值解	精确解	误差
1	0.1	1.005 0	1.005 0	−0.000 0126 05
2	0.2	1.020 3	1.020 2	−0.000 0514 39
3	0.3	1.046 1	1.046 0	−0.000 119 66
4	0.4	1.083 5	1.083 3	−0.000 222 86
5	0.5	1.133 5	1.133 1	−0.000 369 63
6	0.6	1.197 8	1.197 2	−0.000 572 36
7	0.7	1.278 5	1.277 6	−0.000 848 55
8	0.8	1.378 4	1.377 1	−0.001 222 6
9	0.9	1.501 0	1.499 3	−0.001 728 2
10	1.	1.651 1	1.648 7	−0.002 412 5

这个运行结果表明梯形法的效果明显比前两种方法要好得多。图 8-4 为用梯形法得到的图形,其中实线是解析解,虚线是数值解,它们几乎重合了。

下面介绍一种更好的方法 —— 改进的 Euler 方法。

4. 改进的 Euler 方法

梯形方法的迭代公式(8-5)比 Euler 方法精度高,但其计算较复杂,在应用式(8-5)进行计算时,每迭代一次,都要重新计算函数 $f(x,y)$ 的值,且还要判断何时可以终止或转下一步计算。为了控制计算量和简化计算方法,通常只迭代一次就转入下一步计算。具体地说,我们先用 Euler 公式求得一个初步的近似值 $\bar{y}_{k+1}$,称之为预测值,然后用式(8-5)做一次迭代得 y_{k+1},即将 $\bar{y}_{k+1}$ 校正一次。这样建立的预测-校正方法称为改进的 Euler 方法(Modified Euler Method)。

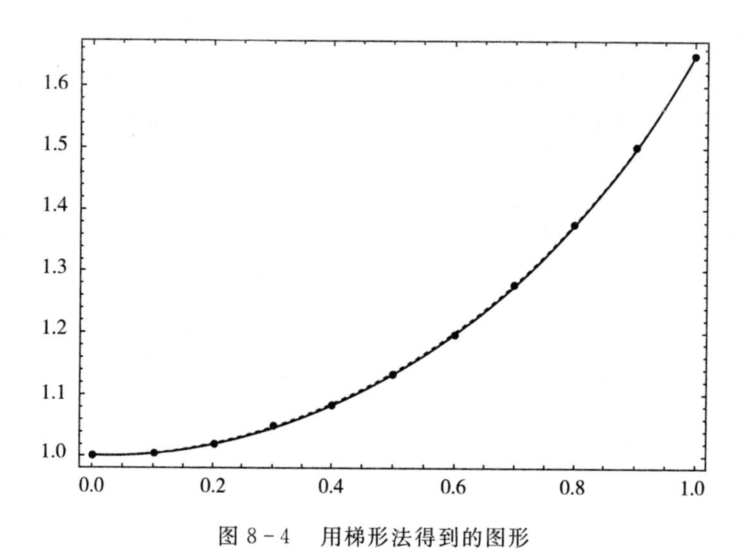

图 8-4　用梯形法得到的图形

预测

$$\bar{y}_{k+1}=y_n+hf(x_k,y_k)$$

校正

$$y_{k+1}=y_k+\frac{h}{2}[f(x_{k+1},\bar{y}_{k+1})+f(x_k,y_k)]$$

做等价变换

$$\begin{cases}y_{k+1}=y_k+\frac{h}{2}K_1+\frac{h}{2}K_2\\K_1=f(x_k,y_k)\\K_2=f(x_k+h,y_k+hK_1)\\y(x_0)=y_0\end{cases}\quad(k=0,1,\cdots)$$

改进 Euler 方法的算法描述如下：

(1) 输入区间端点 a,b,步长 h 及初值条件 y_0；

(2) $x=a,y[0]=y_0$；

(3) 当 $1\leqslant i\leqslant\frac{b-a}{h}$ ；

(4) 执行 $z[i]=y[i-1]+hf(x,y[i-1])$；

(5) $x=x+h$；

(6) $y[i]=y[i-1]+\frac{h}{2}(f(x,z[i])+f(x,y[i-1]))$；输出 y。

例 8-4　用改进的 Euler 方法求解初值问题 $\begin{cases}y'=xy\\y(0)=1\end{cases}$, $0\leqslant x\leqslant 1,h=0.1$ 的数值解。

解　用Mathematica编制程序如下：

```
f[x_,y_]: = x y;f[x_]: = E^(x^2/2);y0 = 1;a = 0;b = 1;n = 10;h = (b - a)/n;
Print["次数","      节点","     预报值","      校正值","        精确解","      误差"];
xn = Table[a + (i - 1)h,{i,1,n + 1}]//N;
y = Table[0,{i,1,n + 1}];y[[1]] = y0;
z = Table[0,{i,1,n + 1}];z[[1]] = y0;
For[i = 2,i< = n + 1,i + +,z[[i]] = y[[i - 1]] + h f[xn[[i - 1]],y[[i - 1]]];y[[i]] = y[[i -
1]] + h/2(f[xn[[i - 1]],y[[i - 1]]] + f[xn[[i]],z[[i]]]);
Print["  ",i  -  1,"  ",xn[[i]],"  ",SetPrecision[z[[i]],5],"  ",SetPrecision[y[[i]],
5],"  ",SetPrecision[f[xn[[i]]],5],"  ",SetPrecision[f[xn[[i]]] - y[[i]],5]]]
data1 = Table[{xn[[i]],y[[i]]},{i,1,n + 1}];data2 = Table[{xn[[i]],f[xn[[i]]]},{i,1,n + 1}];
a1 = Graphics[{PointSize[0.014],Blue,Point[data1]}];
a2 = Graphics[{PointSize[0.014],Red,Point[data2]}];
a3 = ListLinePlot[data1,PlotStyle -> Dashed];
a4 = Plot[E^(x^2/2),{x,0,1},PlotStyle -> {Red,Thick}];
Show[a1,a2,a3,a4,Axes -> True,Frame -> True]
```

运行结果如下：

次数	节点	预报值	校正值	精确解	误差
1	0.1	1.0000	1.0050	1.0050	0.000012521
2	0.2	1.0150	1.0202	1.0202	0.000025840
3	0.3	1.0406	1.0460	1.0460	0.000041920
4	0.4	1.0774	1.0832	1.0833	0.000064028
5	0.5	1.1266	1.1331	1.1331	0.000097154
6	0.6	1.1897	1.1971	1.1972	0.00014867
7	0.7	1.2689	1.2774	1.2776	0.00022931
8	0.8	1.3668	1.3768	1.3771	0.00035466
9	0.9	1.4869	1.4988	1.4993	0.00054730
10	1.	1.6336	1.6479	1.6487	0.00083993

图8-5表示用改进的Euler方法得到的图形，与图8-4差别不大。

把前几种Euler法进行综合比较，结果见表8-1所列。

表8-1　几种Euler方法的综合比较

方法	优点	缺点
向前Euler方法	简单、显式	精度低
向后Euler方法	稳定性最好	精度低、隐式、计算量大
梯形法	精度高	隐式、计算量大
改进的Euler方法	精度高、显式	计算量大

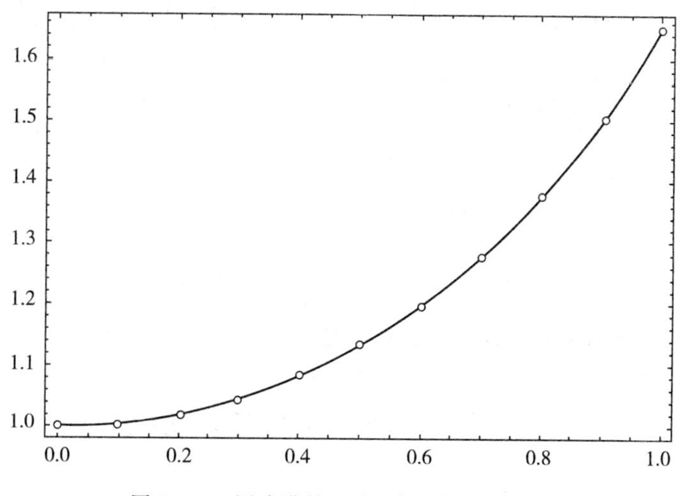

图 8-5　用改进的 Euler 方法得到的图形

8.3　Euler 方法的误差估计

定义 8-1　在假设 $y_k=y(x_k)$，即第 i 步计算是精确的前提下，考虑的截断误差 $R_k=y(x_{k+1})-y_{k+1}$ 称为局部截断误差（Local Truncation Error）。

定义 8-2　若某算法的局部截断误差为 $O(h^{p+1})$，则称该算法有 p 阶精度。

含 h^{p+1} 的项称为局部截断误差主项（Main Term of Local Truncation Error）。

例 8-5　证明向前 Euler 法具有一阶精度。

证明

$$y(x_{k+1})=y(x_k+h)=y(x_k)+hy'(x_k)+\frac{h^2}{2}y''(x_k)+\cdots \tag{1}$$

因为

$$y_k=y(x_k),y'(x)=f(x,y(x))\Rightarrow y'(x_k)=f(x_k,y(x_k))$$

所以

$$y(x_k)=y(x_k),y'(x)=f(x,y(x))\Rightarrow y'(x_k)=f(x_k,y(x_k)) \tag{2}$$

由(1) 及(2) 知

$$y(x_{k+1})-y_{k+1}=\frac{h^2}{2}y''(x_k)+\cdots=O(h^2)$$

根据定义 8-2，Euler 方法中的 $p=1$，故此方法为一阶方法。

同理可证向后 Euler 方法也具有一阶精度。

例 8-6　证明梯形法具有二阶精度。

证明 $y(x_{k+1})=y(x_k+h)=y(x_k)+hy'(x_k)+\frac{h^2}{2}y''(x_k)+\frac{h^3}{3!}y'''(x_k)+\cdots$ (1)

$$y_{k+1}=y_k+\frac{h}{2}[f(x_{k+1},y(x_{k+1}))+f(x_k,y_k)]=y(x_k)+hy'(x_k)$$

$$+\frac{h^2}{2}y''(x_k)+\frac{h^3}{4}y'''(x_k)\cdots \quad (3)$$

由(1)及(3)知，$y_{k+1}-y_{n+1}=\frac{h^3}{12}y'''(x_n)+\cdots=O(h^3)$，即梯形法为二阶方法。

同理，可证明改进的 Euler 方法也具有二阶精度。

8.4 Runge - Kutta 方法

8.4.1 Runge - Kutta 方法的基本思想

8.3 节介绍的各种方法都是 $f(x,y)$ 在某些点上函数值的线性组合得出 $y(x_{k+1})$ 的近似值 y_{k+1}，而且增加计算的 $f(x,y)$ 的次数，可提高截断误差的阶。例如，每步计算一次 $f(x,y)$ 的函数值，所以 Euler 公式为一阶方法。而改进的 Euler 公式需计算两次 $f(x,y)$ 的函数值，它就是二阶方法。很自然地，可考虑用函数 $f(x,y)$ 在若干点上的函数值的线性组合来构造近似公式，构造时要求近似公式在(x_k,y_k)处的 Taylor 展开式与解 $y(x_{k+1})$ 在 x_k 处的 Taylor 展开式的前面几项重合，从而使近似公式达到所需要的阶数。既可避免求高阶导数，又可提高计算方法精度的阶数。或者说，在$[x_k,x_{k+1}]$上多取几个点的函数值(斜率值)，然后将其加权平均作为平均斜率，则可构造出更高精度的计算格式，这就是龙格-库塔 (Runge - Kutta) 法的基本思想。

8.4.2 Runge - Kutta 公式

设近似公式为

$$\begin{cases} y_{k+1}=y_k+h\sum_{i=1}^{r}c_iK_i \\ K_1=f(x_k,y_k) \qquad\qquad i=2,\cdots,r \\ K_i=f(x_k+\lambda_ih,y_k+h\sum_{j=1}^{i-1}\mu_{ij}K_j) \end{cases} \quad (8-6)$$

这里，c_i,λ_i,μ_{ij} 均为常数，式(8 - 6) 称为 r 级 Runge - Kutta 法，简称 R - K 方法。

当 $r=1$ 时，就是 Euler 方法

$$\begin{cases} y_{k+1}=y_k+hK_1\ (y_0 \text{ 已知}) \\ K_1=f(x_k,y_k) \end{cases}$$

当 $r=2$ 时，

$$\begin{cases} y_{n+1} = y_n + h(c_1 K_1 + c_2 K_2) \\ K_1 = f(x_n, y_n) \\ K_2 = f(x_n + \lambda_2 h, y_n + h\mu_{21} K_1) \end{cases}$$

特别是 $c_1 = c_2 = \frac{1}{2}$，$\mu_{21} = \lambda_2 = 1$ 时为改进 Euler 方法。下面我们给出 $r=3,4$ 时的 R-K 公式：

$$\begin{cases} y_{k+1} = y_k + \frac{h}{6}(K_1 + 4K_2 + K_3) \\ K_1 = f(x_k, y_k) \\ K_2 = f(x_k + \frac{h}{2}, y_k + \frac{h}{2}K_1) \\ K_3 = f(x_k + h, y_k - hK_1 + 2hK_2) \end{cases} \tag{8-7}$$

称为三阶 R-K 公式。

$$\begin{cases} y_{k+1} = y_k + \frac{h}{6}(K_1 + 2K_2 + 2K_3 + K_4) \\ K_1 = f(x_k, y_k) \\ K_2 = f(x_k + \frac{h}{2}, y_k + \frac{h}{2}K_1) \\ K_3 = f(x_k + \frac{h}{2}, y_k + \frac{h}{2}K_2) \\ K_4 = f(x_k + h, y_k + hK_3) \end{cases} \tag{8-8}$$

称为四阶 R-K 公式。

注　(1) 参数的选取不是唯一的，无论怎样选取参数，公式的精确度都是有限的。

(2) 确定 R-K 公式(高阶)的方法不唯一，选择不同的参数能得到不同的 R-K 公式。如令 $c_1 = 0, c_2 = 1, \mu_{21} = \lambda_2 = \frac{1}{2}$，有如下的中点公式：

$$\begin{cases} y_{k+1} = y_k + hK_2 \\ K_1 = f(x_k, y_k) \\ K_2 = f(x_k + \frac{h}{2}, y_k + \frac{h}{2}K_1) \end{cases} \tag{8-9}$$

四阶经典 R-K 公式的算法描述如下：

(1) 输入区间端点 a,b,整数 n 及初值条件 y_0;

(2)$h=\dfrac{b-a}{n}$;

(3)$y[0]=y_0$;

(4) 对于 $1\leqslant i\leqslant n$;

(5)$k_1=f(x,y[i-1])$;

(6)$k_2=f(x+\dfrac{h}{2},y[i-1]+\dfrac{h}{2}k_1)$;

(7)$k_3=f(x+\dfrac{h}{2},y[i-1]+\dfrac{h}{2}k_2)$;

(8)$k_4=f(x+h,y+hk_3)$;

(9)$y[i]=y[i-1]+\dfrac{h}{6}(k_1+2k_2+2k_3+k_4)$;

(10)$x=x+h$,输出 y。

例 8-6 用三阶和四阶 R-K 公式求解例 8-1。

解 用三阶 R-K 公式计算,公式如下:

$$\begin{cases}y_{k+1}=y_k+\dfrac{h}{6}(K_1+4K_2+K_3)\\ K_1=f(x_k,y_k)\\ K_2=f(x_k+\dfrac{h}{2},y_k+\dfrac{h}{2}K_1)\\ K_3=f(x_k+h,y_k-hK_1+2hK_2)\end{cases}$$

编制如下程序:

```
f[x_,y_]: = x y;f[x_]: = E^(x^2/2);y0 = 1;a = 0;b = 1;n = 10;h = (b - a)/n;
xn = Table[a + (i - 1)h,{i,1,n + 1}]//N;y = Table[0,{i,1,n + 1}];y[[1]] = y0//N;
Print["次数","  节点","          数值解","          精确解","        数值解与精确解的差"]
For[i = 2,i <= n + 1,i ++,k1 = h f[xn[[i - 1]],y[[i - 1]]];
k2 = h f[xn[[i - 1]] + h/2,y[[i - 1]] + k1/2];
k3 = h f[xn[[i - 1]] + h,y[[i - 1]] - h k1 + 2h k2];
y[[i]] = y[[i - 1]] + 1/6(k1 + 4k2 + k3);
Print[i  -  1,"  ","x",i  -  1,"  =  ",xn[[i]],"  ",y[[i]],"    ",f[xn[[i]]],"  ",
f[xn[[i]]] - y[[i]]]]
data1 = Table[{xn[[i]],y[[i]]},{i,1,n + 1}];
data2 = Table[{xn[[i]],f[xn[[i]]]},{i,1,n + 1}];
a1 = Graphics[{PointSize[0.014],Blue,Point[data1]}];
a2 = Graphics[{PointSize[0.014],Red,Point[data2]}];
a3 = ListLinePlot[data1,PlotStyle -> Dashed];
a4 = Plot[E^(x^2/2),{x,0,1},PlotStyle -> {Red,Thick}];
Show[a1,a2,a3,a4,Axes -> True,Frame -> True]
```

运行结果如下：

次数	节点	数值解	精确解	数值解与精确解的差
1	x1 = 0.1	1.00502	1.00501	4.14581 * 10^ - 6
2	x2 = 0.2	1.02021	1.02020	8.33109 * 10^ - 6
3	x3 = 0.3	1.04604	1.04603	0.0000126699
4	x4 = 0.4	1.08330	1.08329	0.0000172613
5	x5 = 0.5	1.13317	1.13315	0.0000221797
6	x6 = 0.6	1.19724	1.19722	0.0000274587
7	x7 = 0.7	1.27765	1.27762	0.0000330649
8	x8 = 0.8	1.37717	1.37713	0.0000388545
9	x9 = 0.9	1.49935	1.49930	0.0000445049
10	x10 = 1.0	1.64877	1.64872	0.0000494074

用四阶 R－K 公式计算，公式如下：

$$\begin{cases} y_{k+1} = y_k + \frac{h}{6}(K_1 + 2K_2 + 2K_3 + K_4) \\ K_1 = f(x_k, y_k) \\ K_2 = f(x_k + \frac{h}{2}, y_k + \frac{h}{2}K_1) \\ K_3 = f(x_k + \frac{h}{2}, y_k + \frac{h}{2}K_2) \\ K_4 = f(x_k + h, y_k + hK_3) \end{cases}$$

编制类似程序如下：

```
f[x_,y_]: = x y;f[x_]: = E^(x^2/2);y0 = 1;a = 0;b = 1;n = 10;h = (b - a)/n;
xn = Table[a + (i - 1)h,{i,1,n + 1}]//N;y = Table[0,{i,1,n + 1}];y[[1]] = y0//N;
Print[" 次数","  节点","          数值解","     精确解","        数值解与精确解的差"]
For[i = 2,i£n + 1,i + +,k1 = f[xn[[i - 1]],y[[i - 1]]];k2 = f[xn[[i - 1]] + h/2,y[[i - 1]] +
h k1/2];
k3 = f[xn[[i - 1]] + h/2,y[[i - 1]] + h/2 k2];k4 = f[xn[[i - 1]] + h,y[[i - 1]] + h k3];
y[[i]] = y[[i - 1]] + 1/6h(k1 + 2k2 + 2k3 + k4);
Print[i  -  1,"     ","x",i  -  1,"  = ",xn[[i]],"  ",y[[i]],"    ",f[xn[[i]]],"  ",
f[xn[[i]]] - y[[i]]]]
data1 = Table[{xn[[i]],y[[i]]},{i,1,n + 1}];
data2 = Table[{xn[[i]],f[xn[[i]]]},{i,1,n + 1}];
a1 = Graphics[{PointSize[0.014],Blue,Point[data1]}];
a2 = Graphics[{PointSize[0.014],Red,Point[data2]}];
```

```
a3 = ListLinePlot[data1,PlotStyle -> Dashed];
a4 = Plot[E^(x^2/2),{x,0,1},PlotStyle -> {Red,Thick}];
Show[a1,a2,a3,a4,Axes -> True,Frame -> True]
```

运行结果如下：

次数	节点	数值解	精确解	数值解与精确解的差
1	x1 = 0.1	1.00501	1.00501	2.60676 * 10^ - 11
2	x2 = 0.2	1.02020	1.02020	2.68387 * 10^ - 10
3	x3 = 0.3	1.04603	1.04603	1.02275 * 10^ - 9
4	x4 = 0.4	1.08329	1.08329	2.85446 * 10^ - 9
5	x5 = 0.5	1.13315	1.13315	6.94929 * 10^ - 9
6	x6 = 0.6	1.19722	1.19722	1.57092 * 10^ - 8
7	x7 = 0.7	1.27762	1.27762	3.37358 * 10^ - 8
8	x8 = 0.8	1.37713	1.37713	6.9434 * 10^ - 8
9	x9 = 0.9	1.49930	1.49930	1.37608 * 10^ - 7
10	x10 = 1.0	1.64872	1.64872	2.63647 * 10^ - 7

对例 8 - 1 分别用改进的 Euler 公式、三阶和四阶 R - K 公式计算，比较误差如下：

次数	节点	改进的欧拉公式	3 阶 R - K 公式	4 阶 R - K 公式
1	0.1	1.2520 * 10^ - 5	4.14581 * 10^ - 6	2.60676 * 10^ - 11
2	0.2	2.5840 * 10^ - 5	8.33109 * 10^ - 6	2.68387 * 10^ - 10
3	0.3	4.1920 * 10^ - 5	1.26699 * 10^ - 5	1.02275 * 10^ - 9
4	0.4	6.4020 * 10^ - 5	1.72613 * 10^ - 5	2.85446 * 10^ - 9
5	0.5	9.7150 * 10^ - 5	2.21797 * 10^ - 5	6.94929 * 10^ - 9
6	0.6	1.4867 * 10^ - 4	2.74587 * 10^ - 5	1.57092 * 10^ - 8
7	0.7	2.2931 * 10^ - 4	3.30649 * 10^ - 5	3.37358 * 10^ - 8
8	0.8	3.5466 * 10^ - 4	3.88545 * 10^ - 5	6.94340 * 10^ - 8
9	0.9	5.4730 * 10^ - 4	4.45049 * 10^ - 5	1.37608 * 10^ - 7
10	1.0	8.3993 * 10^ - 4	4.94074 * 10^ - 5	2.63647 * 10^ - 7

R - K 方法的推导基于 Taylor 展开方法，因而它要求所求的解具有较好的光滑性。如果解的光滑性差，那么，使用四阶 R - K 方法求得的数值解，其精度可能反而不如改进的 Euler 方法。在实际计算时，应当针对问题的具体特点选择合适的算法。

8.4.3 变步长的 R - K 方法

在微分方程的数值解中，选择适当的步长是非常重要的。单从每一步看，步长越小，截断误差就越小；但随着步长的缩小，在一定的求解区间内所要完成的步数就增加了。这样会引起计算量的增大，并且会引起舍入误差的大量积累与传播。因此微分方程数值解法也有选择步长的问题。

以经典的四阶 R－K 法为例，从节点 x_k 出发，先以 h 为步长求出一个近似值，记为 $y_{k+1}^{(h)}$，由于局部截断误差为 $O(h^5)$，故当 h 值不大时，式中的系数 c 可近似地看作常数，$y(x_{k+1})-y_{k+1}^{(h)}\approx ch^5$。然后将步长折半，即以 $\frac{h}{2}$ 为步长，从节点 x_k 出发，跨两步到节点 x_{k+1}，再求得一个近似值 $y_{k+1}^{\left(\frac{h}{2}\right)}$，每跨一步的截断误差是 $c\left(\frac{h}{2}\right)^5$，因此有 $y(x_{k+1})-y(x_{k+1}^{\left(\frac{h}{2}\right)})\approx 2c\left(\frac{h}{2}\right)^2$。

这样 $\frac{y(x_{k+1})-y_{k+1}^{\left(\frac{h}{2}\right)}}{y(x_{k+1})-y_{k+1}^{(h)}}\approx\frac{1}{16}$，由此可得 $y(x_{k+1})-y_{k+1}^{\left(\frac{h}{2}\right)}\approx\frac{1}{15}(y_{k+1}^{\left(\frac{h}{2}\right)}-y_{k+1}^{(h)})$。

这表明以 $y_{k+1}^{\left(\frac{h}{2}\right)}$ 作为 $y(x_{k+1})$ 的近似值，其误差可用步长折半前后两次计算结果的偏差 $\Delta=|y_{k+1}^{\left(\frac{h}{2}\right)}-y_{k+1}^{(h)}|$ 来判断所选步长是否适当。

当要求的数值精度为 ε 时：

(1) 如果 $\Delta>\varepsilon$，反复将步长折半进行计算，直至 $\Delta<\varepsilon$ 为止，并取其最后一次步长的计算结果作为 y_{k+1}。

(2) 如果 $\Delta<\varepsilon$，反复将步长加倍，直到 $\Delta>\varepsilon$ 为止，并以上一次步长的计算结果作为 y_{k+1}。

这种通过步长加倍或折半来处理步长的方法称为变步长法。从表面上看，为了选择步长，每一步都要反复判断 Δ，增加了计算工作量，但在方程的解 $y(x)$ 变化剧烈的情况下，总的计算工作量得到减少，结果还是合算的。

8.5 算法的稳定性及收敛性

8.5.1 稳定性

稳定性在微分方程的数值解法中是一个非常重要的问题。因为微分方程初值问题的数值方法是用差分公式进行计算的，而在差分方程的求解过程中，存在着各种计算误差，这些计算误差如舍入误差等引起的扰动，在传播过程中，可能会大量积累，对计算结果的准确性将产生影响。这就涉及算法稳定性的问题。

当在某节点上 x_k 的 y_k 值有大小为 δ 的扰动时，如果在其后的各节点 $x_j(j>k)$ 上的值 y_k 产生的偏差都不大于 δ，则称这种方法是稳定的。

稳定性不仅与算法有关，而且与方程中的函数 $f(x,y)$ 也有关，讨论起来比较复杂。为简单起见，通常只针对模型方程 $y'=\lambda y(\lambda<0)$ 来讨论。一般方程若局部线性化，也可化为上述形式。模型方程相对比较简单，若一个数值方法对模型方程是稳定的，并不能保证该方法对任何方程都稳定，但若某方法对模型方程都不稳定，也就很难用于其他方程的求解。

先考察显式 Euler 方法的稳定性。模型方程 $y'=\lambda y(\lambda<0)$ 的 Euler 公式为

$$y_{k+1} = y_k + hf(x_k, y_k) = h(\lambda y_k) = (1 + h\lambda)y \quad (k = 0,1,2\cdots)$$

将上式反复递推后，可得

$$y_{k+1} = (1 + h\lambda)^k y_0 = \alpha^k y_0 \quad (k = 0,1,2\cdots)$$

其中，$\alpha = 1 + h\lambda$。要使 y_k 有界，其充要条件为 $|\alpha| \leqslant 1$，即 $|1 + h\lambda| \leqslant 1$，由于 $\lambda < 0$，所以有 $0 < h \leqslant -\frac{2}{\lambda}$(＊)。可见，如欲保证算法的稳定，显式 Euler 公式的步长 h 的选取要受到式(＊)的限制。λ 的绝对值越大，则限制的 h 值就越小。用隐式 Euler 公式，模型方程 $y_{k+1} = y_k + h(\lambda y_{k+1})$ 的计算公式可化为 $y_{k+1} = \frac{1}{1 - h\lambda} y_k$，由于 $\lambda < 0$，所以恒有 $|y_{k+1}| \leqslant |y_k|$。因此，隐式 Euler 格式是绝对稳定的(无条件稳定)的(对任何 $h > 0$)。

8.5.2 收敛性

常微分方程初值问题的求解，是将微分方程转化为差分方程来求解，并用计算值 y_k 来近似替代 $y(x_k)$，这种近似替代是否合理，还须看当分割区间 $[x_{k-1}, x_k]$ 的长度 h 越来越小时，即 $h = x_k - x_{k-1} \to 0$ 时，$y_k \to y(x_k)$ 是否成立。若成立，则称该方法是收敛的，否则称为不收敛。

这里仍以向前 Euler 方法为例，来分析其收敛性。

取 $y_k = y(x_k)$，按向前 Euler 公式的计算结果，即 $\bar{y}_{k+1} = y(x_k) + hf(x_k, y(x_k))$。向前 Euler 方法局部截断误差为

$$y(x_k) - \bar{y}_{k+1} = \frac{h^2}{2} y''(\xi) \quad (x_k < \xi < x_{k+1})$$

设常数

$$c = \frac{1}{2} \max_{a \leqslant x \leqslant b} |y''(x)|$$

则

$$|y(x_k) - \bar{y}_{k+1}| \leqslant ch^2$$

总体截断误差

$$|\varepsilon_{k+1}| = |y(x_{k+1}) - y_{k+1}| \leqslant |y(x_{k+1}) - \bar{y}_{k+1}| + |y_{k+1} - \bar{y}_{k+1}|$$

$$\begin{aligned} |y_{k+1} - \bar{y}_{k+1}| &= |y_k + hf(x_k, y_k) - y(x_k) - hf(x_k, y(x_k))| \\ &\leqslant |y(x_k) - y_k| + h|f(x_k, y(x_k)) - f(x_k, y_k)| \end{aligned}$$

由于 $f(x, y)$ 关于 y 满足 Lipschitz 条件，即

$$|f(x_k, y(x_k)) - f(x_k, y_k)| \leqslant L|y(x_k) - y_k|$$

代入上式，有

$$|y_{k+1} - \bar{y}_{k+1}| \leqslant (1 + hL)|y(x_k) - y_k| = (1 + hL)|\varepsilon_k|$$

再利用以上两式，有

$$|\varepsilon_{k+1}|=|y(x_{k+1})-y_{k+1}|\leqslant|y(x_{k+1})-\bar{y}_{k+1}|+|y_{k+1}-\bar{y}_{k+1}|\leqslant(1+hL)|\varepsilon_k|+ch^2$$

上式反复递推后，可得

$$|\varepsilon_k|=(1+hL)^k|\varepsilon_0|+ch^2\sum_{k=0}^{k-1}(1+hL)^k\leqslant(1+hL)^k|\varepsilon_0|+\frac{ch}{L}[(1+hL)^k-1]$$

设 $x_k-x_0=kh\leqslant T$（T 是常数），因为

$$1+hL\leqslant e^{hL}$$

所以

$$(1+hL)^k\leqslant e^{khL}\leqslant e^{TL}$$

把上式代入，得

$$|\varepsilon_k|\leqslant e^{TL}|\varepsilon_0|+\frac{ch}{L}(e^{TL}-1)$$

若不计初值误差，即 $\varepsilon_0=0$，则有

$$|\varepsilon_k|\leqslant\frac{ch}{L}(e^{TL}-1)$$

上式说明，当 $h\to0$ 时，$\varepsilon_k\to0$，即 $y_k\to y(x_k)$，所以向前 Euler 方法是收敛的，且其收敛速度为 $O(h)$，即具有一阶收敛速度。同时还说明向前 Euler 方法的整体截断误差为 $O(h)$，因此该算法的精度为一阶。

小结及评注

本章介绍了常微分方程初值问题的多种数值解法。构造常微分方程初值问题的数值解法主要用数值微积分法与 Taylor 展开法，其中 Taylor 展开法具有一般性，在构造迭代公式的同时，可以得到相应的截断误差。不论用哪种方法构造数值解法，其实质都是将微分方程离散化，建立数值解的递推公式。从递推公式的结构来看，既有单步法（如 Euler 方法，R－K 方法等），又有多步法；既有显式（如 R－K 方法等），又有隐式（如后退 Euler 方法等）。一般地，显式方法计算简单，隐式方法计算较复杂，但稳定性比同阶显式方法好。在实际问题中，如果要求解的精度高，常用的是四阶 R－K 方法，这是因为四阶 R－K 方法精度高，编程简单，易于调节步长，计算过程稳定；其缺点是计算量较大。另外，如果 $f(x,y)$ 的光滑性较差，则 R－K 方法的精度还不如改进的 Euler 方法高。不论采用哪种方法，选取的步长 h 应使 λh 落在绝对稳定区域内。一般在保证精度的条件下，步长尽可能大些，这样可以节省计算量。

自主学习要点

1. 常微分方程初值问题右端函数 $f(x)$ 满足什么条件时解存在唯一性？
2. 什么是常微分方程数值解法？你是怎样理解的？
3. 什么是向前 Euler 方法？它是如何导出的？它的几何意义是什么？

4. 什么是向后 Euler 方法？它是如何导出的？

5. 什么是局部截断误差？什么叫数值方法的 p 阶精度？

6. 什么是梯形法？什么是改进的 Euler 方法？它们是几阶精度的？

7. 显式方法和隐式方法的根本区别是什么？如何求解隐式方程？

8. 什么是 R－K 方法？构建 R－K 方法的基本思想是什么？

9. 请分别写出二、三、四阶 R－K 公式。

10. 你能构造不一样的 R－K 公式吗？

习　题

1. 用 Euler 方法求

$$\begin{cases} \dfrac{dy}{dx} = -\dfrac{0.9}{1+2x}y \\ y(0) = 1 \end{cases} \quad (0 \leqslant x \leqslant 0.3)$$

的数值解，取步长 $h=0.1$。

2. 设初值问题：

$$\begin{cases} y' = x + y \\ y(0) = 1 \end{cases} \quad (x > 0)$$

(1) 写出用改进的 Euler 方法、取步长 $h=0.1$ 解上述初值问题数值解的公式；

(2) 用改进的 Euler 方法、取步长 $h=0.1$ 解上述初值问题数值解的 y_1, y_2。

3. 初值问题：

$$\begin{cases} y' = ax + b \\ y(0) = 0 \end{cases} \quad (x > 0)$$

有精确解

$$y = \frac{1}{2}ax^2 + bx$$

试证明：(1) 用向前 Euler 方法以 h 为步长所得近似解 y_n 的整体截断误差为

$$\varepsilon_n = y(x_n) - y_n = \frac{1}{2}ahx_n$$

(2) 用改进的 Euler 方法能准确地解上述问题。

4. 给定常微分方程初值问题：

$$\begin{cases} y' = f(x, y) \\ y(a) = \eta \end{cases} \quad (a \leqslant x \leqslant b)$$

(1) 试证明

$$\begin{cases} y_{n+1} = y_n + \frac{h}{4}(k_1 + 3k_2) \\ k_1 = f(x_n, y_n) \\ k_2 = f(x_n + \frac{2}{3}h, y_n + \frac{2}{3}hk_1) \end{cases}$$

是一个二阶方法。

(2) 应用以上方法求

$$\begin{cases} y' = x^2 + y^2 \\ y(0) = 0 \end{cases} \quad (0 \leqslant x \leqslant 1)$$

的解 $y(x)$ 在 $x = 0.1$ 处的近似解。

5. 写出用四阶经典 Runge - Kutta 方法求解初值问题：

$$\begin{cases} \frac{\mathrm{d}y}{\mathrm{d}x} = f(x, y, z) y(x_0) = y_0 \\ \frac{dz}{\mathrm{d}x} = g(x, y, z) z(x_0) = z_0 \end{cases}$$

的计算公式。

6. 用四阶经典 Runge - Kutta 方法求解初值问题：

$$\begin{cases} y' = 8 - 3y^2 \\ y(0) = 2 \end{cases} \quad (0 \leqslant x \leqslant 1)$$

取步长 $h = 0.2$，计算 $y(0.4)$ 的近似解，小数点后保留 4 位。

7. 证明：对任意参数 t，下列 R - K 公式是二阶的。

$$\begin{cases} y_{n+1} = y_n + \frac{1}{2}(k_2 + k_3) \\ k_1 = hf(x_n, y_n) \\ k_2 = hf(x_n + th, y_n + tk_1) \\ k_3 = hf(x_n + (1-t)h, y_n + (1-t)k_1) \end{cases}$$

8. 用数值积分方法导出求解初值问题

$$\begin{cases} \frac{\mathrm{d}y}{\mathrm{d}x} = f(x, y) \\ y(x_0) = y_0 \end{cases}$$

的中矩形公式

$$y_{n+1}=y_{n-1}+2hf(x_n,y_n)$$

并估计其局部截断误差。

9. 采用改进的 Euler 方法求解下列二阶常微分方程的初值问题：

$$\begin{cases} y''-2y'+2y=\mathrm{e}^{2x}\sin x \\ y(0)=-0.4\quad y'(0)=-0.6 \end{cases}\quad (0\leqslant x\leqslant 1)$$

取步长 $h=0.1$，计算 $y(0.1)$ 的近似解。（最后结果保留小数点后 5 位。）

10. 对于初值问题：

$$\begin{cases} y''=f(x,y,y') \\ y(0)=\alpha \\ y'(a)=\beta \end{cases}\quad (a\leqslant x\leqslant b)$$

写出用 Euler 方法求解的计算公式。

11. 对试验方程 $y'=\lambda y(\lambda<0)$，要求：

(1) 证明改进的 Euler 公式与中点公式两者的绝对稳定条件均为

$$\left|1+\lambda h+\frac{(\lambda h)^2}{2}\right|\leqslant 1$$

(2) 求出其绝对稳定区间。

12. 对于初值问题：

$$\begin{cases} y'=-1000[y-g(x)]+g(x) \\ y(0)=g(0) \end{cases}$$

其中，$g(x)$ 为已知函数，其解 $y(x)=g(x)$。

(1) 若用显式 Euler 方法求解，从稳定性考虑，步长应在什么范围内选取？

(2) 若用隐式 Euler 方法求解，从稳定性考虑，步长有没有限制？为什么？

(3) 若 $g(x)$ 为不超过一次的多项式，用显式 Euler 法求解此问题时，从精确解考虑步长有无限制？为什么？

实验题

1. 设初值问题：

$$\begin{cases} y'=x+y \\ y(0)=1 \end{cases}\quad (x>0)$$

取步长 $h=0.1$，编制程序，试比较用向前 Euler 方法、向后 Euler 方法、梯形法和改进的 Euler 方法求方程的近似值。

2. 设初值问题：

$$\begin{cases} y' = x + y \\ y(0) = 1 \end{cases} \quad (x > 0)$$

取步长 $h=0.1$，编制程序，分别用二阶、三阶、四阶 R－K 公式求方程的近似值。

参考文献

[1] 朱晓临. 数值分析[M]. 合肥:中国科学技术大学出版社,2010.

[2] 令峰,傅守忠,陈树敏,等. 数值计算方法[M].2版. 北京:国防工业出版社,2011.

[3] 郑成德,孙日明,李焱森,等. 数值计算方法[M].3版. 北京:清华大学出版社,2020.

[4] 黄云清,舒适,陈艳萍,等. 数值计算方法[M]. 北京:科学出版社,2009.

[5] 魏毅强,张建国,张洪斌,等. 数值计算方法[M]. 北京:科学出版社,2019.

[6] 肖筱南. 现代数值计算方法[M].2版,北京:北京大学出版社,2016.

[7] 喻文健. 数值分析与算法[M]. 北京:清华大学出版社,2020.

[8] 雷金贵,李建良,蒋勇. 数值分析与计算方法[M].2版. 北京:科学出版社,2020.

[9] 李元庆. 基于算例的科学计算引论. 南京:东南大学出版社.2022.

[10] 徐安农. 科学计算引论[M]. 北京:机械工业出版社,2010.

[11] 储衍东,常迎春,张延刚. 数值计算方法[M].3版. 北京:科学出版社,2020

[12] 马昌凤,林伟川. 现代数值计算方法[M]. 北京:科学出版社,2008.